Halaczek/Radecke
Batterien und Ladekonzepte

Thaddäus Leonhard Halaczek
Hans Dieter Radecke

Batterien und Ladekonzepte

Lithium-Ionen, Nickel-Cadmium, Nickel-Metall-Hybrid-Akkus, Goldkondensatoren, Ladetechnik, Herstellerübersicht

Mit 155 Abbildungen und 20 Tabellen

Die Deutsche Bibliothek – CIP-Einheitsaufnahme

Halaczek, Thaddäus Leonhard:
Akkus und Ladekonzepte : Lithium-Ionen, Nickel-Cadmium, Nickel-Metall-Hybrid-Akkus, Goldkondensatoren, Ladetechnik, Herstellerübersicht ; mit 20 Tabellen / Thaddäus Leonhard Halaczek ; Hans Dieter Radecke. - Feldkirchen : Franzis, 1996
 ISBN 3-7723-4602-2
NE: Radecke, Hans Dieter:

© 1996 Franzis-Verlag GmbH, 85622 Feldkirchen

Sämtliche Rechte - besonders das Übersetzungsrecht - an Text und Bildern vorbehalten. Fotomechanische Vervielfältigungen nur mit Genehmigung des Verlages. Jeder Nachdruck, auch auszugsweise und jede Wiedergabe der Abbildungen, auch in verändertem Zustand, sind verboten.
Die meisten Produktbezeichnungen von Hard- und Software sowie Firmennamen und Firmenlogos, die in diesem Werk genannt werden, sind in der Regel gleichzeitig auch eingetragene Warenzeichen und sollten als solche betrachtet werden. Der Verlag folgt bei den Produktbezeichnungen im wesentlichen den Schreibweisen der Hersteller.

Satz: Kaltner Satz & Litho GmbH, 86399 Bobingen
Druck: Wiener Verlag, A-2325 Himberg
Printed in Austria - Imprimé en Autriche

ISBN 3-7723-4602-2

Vorwort

Eine Enzyklopädie aus dem 18. Jahrhundert definiert ein Pferd folgendermaßen: **„Ein Pferd – wie es ist, sieht jeder"**.

Ähnlich offensichtlich ist unser Verhältnis zu den Akkumulatoren. Jeder von uns hat batteriebetriebene Geräte in Haus und Auto, ohne sich darüber tiefere Gedanken zu machen. Viele von uns wurden in der Schule mit der Redox-Reaktion traktiert; was uns aber heute interessiert, ist nur, daß das „Ding" funktioniert: unsere Video-Kamera, den Walkman oder das tragbare Telefon in Schwung bringt. Da Batterien nun nicht gerade allzu billig sind, haben sich die Kunden in den letzten Jahren zunehmend solchen Geräten zugewandt, die ihren „Saft" über längere Zeit liefern können. Die Marketing-Abteilungen der Konzerne verschlafen diesen Trend natürlich auch nicht unbedingt, und so ist in den letzten zwei oder drei Jahren eine sehr interessante neue Disziplin entstanden: das sogenannte „Leistungsmanagement" oder „Power-Management".

Rein von der Entwicklungsseite her gesehen umfaßt sie Methoden und Techniken zur Minimierung der Leistungsverluste in elektronischen Geräten. Der Trend zum sparsamen Umgang mit Batterien nimmt in letzter Zeit deutlich zu. Auf den Markt gelangen immer mehr neue Ladegeräte, und Ladebausteine, die nach immer besseren Ladealgorithmen arbeiten. Andererseits hört man auch, daß hier und da ein Telefon- oder Notebookhersteller seine Produkte leise vom Markt nehmen muß, weil die Batterien nicht mitmachen – anstatt der versprochenen 1000 nicht einmal 100 Zyklen durchhalten. Dies liegt daran, daß dieser Technologiesektor jahrelang nur einseitig weiterentwickelt wurde. Die Universitäten und die Labors der Batteriehersteller arbeiten seit langem an Energiespeicherungstechnologien, aber dieses Wissen wurde von der Elektronikindustrie nicht übernommen, weshalb viele Elektronikingenieure heute eine Batterie ähnlich betrachten wie die Leute im 18. Jahrhundert das Pferd.

Einerseits werden die Energiespeicherungstechnologien, die es erlauben, immer leistungsfähigere Batterien in immer kleinere Gehäuse zu verpacken, immer weiter perfektioniert. Auf der anderen Seite geht es um die Reduzierung des Verbrauchs der Geräte. Der High-Tech-Bereich endet aber mit der Auslieferung des Gerätes inklusive Batterie an den Kunden. Jetzt kann der Benutzer in erheblichem Ausmaß mit beeinflussen, ob die Batterie wirklich hält, was versprochen wurde. Er muß dazu Batterieladung und Batterienutzung optimal handhaben. Um das zu schaffen, muß man gewisse Grundlagen beherrschen und ein tieferes Verständnis von manchen Prozessen haben. Es gibt bereits eine Menge verstreuter Technologieinformationen zu Akkus und Batterien in Form von spezialisierten Büchern und Veröffentlichungen in Fachzeitschriften und Herstellerheften, die Beschreibungen der Systeme, Technologien, Forschungsmethoden etc. beinhalten. Die Beschreibungen der Ladetechniken werden wiederum in verschiedenen Herstellerheften zu Ladegeräten oder Batterien mitgeliefert. Das „Gewußt wie" ist leider niemals komplett; manchmal widersprechen sich die Quellen, manchmal werden darin die Wünsche der Marketing-Strategen als Tatsachen wiedergegeben.

All dies hat uns längere Zeit geärgert, und so ist die Idee zu diesem Buch entstanden. Es soll eine praxisorientierte Nachschlagequelle sein, die übersichtliche Informationen zu den auf dem Markt populärsten geschlossenen Akkumulatorsystemen enthält, einige Wunderkerzen der Werbung entzaubert und einige mögliche Ladeverfahren sowie gängige Ladebausteine beschreibt.

Obwohl die hier gesammelte Information nur die Spitze eines Eisberges darstellt, hoffen wir, daß es uns gelungen ist, dem Leser behilflich zu sein.

An dieser Stelle möchten wir uns bei Bartek Halaczek bedanken, der sämtliche Abbildungen für dieses Buch angefertigt hat.

München, Januar 1996

Einer der Autoren (TH) widmet dieses Buch seiner Frau, verbunden mit dem herzlichsten Dank für ihre unendliche Geduld und das liebevolle Verständnis, das sie ihm erwiesen hat.

Inhalt

1	**Einleitung**	13
1.1	Mobile Energie	13
1.2	Die Energiequellen und Energiespeicher	15
1.3	Die wichtigsten Daten zur Batteriegeschichte	20
2	**Transportmechanismen der elektrischen Ladung**	24
2.1	Elektrische Leitfähigkeit	24
2.2	Elektronentransport	25
2.3	Ionen-Transport	28
3	**Elektrochemische Zelle**	30
3.1	Zellenreaktion	30
3.2	Zellenspannung	36
4	**Parameter der Zelle**	42
4.1	Zellenkapazität	42
4.2	Thermische Abhängigkeit der Kapazität	47
4.3	Der Widerstand der Zelle	48
4.4	Batteriesimulation mit dem Computer	52
5	**Nennparameter der Zelle**	57
5.1	Spannung	57
5.2	Kapazität	57
5.3	Stromdefinitionen	58
5.4	Wirkungsgrad	59
6	**Blei-Säure-System**	60
6.1	Allgemeine Systembeschreibung	60
6.1.1	Allgemeine Eigenschaften des Blei-Säure-Systems	61
6.2	Die Zellenreaktion	63
6.3	Die Zelle	63
6.3.1	Konstruktion der Zelle	63
6.3.2	Elektrolyt	64
6.3.3	Separator	65
6.3.4	Elektrodenplatten	65
6.3.5	Formen von Elektrodenplatten	66
6.4	Entladung	68

6.5	Batteriekapazität	71
6.6	Temperaturverhalten	72
6.7	Selbstentladung	74
6.8	Lebensdauer	75
6.9	Anwendung	76
6.9.1	Industrielle Anwendungen	76
6.9.2	Elektrofahrzeuge	76
6.9.3	Gasdichte Blei-Säure-Batterien	77
7	**Wartungsfreie Blei-Säure- Akkus**	**78**
7.1	Allgemeine Charakteristik	78
7.2	Konstruktion	79
7.3	Spannung und Entladeverhalten	81
7.4	Lagerung	86
7.5	Lebensdauer	87
7.6	Anwendungsbeispiel – Wartungsfreie Autobatterie	88
8	**Geschlossene Nickel-Cadmium-Batterien**	**90**
8.1	Allgemeine Systembeschreibung	90
8.2	Beschreibung der Zelle	91
8.2.1	Zellenreaktion	91
8.2.2	Elektrolyt	92
8.2.3	Elektroden	92
8.2.4	Gasdruck-Reduzierung	94
8.2.5	Separator	94
8.3	Konstruktion der Zelle	95
8.3.1	Zylindrische Zelle	95
8.3.2	Knopfzelle	96
8.3.3	Prismatische Zelle	98
8.4	Eigenschaften	98
8.5	Selbstentladung	102
8.6	Zyklenfestigkeit	103
8.7	Defekte der Zelle	105
8.7.1	Die umkehrbaren Defekte	106
8.7.2	Die nichtumkehrbaren Defekte	108
8.8	Standardbezeichnungen der Batterietypen	110
9	**Nickel-Metallhydrid-Batterien**	**111**
9.1	Allgemeine Systembeschreibung	111
9.2	Beschreibung der Zelle	112
9.2.1	Zellenreaktion	112
9.2.2	Elektrolyt	113
9.2.3	Elektroden	113
9.3	Bauformen	115
9.3.1	Die Rundzelle	115
9.3.2	Knopfzelle	116

9.3.3	Prismatische Zelle	117
9.4	Eigenschaften	117
9.5	Selbstentladung	120
9.6	Zyklenfestigkeit	122
9.7	Zellendefekte	124
9.7.1	Memory-Effekt	124
9.7.2	Umpolung	126
9.7.3	Zerlegung des Separators	127
9.7.4	Elektrolytverlust	127
10	**Wiederaufladbare Lithium-Systeme**	**128**
10.1	Allgemeine Systembeschreibung	128
10.2	Elektrochemie der einzelnen Systeme	131
10.2.1	Zellen mit flüssigem organischem Elektrolyten	131
10.2.2	Festelektrolytzellen	131
10.2.3	Lithium-Ionen-Zellen	134
10.2.4	Zellen mit anorganischem Elektrolyt	139
10.3	Charakteristiken ausgewählter Lithium-Ion-Systeme	140
10.3.1	Kohlenstoff/Lithium-Kobaltoxid-Zelle	140
10.3.2	Kohlenstoff/Lithium-Nickeloxid-Zelle	143
10.3.3	Kohlenstoff/Lithium-Manganoxid-Zelle mit flüssigem Polymerelektrolyten	144
10.3.4	Kohlenstoff/Lithium-Manganoxid-Zelle mit festem Polymerelektrolyten	146
10.4	Zusammenstellung der Lithium-Systeme	148
11	**Zusammenfassung der Eigenschaften der beschriebenen Batteriesysteme**	**150**
12	**Ladetechniken**	**154**
12.1	Ladeprozeß	154
12.2	Ladeverfahren	157
12.3	Lademethoden der Pb-Säure-Zellen	159
12.3.1	Konstantspannungs-Methode	159
12.3.2	Konstantstromladung	162
12.3.3	Gemischte Methoden	163
12.4	Impulsladung	165
12.5	Lademethoden von geschlossenen NiCd-Batterien	166
12.5.1	Konstantstromladung	173
12.5.2	Konstantspannungs-Ladung	175
12.5.3	Gemischte Methoden	175
12.6	Lademethoden von Nickel-Metallhydrid-Batterien	177
12.7	Abschaltkriterien	183
12.8	Lithium-Ion-System	186
12.9	Temperatur der Zelle und Temperatur-Fühler	188
12.10	Der Thermistor als Thermometer	190
12.11	Was ist beim Kauf eines Ladegerätes zu beachten?	193

13	**Schnellade-Techniken**	195
13.1	Resistance Free Voltage (Furukawa Battery Co., Ltd)	196
13.2	Computer Charge System – CCS (BTI, Graz)	198
13.3	Ultra-Schnell-Lader (Eltex)	200
13.4	ReFLEX® (Christie Electronic Corporation)	202
13.5	PWM – Pulsweite-Modulation	203
14	**Ladebausteine**	205
14.1	Der Ladekontroll-Prozeß	208
14.2	Kurze Charakteristiken der Bausteine	210
14.2.1	AS211	210
14.2.2	bq2003	211
14.2.3	CCS9310CB	212
14.2.4	ICS17xx	214
14.2.5	LTC1325	216
14.2.6	MAX2003	218
14.2.7	LMC69845	219
14.2.8	TEA1102	219
14.3	Leistungseinheiten mit Schaltregler	221
14.3.1	LT1510	221
14.3.2	LT1512	222
14.4	Statt eines Vergleichs	223
14.5	Batterietest mit dem PC	224
14.5.1	Die Schnittstellen	225
14.5.2	Die Register einer Parallelschnittstelle	226
14.5.3	Meßkarte mit Lade-/Entladeschaltung	226
14.5.4	Der A/D-Wandler	227
14.5.5	Spannungsmeßschaltung	228
14.5.6	Temperaturmeßschaltung	230
14.5.7	Lade-/Entladeschaltung	233
14.5.8	Spannungsversorgung der Platinenbauteile	233
14.5.9	Netzgerät	234
14.5.10	Konstantstromsenke	235
14.6	Verzeichnis der Batterie-Magement-ICs	236
15	**Ladezustand**	238
15.1	Zustand der Batterie	238
15.2	Messung des Batteriezustandes	240
15.2.1	Widerstandsmessung	240
15.2.2	Kapazitätsmessung	241
15.3	Coulomb-Zähler	242
15.3.1	Prinzip des Coulomb-Zählers	242
15.3.2	Dynamische Entladestromkontrolle	243
15.3.3	bq2011	247
15.4	Die Smart Battery	248
15.4.1	Die Smart-Ladeeinheit	250

15.4.2	Batterie-Funktionalität	251
15.4.3	Meldungen.	251
15.4.4	Gemessene Daten	252
15.4.5	Von der Batterie erzeugte Meldungen	253
15.4.6	GIFT (LMC6980) – eine Smart Applikation	254
16	**Vielleicht lieber einen Kondensator?**	**256**
16.1	Allgemeiner Vergleich einer elektrochemischen Zelle und eines Kondensators	256
16.2	Ein paar Worte zur Technologie	258
16.3	Ein Anwendungsbeispiel – Power-Kondensator (Matsushita).	260
16.3.1	Eigenschaften	260
16.3.2	Konstruktion	261
16.3.3	Elektrische Charakteristiken	262
16.4	Schlußbemerkungen	263
	Literatur.	265
	Anhang	266
	Sachverzeichnis	298

1 Einleitung

1.1 Mobile Energie

In jüngster Zeit hat eine neue Generation von relativ billigen Batterien zur Entwicklung und Verbreitung von hunderten von portablen batterieversorgten Geräten in allen Lebensbereichen rund um den Globus geführt. Lag dabei Ende der achtziger Jahre die größte Bedeutung bei den Audiogeräten, so ging diese Anfang der neunziger Jahre auf die tragbaren Computer über, während heute die portablen Kommunikationsgeräte das am schnellsten wachsende Marktsegment darstellen. Die Kombination von neuen Batterietypen mit verbesserten Halbleiter-Technologien erhöhte explosionsartig die Anzahl neuer tragbarer Produkte. Die massenhafte Verbreitung solcher Geräte erklärt sich aus den wachsenden Ansprüchen an die Bequemlichkeit sowie der steigenden Mobilität in allen gesellschaftlichen Bereichen.

Vor noch nicht allzu langer Zeit beherrschten noch wenige spezialisierte Hersteller den Markt mit relativ wenigen Typen und Größenkategorien von Batterien, die in sehr großen Stückzahlen auf ziemlich teuren Anlagen produziert wurden. Diese Situation hat sich heute grundlegend geändert, was auf mehrere Ursachen zurückzuführen ist:

Die enormen Wachstumsraten des Batteriemarktes haben weitere Produzenten angelockt, die sich durch Entwicklung und Herstellung neuer Batterietechnologien Marktanteile sichern wollen.

Die technologische Führungsrolle in der Verbraucherelektronik ist von den USA auf Japan übergegangen. Die größten japanischen Hersteller wie Sanyo Electric, Matsushita Battery Industrial und Toshiba Battery dominierten Anfang der neunziger Jahre den Markt bei den NiCd- sowie den primären Lithium-Batterien; sie waren in der Lage, die Formen und Größen der Batterien spezifischen Applikationen anzupassen. Viele portable Produkte, die in der höheren Preiskategorie liegen, wie zum Beispiel Videorecorder, CD-Player oder Funktelefone, bringen die Mehrkosten für die Entwicklung solcher angepaßter Batterietypen wieder herein.

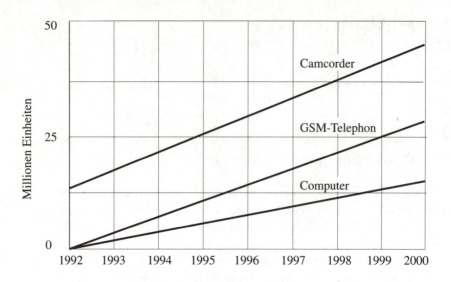

Abb. 1.1 Prognostizierter Zuwachs des 3C-Marktes (Quelle: Varta AG, 1992)

In den letzten Jahren wurden die Batterien ständig verkleinert. Anfang der achtziger Jahre waren die meistverwendeten Batterien von zylindrischer Form und der Größe D, heute dominieren die Typen AA beziehungsweise die kleinen prismatischen Batterien. Diese Verschiebung läuft parallel zum Fortschreiten der Halbleitertechnologie, womit auch eine erhebliche Reduzierung des Stromverbrauchs einherging. Eine weitere Konsequenz aus dem unaufhaltsamen Trend zur Miniaturisierung ist die zunehmende Verbreitung der prismatischen Zelle. Sie beansprucht bei gleicher Kapazität erheblich weniger Platz innerhalb eines Gerätes als ihre zylindrische Vorläuferin, und zudem lassen sich mehrere dieser Batterien wesentlich einfacher im Gerätegehäuse stapeln. Als bei den führenden japanischen Firmen nach 1982 der mit geschlossenen prismatischen Blei/Säure-Zellen erzielte Umsatz den der NiCd-Zellen zu übersteigen begann, war die Konkurrenz gezwungen, prismatische Versionen der NiCd-Batterietypen zu entwickeln. Eine weitere Drehung an der Miniaturisierungsschraube stellen die dünnen Zellen (alternativ auch Papierzellen genannt) dar. Die Technologie der dünnen Zellen ($LiMnO_2$) wurde erstmals von der Firma Polaroid für die Verwendung in ihren Sofortbildkameras entwickelt. Die nächste Entwicklungsstufe gelang dann erneut den Japanern, die die Papierzellen für die Smart-Cards und Memory-Cards auf die Größe einer normalen Kreditkarte reduzieren konnten.

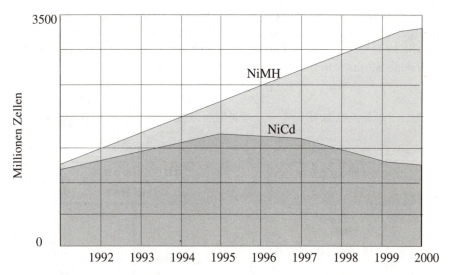

Abb. 1.2 Erwarteter Zuwachs des Batteriemarktes (Gleiche Quelle)

1.2 Die Energiequellen und Energiespeicher

Energie kann man nicht erschaffen. Alles, was wir erreichen können, ist, auf verschiedene Weise Energieformen, die wir nicht nutzen können, in solche umzuwandeln, die wir technisch handhaben können. Ein wichtiges Beispiel dafür interessiert uns in diesem Zusammenhang besonders: die Energie, die an chemischen Reaktionen beteiligt ist. Die chemische Reaktionsenergie als solche ist für unsere Zwecke nicht verwendbar. Bestimmte chemische Umsetzungen (die sogenannten exothermen Reaktionen) laufen jedoch unter Wärmeabgabe ab: Ein Teil der in den reagierenden Stoffen gespeicherten chemischen Energie wird als Wärme an die Umgebung abgegeben. Dieser nutzbare Teil der Reaktionsenergie ist als freie Reaktionsenthalpie bekannt.

Im Falle der thermomechanischen oder chemomechanischen Energiegeneratoren (wie zum Beispiel den Verbrennungsmotoren) ist die aus der Umwandlung verschiedener Energieformen gewonnene Energiemenge erheblich kleiner als die verfügbare chemische Energie. Den Quotienten aus gewonnener und gespeicherter (oder verfügbarer) Energie bezeichnet man als Wirkungsgrad der betreffenden Energieumwandlung. Er wird meist als Prozentanteil bezogen auf die Menge der verfügbaren Energie angegeben.

In der Praxis ist der Wirkungsgrad aus vielerlei Gründen immer wesentlich geringer als 100%, und er reduziert sich noch weiter mit wachsender Zahl beteiligter Energieumwandlungsprozesse (wenn z.B. Wärmeenergie in verschiedene Stufen von mechanischer Energie umgewandelt wird).

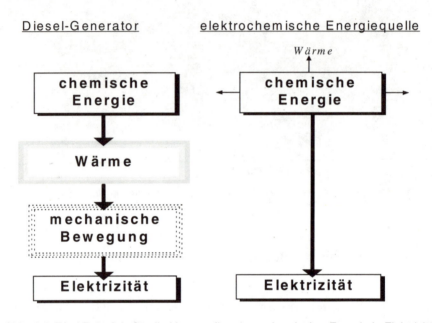

Abb. 1.3 Zwei Beispiele für die Umwandlung von chemischer Energie in Elektrizität

Es existiert aber auch eine Klasse von Energiequellen, die die chemische Energie direkt in die Energie (beziehungsweise Arbeit) des elektrischen Stroms umwandeln, ohne daß dabei mechanische Zwischenstufen durchlaufen werden müssen. Zu dieser Gruppe gehören u.a. eben die sogenannten chemischen Energiequellen. Man unterscheidet dabei allgemein zwischen:

- Primärquellen, welche nur eine einmalige Energieentnahme ermöglichen und anschließend nutzlos sind.

- Sekundärquellen, die dagegen wiederholt entladen und wieder aufgeladen werden können.

- Spezialquellen, unter anderem auch Mischtypen aus den beiden eben genannten Quellen.

1.2 Die Energiequellen und Energiespeicher

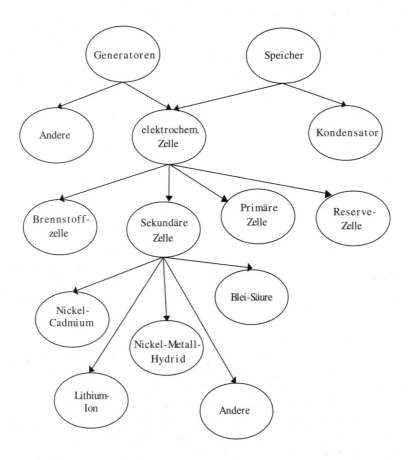

Abb. 1.4 Verbindungen zwischen verschiedenen Energiequellen

Die Primärquellen sind umgangssprachlich auch als Batterien bekannt, weil sie meistens aus mehreren einzelnen (also eben einer „Batterie") von elektrochemischen Zellen („Elementen") in Serien- oder Parallelschaltung zusammengesetzt sind. Lange Zeit wurde unter dem Begriff Batterie die Leclanché-Zelle (die Kohle-Zink-Zelle) verstanden. Für Geräte mit höherem Energieverbrauch sind jedoch die alkalischen Zellen besser geeignet, die größere Kapazitäten haben. Noch besser sind die Lithium-Batterien, die eine geringe Selbstentladungsrate aufweisen; dies ist sehr wichtig bei mehreren speziellen Anwedungen wie zum Beispiel Herzschrittmachern oder Rauchsensoren, wo die Wartung zu teuer wäre oder überhaupt ausgeschlossen ist.

Tabelle 1.1 Gängige Batterietechnologien, primäre Zellen

Bezeichnung	Elektroden (Negative/ Positive)	Nom. Spannung (V)	Typische Anwendung
Leclanché	Zn/MnO$_2$	1,1	
Zink-Zinkchlorid	Zn/MnO$_2$	1,2	
Zink-Braunstein (alkalisch)	Zn/MnO$_2$	1,2	
Zink-Luftsauerstoff	Zn/O$_2$	1,2	Medizinische Geräte
Zink-Silberoxid	Zn/Ag$_2$O	1,5	Uhren
Lithium-Kupferoxid	Li/CuO$_2$	1,3	
Lithium-Eisendisulfid	Li/FeS$_2$	1,4	
LithiumMangandioxid	Li/MnO$_2$	2,5	Kameras & Speicherbackup
Lithium-Polycarbon-monofluorid	Li/(CF)$_n$	2,5	Kameras & Speicherbackup
Lithium-Iodid	Li/I$_2$	2,7	Herzschrittmacher
Lithium-Schwefeldioxid	Li/SO$_2$	2,9	Militärische Radios
Lithium-Thionylchlorid	Li/SOCl$_2$	3,5	Speicherbackup

Bei den Sekundärquellen, auch Akkumulatoren oder wiederaufladbare Batterien genannt, kann die entnommene Energie während des Ladungsprozesses wieder zugeführt werden. Die elektrische Energie wird in die chemische Energie der umgekehrten chemischen Reaktion umgewandelt und gespeichert. Die Lade/Entladeprozesse sind von mehreren Parametern abhängig, die sowohl auf die gespeicherte/entnommene Energiemenge als auch auf die Akkulebensdauer Einfluß haben. Die einzelnen Prozesse, Technologien und Techniken, die für den Praktiker wichtig sind, werden in diesem Buch noch genauer betrachtet.

Tabelle 1.2 Gängige Batterietechnologien, sekundäre Zellen

Bezeichnung	Elektroden (Negative/ Positive)	Nom. Spannung (V)	Typische Anwendung
Nickel-Kadmium (NiCd)	Cd/NiOOH	1,2	

1.2 Die Energiequellen und Energiespeicher

Bezeichnung	Elektroden (Negative/ Positive)	Nom. Spannung (V)	Typische Anwendung
Nickel-Metall-Hydride (NiMH)	H2/NiOOH	1,2	
Nickel-Zink (NiZn)	Zn/NiOOH	1,5	
Zink-Silberoxid	Zn/AgO	1,5	Militärausrüstung
Geschlossene Blei/Säure (SLA)	Pb/PbO$_2$	2,0	Preisgünstige Allgemeinanwendungen
Lithium-Molybdändisulfid	Li/MoS$_2$	1,7	
Lithium-Niobtriselenid	Li/NbSe$_3$	1,8	Laptops
Lithium-Titandisulfid	Li/TiS$_2$	2,2	Laptops
Lithium-Karbon	Li/C	2,5	
LithiumMangandioxid	Li/MnO$_2$	2,9	
Lithium-Polyanilin	Li/PAn	3,0	
Lithium-Schwefeldioxid	Li/SO$_2$	3,1	
Lithium-Ion	Li-C/CoO$_2$	3,6	
Lithium-Ion	Li-C/Mn$_2$O$_4$	3,6	

Die beiden genannten Arten von chemischen Energiequellen haben eine wichtige Gemeinsamkeit: Sie sind sowohl Energiespeicher als auch Energieumwandler. Die Energie wird in chemischer Form gespeichert und dann in elektrische Energie umgewandelt.

„Spezialquellen" ist ein übergreifender Begriff, der andere Formen der chemischen Energiequellen bezeichnet, die teilweise nur Umwandlungsfunktion besitzen – wie die Brennstoffzellen, die elektrische Energie aus kontinuierlich zugeführten Gasen gewinnen, oder die Mischtypen, die man eigentlich teilweise als Primärquellen und teilweise als Sekundärquellen bezeichnen müßte – wie zum Beispiel die mechanisch wiederaufladbare Quelle. Bei letzterer wird der Ladeeffekt durch den Wechsel einer der Elektroden erreicht – wie in Aluminium-Luft-Batterien. Zu dieser Gruppe gehören auch die medizinische, die thermischen und andere Quellen. Diese Systeme sind allerdings für unseren Alltag zu exotisch und ihre Beschreibung würde einerseits von keinerlei praktischer Bedeutung für die Mehrheit der Leser sein, und zudem würde dies den Rahmen dieses Buches sprengen, das den elektrochemischen Energiequellen, den Energiespeichern, gewidmet ist, allerdings mit einer Ausnahme: In letzter Zeit haben die passiven Energiespeicher – die Kondensatoren mit sehr großer Kapazität (die Superkondensatoren) – immer größere Aufmerksamkeit in der technischen Anwendung auf sich gezogen. Da diese Systeme verwandt sind und dieses Thema für die Praktiker genauso von Interesse sein kann wie die chemischen Energiequellen, beschreiben wir hier auch die Superkondensatoren und die damit verbundenen Techniken. Die Zusammenhänge zwischen den uns interessierenden Energiequellen sind in *Abb. 1.4* dargestellt.

Die Namen der Batterien werden meistens von den Materialien der Elektrodenpaare in der Zelle abgeleitet. Bei primären Batterien werden Zink oder Lithium als negative Elektroden verwendet. Zink ist allerdings nicht für wiederaufladbare Systeme geeignet, da es nach mehreren Ladezyklen dazu neigt, Kurzschlüsse zwischen den Elektroden hervorzurufen. Das gilt eigentlich auch für Lithium. Allerdings ist Lithium wegen seines hohen elektrischen Potentials und seines geringen Gewichts besonders attraktiv.

Die Nickel-Metall-Hydrid- (NiMH) und die Nickel-Zink (NiZn)-Sekundärbatterien wurden entwickelt, um die NiCd-Batterien und die geschlossenen Blei-Säure-Zellen (GBS) zu ersetzen, und zwar insbesondere für Anwendungen wie Laptop-Computer oder tragbare Telefone. Da die NiMH-Systeme die gleiche Spannung liefern wie die NiCd-Batterie, ihre Kosten aber durchweg niedriger liegen, erwartet man, daß sie die NiCd-Batterien bald vom Markt verdrängen. Seit Anfang der neunziger Jahre sind nun noch fortgeschrittenere Technologien wie die Lithium-Ionen-Batterien im Kommen. Trotz einiger Probleme, wie zum Beispiel Spannungsinkompatibilität, kann man erwarten, daß sie wegen ihrer großen Energiedichte sofort Eingang in den Markt der portablen Geräte finden werden. Das könnte zu einer Gefahr für die Weiterentwicklung der NiMH- und NiZn-Systeme werden, da die drei großen C-Lokomotiven: „computer, camcorder and communication" mit einem anderen Zug weiterfahren werden.

1.3 Die wichtigsten Daten zur Batteriegeschichte

Die Tabelle enthält Ereignisse, die die Grundlagen für die Entwicklung der Elektrochemie gelegt haben und später Meilensteine der wichtigsten technologischen Entdeckungen waren. Sie erhebt keinen Anspruch auf Vollständigkeit. Sehr viele Einzelschritte und Detailentdeckungen, die für sich

1.3 Die wichtigsten Daten zur Batteriegeschichte

genommen wichtige technologische Fortschritte darstellen und die Fertigung der heute verwendeten Batterien ermöglicht haben, wurden der Übersichtlichkeit halber nicht aufgenommen.

250 v.Chr.   Es wurden in der Nähe von Bagdad in einer alten babylonischen Siedlung (angeblich auf den Zeitraum von 250-225 v. Chr. datiert) mehrere Tongefäße von etwa 15 cm Höhe entdeckt, in deren Innenraum man unseren galvanischen Zellen ähnliche Konstruktionen fand: ein Kupferrohr, in das axial ein Eisenstab hineinragt, mit einer Asphaltisolierung am oberen Ende. Es ist zwar nichts Gesichertes über Sinn, Zweck und Funktion dieser Gefäße und ihres Inhalts bekannt; jedoch steht ohne Zweifel fest, daß diese primitive Zellenkonstruktion, wenn sie mit Kochsalzlösung gefüllt wäre, einen elektrischen Strom der Stärke 250 mA bei einer Zellenspannung von etwa 0.25 V erzeugen könnte. Fachleute haben über verschiedene mögliche Anwendungsformen dieses erstaunlichen Apparates spekuliert: Elektrobeschichtung? Medizinische Therapieverfahren? Religiöse Rituale? Der tatsächliche Zweck dieser Entwicklung scheint aber im Laufe der Jahrhunderte in Vergessenheit geraten zu sein.

1746   Erfindung des Kondensators, Musschenbroek, in Leiden (die Leidener Flasche)

1786   Beobachtung der Stromerzeugung durch ein System von Eisen/Kupfer-Elektroden und organischen Elektrolyten durch Galvani (das berühmte Experiment mit dem Froschschenkel).

1796   Volta baut die erste galvanische Stromquelle. Er interpretiert das Experiment von Galvani richtig und ersetzt den Froschschenkel durch eine Salzlösung. Er prägt den Begriff „Galvanismus" für die elektrochemische Stromerzeugung.

1800   Zerlegung von Wasser in Wasserstoff und Sauerstoff durch elektrischen Strom (Ritter, Nicholson, Carlisle).

1800   Volta demonstriert die galvanische Stromquelle der Öffentlichkeit in Anwesenheit von Napoleon. Das Datum gilt als Beginn der galvanischen Stromerzeugung, Elektrochemie und Elektrotechnik.

1801   Prägung der Begriffe des elektrischen Leiters der ersten Klasse (Metalle und Graphit) und der zweiten Klasse (Elektrolyten).

1802	Prinzip der Elektrolyse (Davy).
1807-1809	Gewinnung von Aluminium, Magnesium, Kalium, Barium und Strontium durch Schmelzfußelektrolyse (Davy).
1812	Entwicklung des Elements Silber/Salzlösung/Magnesiumoxid/Silber (Zamboni).
1826/7	Zusammenhang zwischen Stromstärke, Spannung und Widerstand (Ohm).
1833	Gesetz zur Stoffabscheidung bei elektrolytischen Vorgängen. Prägung der Begriffe Anode, Kathode, Anion, Kation, Elektrolyse, Elektrolyt (Faraday).
1836	Neues Element $Zn/ZnSO_4/CuSO_4/Cu$, weiterhin als Daniel-Element bekannt (Daniel).
1839	Entdeckung der H_2/O_2-Brennstoffzelle (Grove).
1840	Neues Element $Zn/H_2SO_4/HNO_3/Pt$, weiterhin als Grove-Element bekannt (Grove).
1854	Verwendung eines Systems aus Bleiplatten mit Elektrolyt Schwefelsäure als Coulombmeter (Sinsteden).
1859	Erfindung des Blei/Schwefelsäureakkumulators (Planté).
1865	Kohle/Braunstein/Zink-Zelle mit Salmiakelektrolyt, Trockenzelle (Leclanché).
1866	Erfindung des Gleichstromgenerators, was durch billige Erzeugung von elektrischer Energie die Energiespeicherung erst sinnvoll macht und dadurch die Akkumulatortechnologie ermöglicht (Siemens).
1875	Entwicklung der MnO_2-Trockenzelle.
1881	Theorie der Reaktion für die Blei/Säure-Batterie (Glasstone, Tribe).
1882	$Zn/NaOH/CuO$ – ein alkalisches Primärsystem (Lalande, Chaperon).
1882	Bau einer 15000 V-Batterie, die sich aus $Zn/ZnCl_2/AgCl$-Zellen zusammensetzt.
1887	Entdeckung der Dissoziation gelöster Elektrolyte in elektrisch geladenen Ionen (Arrhenius).

1.3 Die wichtigsten Daten zur Batteriegeschichte

1889	Theorie des Lösungsdrucks und der galvanischen Elemente (Nernst).
1891	Erster alkalischer Akkumulator (Waddel, Entz).
1892	Entwicklung des Normalelements: Quecksilber/Cadmium (Weston).
1894	Beginn der Arbeiten am Prinzip der Brennstoffzelle.
1896	Erste Trockenzelle (Schmidt), Ni/Cd-Akkumulator (Jungern), Zn/ NaOH/NiOOH-System (de Michalowski).
1901	Ni/Fe-Akkumulator (Edison).
1912	Ni/Fe bedingt gasdichter Akkumulator (Edison).
1913	Radionuklid-Batterie (Moseley).
1923	Theorie der starken Elektrolyte (Debye und Hückel).
1935	Grundpatent zur Entwicklung gasdichter Ni/Cd-Akkumulatoren.
1942	Einsatz von Hg/Zn-Batterien für militärische Funkgeräte.
1949	Patent über Lithium-Batteriesysteme.
1950	Gasdicht produzierbare Ni/Cd-Zelle.
1950	Prototypen-Fertigung von H_2/O_2-Brennstoffzellen.
1954	Großserienproduktion von Knopfzellen.
1965	Fertigung von ungefüllten Starterbatterien.
1965	Experimenteller Einsatz von Brennstoffbatterien für den Elektroantrieb (in einem Boot, Siemens AG).
1968	Einsatz der H_2/O_2-Brennstoffbatterie im Apollo 8-Mondfahrzeug.
1970	In Polypropylenkästen eingebaute Starterbatterien.
1972	Wartungsfreie Starterbatterien.
1974	Beginn der Fertigung von Batterien mit Lithiumanoden und organischen Elektrolyten.
1980	Kleine Ni/Cd-Zellen überschreiten einen Marktanteil von 10% von allen verkauften Batteriesystemen.
1990	Markt-Einführung der NiMH-Zelle

2 Transportmechanismen der elektrischen Ladung

2.1 Elektrische Leitfähigkeit

Tabelle 2.1 Beispiele für die Leitfähigkeitswerte verschiedener Materialien bei Raumtemperatur (300K)

Materialbezeichnung	Leitfähigkeit Sm^{-1}	Stromträger
Supraleiter	nahezu unendlich	Elektronenpaare
Cu	10^8	Elektronen
Fe	10^7	Elektronen
Edelstahl	10^6	Elektronen
C (Graphit)	10^4	Elektronen*
Flüssiges KCl (über 1043K)	10^2	Ionen (K^+,Cl^-)
Seewasser	10	Ionen
Si	1*	Elektronen, Löcher
H_2O	10^{-5}	Protonen, Ionen (OH^-)
Glas	10^{-10}	Kationen
Teflon	10^{-15}	
Keramik	10^{-16}	
Vakuum	0	

* Die Leitfähigkeit von Si ist stark vom Zusatz anderer Elemente abhängig. Sie kann zwischen 10^3 und 10^{-2} Sm^{-1} liegen.

Wenn man über elektrische Leiter spricht, denkt man unwillkürlich an Metalle. Bei Isolatoren wiederum denken wir sofort an Keramik, Glas oder Gummi. Diese Stereotypen werden von unserer Alltagserfahrung geprägt.

Um eine Grenzlinie zwischen Isolatoren und Stromleitern zu ziehen, versucht man natürlich, die Leitfähigkeit zu messen und die Materialien entsprechend den erhaltenen Ergebnissen einzuordnen. Im Gegensatz zu unseren vom Alltag bestimmten Erwartungen stellt man dabei jedoch fest, daß eine eindeutige Grenze zwischen beiden Gruppen nicht existiert. Wir haben es eher mit einem stufenlosen Übergang zu tun. Um dies zu zeigen, haben wir einige Beispiele in der *Tabelle 2.1* zusammengestellt. Dabei fällt es nicht leicht, die angegebene Trennungslinie zu ziehen. Obwohl keine idealen Isolatoren existieren, läßt sich dennoch erkennen, daß beispielsweise das Verhältnis der Leitfähigkeitswerte von Kupfer und Keramik stolze 24 Größenordnungen beträgt. Für die meisten praktischen Anwendungen kann man daher Keramiken getrost als ideale Isolatoren ansehen. Die in *Tabelle 2.1* angegebenen Werte sind nur als Vorstellungshilfen gedacht.

Um die verschiedenen Materialien innerhalb dieses beeindruckenden Leitfähigkeitsspektrums einordnen zu können, sind die Mechanismen von entscheidender Bedeutung, die den Transport der Elektrizität (also der elektrischen Ladungsträger) in den jeweiligen Materialien möglich machen. Die elektrische Ladung fließt nämlich aufgrund der unterschiedlichen Beweglichkeit der Ladungsträger, also der Elektronen und Ionen.

2.2 Elektronentransport

Eine sehr elegante Theorie des elektronischen Transportes liefert die Festkörperphysik: Die Elektronen in einem Atom können nur ganz bestimmte Energiewerte besitzen, man spricht von Energieniveaus, die sich über eine Anzahl von erlaubten Elektronenbahnen (oder genauer: Elektronenschalen) erstrecken. Die Zahl der möglichen Bahnen und der Elektronen, die sich auf jeder Bahn maximal bewegen können, ist für die Atome von Element zu Element verschieden. Zudem weiß man, daß zwei oder mehr Elektronen eines Atoms oder eines Atomverbandes niemals die gleiche Energie haben können. Dieser Energiewert wird durch verschiedene physikalische Eigenschaften des Atoms bestimmt, unter anderem durch den Abstand der Elektronenbahn vom Atomkern. Wenn sich nun zwei Atome zu einem Molekül vereinigen wollen, unterliegen sie diesen Gesetzmäßigkeiten. Die Atome können die Elektronen ihrer äußersten Elektronenschalen austauschen, wobei sich aber die bisherigen Energieniveaus der Einzelatome verschieben müssen. Bilden mehrere Atome einen Kristallverband, so gelten auch in diesem wesentlich größeren System diese Regeln: Die Energieniveaus der beteiligten Atome müssen sich verändern, um zu verhindern, daß sich mehr als ein Elektron in einem bestimmten Energiezustand aufhält. Dabei entstehen aus den Einzelenergiezuständen gewissermaßen ganze Bündel neuer Energieniveaus – sogenannte Bänder. Ein Elektron kann sich nur so lange frei in einem solchen Band bewegen, wie in diesem Band noch nicht alle erlaubten Energieniveaus von Elektronen besetzt sind. Erst mit Hilfe dieser Theorie können wir jetzt den Unterschied zwischen elektrischen Leitern und Isolatoren verstehen.

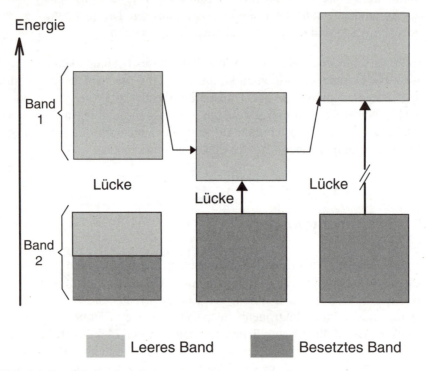

Abb. 2.1 Das Bändermodell

In leitenden Materialien ist das Band 2 nicht voll mit Elektronen besetzt – was auf der linken Seite der obigen Abbildung demonstriert ist.

In manchen Metallen wird der Effekt durch Verbindung von einem vollen Band und einem leerem Band erreicht. Auf jeden Fall können sich die Elektronen frei bewegen.

In der Mitte der Abbildung 2.1 ist eine Situation dargestellt, die charakteristisch ist für einen Halbleiter. Das Band 2 ist zwar voll besetzt, aber durch Absorption eines Energiequants (also z.B. eines Licht- oder Wärmequants) kann ein Elektron eine zusätzliche Energie gewinnen und dadurch auf das Band 1 springen, wo es dann frei beweglich ist. Es macht dabei gleichzeitig einen Platz im Band 2 frei, was nun einem anderen Elektron die Möglichkeit gibt, sich horizontal in diesem Band zu verschieben. Da die Elektronen untereinander absolut identisch sind, beobachtet man nicht die Verschiebung eines Elektrons (dazu müßte man es nämlich markieren, also unterscheidbar machen können), sondern die Wanderung des Loches, das das aus diesem Band geflohene Elektron hinterlassen hat. Auf diese Weise bewegen sich also im oberen Band Elektronen, im unteren dagegen die Löcher.

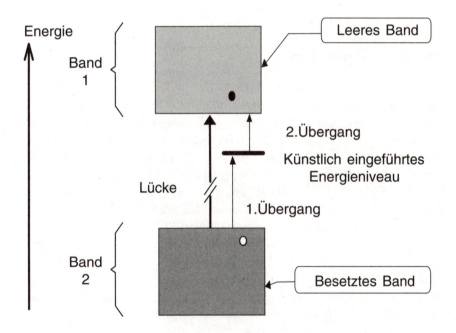

Abb. 2.2 Bändermodell eines Halbleiters

Wenn sich nun die Konfiguration in *Abb. 2.2* so ändert, daß der Abstand zwischen den Bändern immer größer wird, so wird es für die Elektronen immer schwieriger, diesen Abstand zu überwinden, bis dies nahezu unmöglich wird. In diesem Fall spricht man dann von einem Isolator.

Unter Umständen kann man die Größe des Energiesprunges von Elektronen beeinflussen: Durch Zumischen („Dotieren") von Atomen bestimmter geeigneter Elemente lassen sich in den Energiespalt zwischen zwei Bändern zusätzliche Energieniveaus einbauen (Abb. 2.2), da sich dann – wie wir gesehen haben – die Einzelniveaus der Atome verschieben müssen, so daß sie in diesem Fall in die bisherige Lücke zwischen den Bändern hineinreichen. Substanzen dieser Art nennt man Halbleiter.

Die schöne Bandtheorie werden wir an dieser Stelle verlassen. Man müßte viel tiefer einsteigen, um die Transportmechanismen, z.B. in leitenden Polymeren zu erklären, obwohl die Ladungsträger auch hier die Elektronen sind.

2.3 Ionen-Transport

Die zweite Klasse von Stromleitern bilden die Ionenleiter. Darunter versteht man Materialien, in denen Ionen als Ladungsträger fungieren. Hier ist vor allem flüssiges NaCl (bei einer Temperatur von mehr als 1043 K) bekannt, wo die Kationen (Na^+) und Anionen (Cl^-) den elektrischen Strom bilden. Es gibt allerdings auch Festkörper mit dieser Eigenschaft, sogenannte ionische Festkörper oder feste Ionenleiter, bei denen meist jeweils nur ein Ionentyp beweglich ist. Bei ZrO_2-Kristallen wandern beispielsweise bei höheren Temperaturen die Anionen (O_2^-), bei $PbAg_4I_5$ dagegen die Kationen (Ag^+). Wird der LaF_3-Kristall mit kleinen Mengen von EuF_2 gedopt, so werden dabei weniger Fluor-Anionen (F^-) in den Kristall eingefügt als im ursprünglichen Kristallverband vorhanden waren. Man kann hier also von der Existenz von Ionenlöchern sprechen, die sich in analoger Weise durch den Kristall bewegen wie Elektronenlöcher im Halbleiter.

Man kennt auch Materialien, bei denen sowohl Ionen als auch Elektronen den Strom leiten – zum Beispiel die Plasmen, die sowohl ionisierte Gase als auch freie Elektronen enthalten. Ein weiteres Beispiel bildet in flüssigem Ammoniak gelöstes Natrium. Die Lösung enthält Na^+-Kationen plus freie Elektronen als Stromträger. Als letztes Beispiel sei in Palladium gelöster (absorbierter) Wasserstoff erwähnt. Hier leiten sowohl die Elektronen als auch die Kationen des Wasserstoffs (also die Protonen) den Strom.

2.3 Ionen-Transport

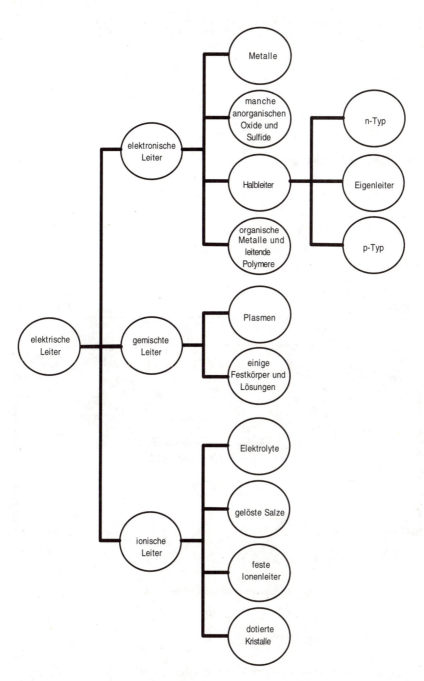

Abb. 2.3 Verschiedene Leitertypen

3 Elektrochemische Zelle

3.1 Zellenreaktion

Stromgeneratoren sind in großer Vielzahl in allen Lebensbereichen im Einsatz, angefangen vom Fahrraddynamo (eigentlich eine Abkürzung für „Dynamoelektrische Maschine", bei der mechanische in elektrische Energie umgewandelt wird) bis hin zum Autogenerator. Die *Abb. 3.1* soll das Funktionsprinzip solcher Geräte skizzieren:

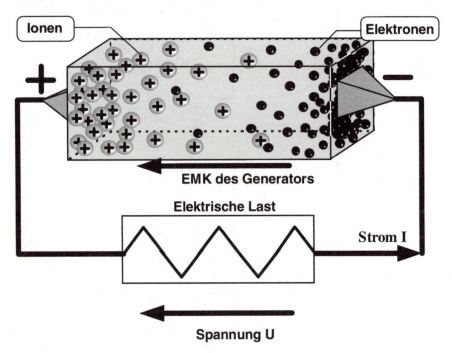

Abb. 3.1 Prinzip eines Stromgenerators

Man muß lediglich einen beliebigen Prozeß finden, mit dem sich ein elektrischer Leiter polarisieren läßt (d.h. mit dem man Elektronen an einer Seite des Leiters konzentrieren kann, während auf der anderen Seite des Leiterstücks Elektronenmangel erzeugt wird); diesen Prozeß wendet man dann auf einen entsprechend vorbereiteten Leiter (eine Spule, einen Draht etc.; wir wollen ihn als Arbeitsleiter bezeichnen) an. Die Enden des Arbeitsleiters – die sogenannten Klemmen – werden nun eine Potentialdifferenz aufweisen, die man als „Elektromotorische Kraft" (EMK) bezeichnet, wenn der entsprechende Polarisierungsprozeß aktiviert ist. Verbinden wir nun die beiden Klemmen des Arbeitsleiters durch einen weiteren elektrischen Leiter, so wird diese Potentialdifferenz dazu führen, daß die Elektronen sich durch den Leiter bewegen: Es fließt ein elektrischer Strom.

Eine chemische Stromquelle ist im wesentlichen nichts anderes als ein Stromgenerator nach dem oben beschriebenen Prinzip. Als Stromerzeugungsprozeß verwendet man die vorteilhafte Tatsache, daß sich ein spezieller Typ von chemischer Reaktion in zwei Reaktionsschritte aufteilen läßt, wobei sich jedoch die beiden aufeinanderfolgenden Teilreaktionen räumlich voneinander trennen lassen. Diese spezielle Reaktion, die allgemein als Zellenreaktion bezeichnet wird, ist dadurch charakterisiert, daß einer der beteiligten Reaktionspartner Elektronen freisetzt, während der andere Partner Elektronen aufnehmen kann. Man spricht hierbei von „Redoxreaktionen", eine Kurzform für „Reduktions-Oxydations-Reaktion", wobei eine chemische Reduktion für eine Reaktion mit Elektronenaufnahme steht und Oxydation eine Reaktion unter Elektronenabgabe bezeichnet. Chemische Reaktionen dieser Art laufen nach dem folgenden Schema ab:

I: $\quad X_{red} \rightarrow X_{ox} + n\, e^-$

II: $\quad Y_{ox} + n\, e^- \rightarrow Y_{red}$

Die Teilreaktion I beschreibt einen Oxydationsprozeß: Der Stoff X befindet sich ursprünglich im reduzierten Zustand, hier mit „red" bezeichnet, und oxydiert unter Emission eines oder (je nach Material) mehrerer Elektronen. Die Anzahl der Elektronen bezeichnen wir mit „n". Diese Elektronen können von dem Stoff Y, der sich im oxydierten Zustand befindet, im Reduktionsprozeß aufgenommen werden, was im obigen Schema der Teilreaktion II entspricht. Der Stoff, der den Ablauf einer solchen Reaktion ermöglicht, heißt Elektrolyt und ist meist eine Flüssigkeit. Um die Redoxreaktion technisch ausnutzen zu können, muß der Elektrolyt in ein Bechergefäß gefüllt werden, in das die beiden reagierenden Metallstücke, die Elektroden, in gewissem Abstand voneinander eingetaucht werden. Eine solche Anordnung bezeichnet man als elektrochemische Zelle, weshalb die zugehörige Reaktion auch Zellreaktion heißt.

Die Zelle besteht also aus zwei elektronischen Leitern, die durch einen ionischen Leiter getrennt sind. Die Teilreaktionen verlaufen im Kontakt von Elektrolyt und entsprechendem Elektrodenmaterial, wobei die Elektronen zu- bzw. abgeführt werden können, und werden deshalb auch als Elektrodenreaktionen bezeichnet. Da sich die Elektronen im Elektrolyten nicht bewegen können und die Metallionen in den Elektroden (die ja Festkörper sind) ebenfalls nicht wandern können, liegt der Schluß nahe, daß der Stromerzeugungsprozeß sich lediglich auf der Elektrodenoberfläche abspielt. Wenn die Elektroden aus verschiedenartigen Materialien gefertigt sind, bestimmt die unterschiedliche chemische Aktivität der Elektronen in den verwendeten Metallen die EMK der Zelle. Diese ist somit charakteristisch für ein bestimmtes Elektroden/Elektrolyt-System.

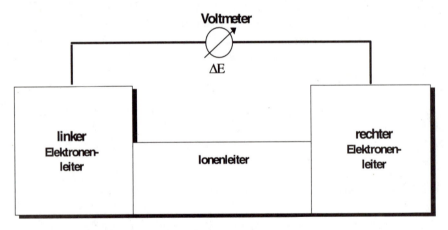

Abb. 3.2 Die elektrochemische Zelle

Fließt kein externer elektrischer Strom zwischen den Elektroden, so befindet sich die Zelle im Gleichgewichtszustand, die herrschende Potentialdifferenz heißt in diesem Fall Gleichgewichtsspannung. Werfen wir nochmals einen Blick auf obiges Redoxschema. In der Teilreaktion I entsteht bei dem beschriebenen Prozeß also ein Elektronenüberschuß, wodurch die Elektrode negativ aufgeladen wird. Die Aufnahme von Elektronen spielt sich analog auf der positiven Elektrode ab. Damit können wir jetzt das Reaktionsschema wie folgt schreiben:

N: $X_{red} \to X_{ox} + n\,e^-$

P: $Y_{ox} + n\,e^- \to Y_{red}$

Als Beispiel betrachten wir eine Redoxreaktion, die täglich in unserer Autobatterie abläuft. Sie heißt Bleiakkureaktion und läßt sich folgendermaßen formulieren:

N: $Pb \to Pb_2^+ + 2\bar{e}$

P: $Pb_4+ + 2e^- \to Pb_2^+$

Als komplette chemische Reaktionsformel sieht dies etwas komplizierter aus:

$$Pb + PbO_2 + 2H_2SO_4 \to 2PbSO_4 + 2H_2O$$

Der in der Batterie verwendete H_2SO_4-Elektrolyt besteht hauptsächlich aus H^+ und HSO_4^- Ionen; dazu kommt ein geringer Anteil von SO_4^{2-}-Ionen, die aber in unserem Zusammenhang nicht wichtig sind. Die Grenzfläche zwischen dem elektronischen Leiter und dem Elektrolyten besteht aus einer porösen $PbSO_4^2$-Schicht.

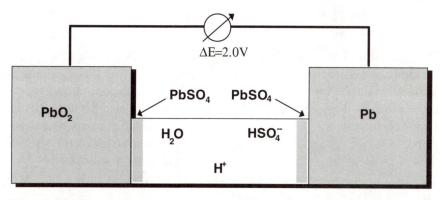

Abb. 3.3 Bleiakkureaktion

Die EMK der Zelle liegt bei 2,0 V, wobei das PbO_2 bezüglich der Bleielektrode positiv geladen ist. Wenn die Elektroden nicht durch einen außerhalb der Zelle verlaufenden Leiter verbunden sind, liegt kein geschlossener Stromkreis vor, d.h. die Zelle befindet sich im Gleichgewicht und bleibt theoretisch beliebig lange in diesem Zustand.

Die Situation ändert sich jedoch, sobald die Elektroden über einen Leiter, am besten unter elektrischer Last (wie zum Beispiel einer Glühbirne), miteinander extern verbunden werden. Jetzt können sich die Elektronen nämlich von der Pb-- zur PbO_2-Elektrode bewegen und wandern zudem innerhalb der Elektroden aufgrund der elektrischen Leitfähigkeit der Metalle. Innerhalb des Elektrolyten sind dagegen die Ionen die Stromträger:

Die H^+-Ionen bewegen sich zur PbO_2-Elektrode, und die HSO_4^--Ionen bewegen sich zur Pb-Elektrode. Dies ist aber nicht ausreichend, um den Stromkreis komplett zu schließen. Der Elektronen-Strom muß nun nur noch in einen Ionenstrom umgewandelt werden (und umgekehrt). Das geschieht auf chemischem Wege – durch die Zellenreaktion an den Grenzen zwischen den elektronischen und den ionischen Leitern. Die beiden beschriebenen Teile der elektrochemischen Reaktion komplettieren den Stromkreis und ermöglichen so den elektrischen Stromfluß. Die sich daraus ergebende vollständige Elektrodenreaktion können wir nun wie folgt schreiben:

- Die Reaktion auf der negativen, oxydierenden Elektrode (der „Anode") lautet:
  $Pb + HSO_4^- -> 2e^- + PbSO_4 + H^+$
- Die Reaktion auf der positiven, reduzierenden Elektrode (der „Kathode") verläuft gemäß:
  $PbO_2 + HSO_4^- + H^+ + 2e^- -> PbSO_4 + 2H_2O$

Was für diese Reaktion charakteristisch ist: Die Materialien von beiden Elektroden werden in das gleiche Reaktionsprodukt – $PbSO_4$ – umgewandelt. Man beachte, daß die Elektronen hier von der Pb-Elektrode durch die elektrische Last zur PbO_2-Elektrode fließen. In der Anfangszeit der Elektrotechnik nahm man jedoch an, der Strom werde von positiv geladenen Teilchen getragen, so daß er von der positiven zur negativen Elektrode fließen müßte. Aus diesem historischen Grund wird in elektrischen Diagrammen (Schaltpläne etc.) weiterhin die Stromflußrichtung in Gegenrichtung zum Elektronenfluß gezeichnet.

Wie erwähnt, beträgt die EMK dieser Zelle im Gleichgewicht 2,0 V. Wenn nun aber der Zelle Energie entnommen wird (wenn also lang genug Strom durch die Zelle fließt), wird die EMK auf Null abfallen, was für die meisten Systeme technologisch nicht verträglich ist. Daher muß in der Praxis die Entladung viel früher unterbrochen werden, um die Zerstörung der Batterie zu verhindern.

3.1 Zellenreaktion

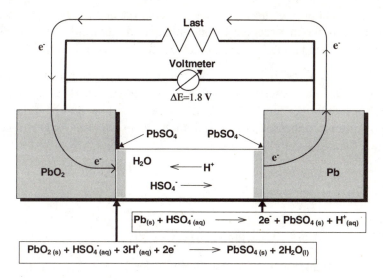

Abb. 3.4 Galvanische Zelle

Eine Zelle, die auf die beschriebene Weise arbeitet, wird als „galvanische Zelle" bezeichnet. Sie wird auch ein „galvanisches Element" genannt, wobei diese Bezeichnung nicht auf die Bauweise oder die technologischen Details Bezug nimmt, sondern den Arbeitsmodus beschreibt.

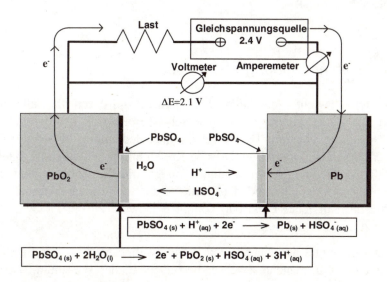

Abb. 3.5 Elektrolytische Zelle

Was geschieht nun, wenn wir anstatt der elektrischen Last eine Stromquelle in den elektrischen Kreis der Zelle einbauen, die den Strom in die Gegenrichtung treiben kann? Diese Situation zeigt die *Abb. 3.5*.

Die Funktionen der Elektroden haben sich jetzt umgekehrt, was aber nicht bedeutet, daß die Anode jetzt zur Kathode geworden ist und umgekehrt! Die Bezeichnungen der Elektroden wurden nämlich für die galavanische Zelle definiert, daher ändern sie sich nicht, wenn wir den Arbeitsmodus der Zelle verändern.

- An der Pb-Elektrode läuft jetzt folgende Teilreaktion ab:
  $PbSO_4 + H^+ + 2e^- \rightarrow Pb + HSO_4^-$
- und das PbO_2 reagiert gemäß:
  $PbSO_4 + 2H_2O \rightarrow 2e^- + PbO_2 + HSO_4^- + 3H^+$

Bei diesen Reaktionen wird das Produkt der Entladereaktion in ihr Ausgangsprodukt umgewandelt.

Eine Zelle mit dem Arbeitsmodus, bei welcher Strom in Gegenrichtung zu seiner spontanen Flußrichtung getrieben wird, heißt elektrolytische Zelle. In der Abb. 3.5 ist als Beispiel eine Spannung von 2.2 V angenommen. Die Zelle wird geladen, die zugeführte Energie wird gespeichert, und die EMK der Zelle wächst auf ihren maximalen Wert an, der von den Parametern der Zelle abhängig ist.

3.2 Zellenspannung

Im Gleichgewicht – das heißt, wenn kein Strom durch die Zelle fließt – wird die Zellenspannung Gleichgewichtsspannung (E_0), oder auch Leerlaufspannung genannt. Es ist dabei ohne Bedeutung, ob der Stromfluß unterbunden ist, weil der elektrische Kreis nicht geschlossen ist, oder weil an der Zelle eine Gegenspannung anliegt, die die Zellenspannung ausgleicht. Auf jeder Elektrode laufen die beiden Elektrodenreaktionen gleichzeitig ab: Auf jeder Elektrode kommt es sowohl zu einer Oxydation als auch zu einer Reduktion.

Die in der Zelle herrschende Spannung ist die Differenz der Elektrodenpotentiale. Für manche Zwecke, besonders in der Forschung, ist es oft wichtig, die Änderungen des Potentials nur einer Elektrode zu untersuchen.

Dies gilt insbesondere für Forschungen im Technologiebereich, wenn zum Beispiel verschiedene Elektrodenreaktionen oder -materialien verglichen werden sollen. Man nennt die zu untersuchende Elektrode dann Arbeitselektrode oder aktive Elektrode. Die andere Elektrode wird Referenzelektrode genannt. Sie darf das Experiment möglichst überhaupt nicht beeinflussen. Nun lassen sich aber die einzelnen Potentiale nicht messen – nur die Potentialdifferenz kann gemessen werden. Also muß der Einfluß der Referenzelektrode kontrollierbar sein. Für diesen Zweck wurde eine standardisierte Referenzelektrode entwickelt, deren Potential als Nullpotential definiert ist. Es ist dies die Standard-Referenzelektrode oder die Standard-Hydrogen-Elektrode (SHE). Die Konstruktion der SHE ist jedoch für uns nicht wichtig; der Leser kann sich darüber in Büchern über Batterie-Technologie informieren. Die Standard-Hydrogen-Elektrode wird in der Praxis außer für bestimmte Eicharbeiten nicht verwendet, weil sie sehr umständlich zu handhaben ist. Stattdessen verwendet man Referenzelektroden, die dem untersuchten System angepaßt sind und unter den gegebenen Experimentierbedingungen einen stabilen und genau definierten Potentialwert gegenüber der SHE zur Verfügung stellen. In Untersuchungen von Blei-Akkus wird zum Beispiel oft ein Kadmium-Stab für diesen Zweck verwendet. Da dieses System stark korrosionsanfällig ist, ist es nicht geeignet für längerdauernde Untersuchungen, für kurze Arbeiten liefert es jedoch ein stabiles Potential von -0.420 V relativ zur SHE.

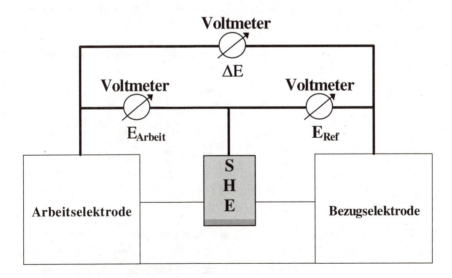

Abb. 3.6 Zelle mit Referenzelektrode

Auf diese Weise ergibt sich aus der Differenz der Potentiale zwischen der Arbeitselektrode und der Referenzelektrode das Elektrodenpotential der Arbeitselektrode:

$$\Delta E = E_{positiv/SHE} - E_{negativ/SHE} = E_{positiv/Cd} - E_{negativ/Cd} = E_0$$

Der Spannungsabfall der galvanischen Zelle während der Stromentnahme sowie der Spannungsanstieg der elektrolytischen Zelle während der Energiezufuhr heißt Polarisation der Zelle. Die Richtung der Spannungsänderung ist immer eindeutig – die Polarisation verursacht bei einer elektrolytischen Zelle immer Spannungsanstieg und bei der galvanischen Zelle Spannungsabfall gegenüber den Gleichgewichtswerten. Das Ausmaß dieser Abweichung vom Gleichgewicht ist abhängig von der Stärke des fließenden Stromes. Die mathematische Funktion dieser Abhängigkeit ist nicht linear, weil der Effekt nur teilweise mit den ohmschen Faktoren der Zelle zusammenhängt: So wird der Effekt beispielsweise stärker für einen Elektrolyten mit geringerer elektrischer Leitfähigkeit oder bei Zellen die höherohmige Konstruktionselemente enthalten (z.B. dünne Leitungen). Die Nichtlinearisierung des Batterieverhaltens wird von folgenden Faktoren verursacht: der Zellenreaktion selbst, der Diffusion der Ionen und Reaktionsausgangsstoffe ins Innere der Elektrodenplatten und der Grenze Elektrolyt/Platte – also der eigentlichen Elektrode selbst.

Tabelle 3.1 Elektrodenpotential von Blei-Säure-Zellen relativ zu Kadmium-Elektrode und SHE.

Säure-dichte	Zellen-spannung	Elektrodenpotential relativ zu SHE		Elektrodenpotential relativ zu Cd	
(gcm^{-3})	E_0	Positiv	Negativ	Positiv	Negativ
1,04	1,899	1,606	-0,293	2,026	0,127
1,30	2,145	1,805	-0,340	2,225	0,080

Man kann die beschriebenen Vorgänge in Form von sogenannten Strom/Spannungsdiagrammen darstellen, die die Analyse der Akkuparameter ermöglichen, wie die Kurve 1 in *Abb. 3.7*.

Das Strom/Spannungsdiagramm können wir allerdings auch noch anders darstellen, und zwar als Kombination der durch die einzelnen Elektrodenteilreaktionen erzeugten Ströme, in unserem Beispiel also der Anodenreaktion:

Pb -> Pb$_2$+ + 2e$^-$ (Kurve 2)

und der Kathodenreaktion:

Pb$_2$+ + 2e$^-$ -> Pb (Kurve 3)

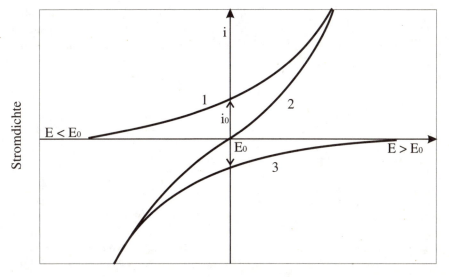

Abb. 3.7 Strom/Spannungsdiagramm einer Elektrode in der elektrochemischen Zelle

Wie aus dieser Darstellung ersichtlich ist, fließt im Zellengleichgewicht (mit dem bereits definierten Gleichgewichtspotential E$_0$) zu jeder der beiden Elektroden die gleiche Strommenge. Dieser Strom ist als „Austauschstrom" bekannt; er spielt eine Rolle bei der Bestimmung des dynamischen Verhaltens einer Zelle. Der Zusammenhang zwischen dem Strom und dem Elektrodenpotential wird durch die folgende Formel gegeben:

$$i = i_0 \left\{ \exp\left[\frac{\alpha \cdot F}{R \cdot T} \cdot (E - E_0)\right] - \exp\left[-\frac{(1-\alpha) \cdot F}{R \cdot T}(E - E_0)\right] \right\}$$

Bezeichnungen:

i – Stromdichte, i$_0$ – Austauschstromdichte, E – aktuelles Elektrodenpotential, E$_0$ – Elektrodenpotential des offenen Stromkreises, α – Transferkoeffizient, R – Gaskonstante, F – Faraday-Konstante, T – Temperatur.

Die tatsächliche Gesamt-Zellenspannung ergibt sich aus der Summe der Gleichgewichtsspannung und den an den Zellenelementen abfallenden Einzelspannungen, was wir durch die folgende Beziehung ausdrücken können:

$$E_u = E_0 - U_{oe} - U_{os} - U_p$$

Hierin bedeuten: E_0 – die Gleichgewichtsspannung, U_{oe} – die ohmschen Spannungsabfälle in den Elektroden, U_{os} – den ohmschen Spannungsabfall im Elektrolyten und U_p – die Polarisation, die u.a. von den Reaktionen im

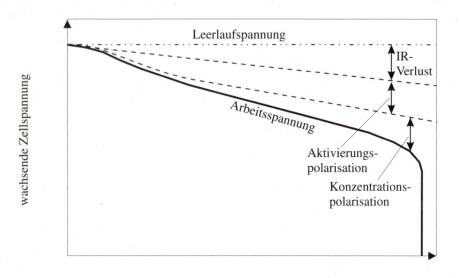

Abb. 3.8 Komponenten der Zellenspannung

Elektrode/Elektrolyt-Grenzbereich verursacht wird. Die Größe von U_p- ist abhängig von mehreren Effekten, wie zum Beispiel dem Ladungstransfer, der zunehmenden Bildung von Kristallisationskernen oder der Verfügbarkeit der Reaktionspartner. Die letzte Komponente bekommt man besonders stark im Laufe der Entladung zu spüren, was auf der *Abb. 3.8* dargestellt ist.

Die Spannungen U_{oe} und U_{os} sollten so klein wie möglich gehalten werden. Sie können durch konstruktive und technologische Maßnahmen verringert werden, beispielsweise durch Verkleinerung des Abstands zwischen den Elektroden, der Erhöhung der Elektrodenleitfähigkeit oder auch durch die Verbesserung der Kontakte zwischen Elektroden und Außenleitungen.

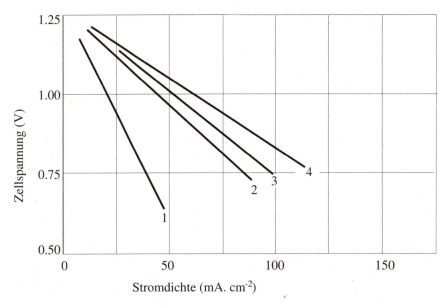

Abb. 3.9 Einfluß des ohmschen Faktors (Konstruktion der Zelle) auf die Entladecharakteristik (Aluminium/Luft-Batterie).

Der Einfluß der physikalischen Faktoren auf die Zellenspannung wird auf der *Abb. 3.9* veranschaulicht.

4 Parameter der Zelle

4.1 Zellenkapazität

Im Jahre 1833 formulierte der englische Physiker Michael Faraday zwei Gesetze, die von fundamentaler Bedeutung für die Elektrochemie sind und seither seinen Namen tragen. Das erste Faradaysche Gesetz sagt aus, daß die Masse, m, des in einer elektrochemischen Zelle abgeschiedenen Stoffes proportional zum Produkt aus der Stromstärke im Elektrolyten und der Dauer des Stromflusses (und damit auch proportional zur transportierten Ladungsmenge) ist.

I. $m = Ä \cdot I \cdot t$

Gemäß dem zweiten Faradayschen Gesetz verhalten sich die Massen der von gleichen Elektrizitätsmengen bei verschiedenen Elektrolyten abgeschiedenen Stoffe wie die Quotienten aus den molaren Massen und den Wertigkeiten dieser Stoffe. In Formeln ausgedrückt:

II. $\quad \dfrac{m_1}{m_2} = \dfrac{\frac{M_1}{z_1}}{\frac{M_2}{z_2}}$

Hierbei bedeuten:

m – Masse des abgeschiedenen Stoffes [g], I – Stromstärke [A], t – Zeitdauer des Stromflusses [s], Ä – elektrochemisches Äquivalent [g/C], M – molare Masse, [g/mol], z – Wertigkeit.

Man kann somit bei einem definierten Strom der Stärke I, der während der Zeit t durch eine Zelle fließt, die Masse der Anode berechnen, die an der Reaktion teilnimmt. Beträgt das Atomgewicht des Metalls, aus dem die Elektrode hergestellt wurde A_g, so ergibt sich folgende Formel:

$$m = \frac{I \cdot t \cdot A_g}{n \cdot F}$$

wobei F die sogenannte Faradaysche Konstante bezeichnet (96487 Cmol^{-1}). Wenn beide Elektroden an der Reaktion beteiligt sind, müssen auch beide Massen berücksichtigt werden. Ein Beispiel:

Die Reaktion in einer alkalischen Mangan-Batterie verläuft gemäß:

Zn + 2MnO$_2$ + H$_2$O -> ZnO + 2MnOOH.

Um Strom der Stärke 1 A eine Stunde lang abgeben zu können, verbrennt die Batterie 1,22 g Zn und 3,24 g MnO$_2$. Hieraus läßt sich (bei Berücksichtigung der Zellenspannung von 1.5 V) die theoretisch maximale Energiemenge pro Masseneinheit der verbrauchten Materialien (die sogenannte theoretische gravimetrische Energiedichte der Zelle) ausrechnen, und zwar ergibt sich dabei:

ρ_G^{Th} = 1,5*1000/(1,22+3,24)= 336 Wh kg^{-1} .

In der Realität ist die Energiedichte natürlich wesentlich geringer. Sie liegt bei etwa 30% des berechneten Wertes. Dies liegt u.a. daran, daß die Batterie zusätzlich noch den Elektrolyten, einige technologisch bedingte Zusätze und Konstruktionselemente wie zum Beispiel die Elektrodenseparatoren und Leitungen beinhaltet. Zudem verbrennen die Elektroden während der Energieabgabe auch nicht vollständig. Man unterscheidet die oben definierte gravimetrische Energiedichte, die besagt, wieviel Energie in einer Masseneinheit der Zelle gespeichert wird, und eine volumetrische Energiedichte, die das gleiche über das Volumen der Zelle aussagt.

Der Unterschied zwischen der theoretischen Energiedichte und der praktisch erreichbaren ist in der *Abb. 4.1* dargestellt.

Das Produkt aus entnommenem Strom und Entladezeit bezeichnet die entnehmbare Ladung unter konstanter Entladestromstärke (siehe Kapitel 5). Es definiert die in der Zelle vorhandene Energiemenge und wird Batteriekapazität genannt:

$$C = I \cdot t|_{Us} [Ah]$$

4 Zellenkapazität

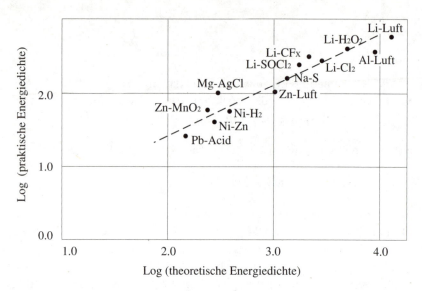

Abb. 4.1 Praktische gegen theoretische Energiedichte

Hierin bedeuten I – Konstant-Entladestromstärke [A], t – Entladezeit [h], U_s – Entladeschlußspannung [V], und C – die Kapazität in [Ah] (Ampere-Stunde).

Die Einheit „Ah" hat sich durchgesetzt, weil sie intuitiver ist als die gleichbedeutende Dimension 3600 Coulomb (3600 C). Über die „Ah"-Einheit wird auch die relative Stromstärke definiert: Sie wird in sogenannten C-Einheiten (Kapazitätseinheiten) ausgedrückt, manchmal jedoch auch mit CA oder mCA bezeichnet. Letzteres deutet angeblich darauf hin, daß der Strom in mA=10^{-3} A angegeben wird. Die Einheit 1C bedeutet eine Stromstärke, bei der die Zelle in einer Stunde entladen wird. Entladung der Zelle bedeutet hier, daß die Zellenspannung den Entladeschlußspannungswert, oben als U_s bezeichnet, erreicht.

In der Praxis sind jedoch die Bedingungen, unter denen die obige Formel anwendbar ist, außerhalb des Labors sehr schwierig einzuhalten. Die Kapazität ist somit besser durch ein Integral gegeben:

$$C = \int_0^T i(t) dt \Big|_{U_s},$$

wobei i(t) hier die momentane Stromstärke bezeichnet.

4.1 Zellenkapazität

Die Batteriekapazität ist eine von mehreren Parametern abhängige physikalische Größe. Zu den wichtigsten zählen:

- Entladestromstärke
- Entladeschlußspannung
- Batterietemperatur.

Dazu kommen die Batterievorgeschichte (zum Beispiel die Anzahl der erlebten Ladezyklen und eventuelle Tiefentladungen), die Parameter des Ladevorganges, Lagerungszeit sowie als offensichtlichste Parameter die Bauart und die verwendete Technologie. (Tiefentladung bedeutet eine Entladung zu niedrigerer Spannung als die vom Hersteller genannte Entladeschlußspannung; sie kann sehr leicht zur Batteriezerstörung führen.)

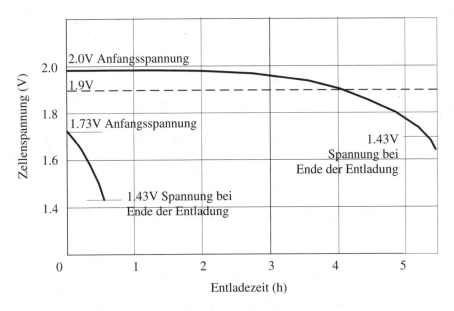

Abb. 4.2 Entladecharakteristik für zwei unterschiedliche Stromstärken

Die Stärke des Entladestroms beeinflußt die verfügbare Kapazität drastisch. Eine Analogie zur geometrischen Kapazität eines Behälters und auslaufendem Wasser ist hier nicht gegeben: erhöhte Wasserströmung entleert den Behälter früher, weiter nichts. Erhöhter Entladestrom dagegen verringert die entnehmbare Kapazität. Die Messung der Kapazität nach den beiden angegebenen Formeln muß also nicht unbedingt zum gleichen Ergebnis führen.

Ein weiterer Effekt wird von der Polarisation verursacht – erhöhter Strom erhöht den Spannungsabfall der Zelle. Es muß hier betont werden, daß die Differenz zwischen den beiden Anfangsspannungen nicht ausschließlich vom Innenwiderstand der Zelle verursacht wird (was bereits anhand des Strom/Spannungs-Diagramms in Kapitel 3 angedeutet wurde); sie ist also nicht als Spannungsabfall über dem Innenwiderstand zu verstehen. Die Polarisation beschreiben wir genauer im nächsten Kapitel bei der Diskussion der Zellenimpedanz.

Bei größerem Strom beginnt die Entladung dann bei niedrigerer Zellenspannung. Das bedeutet also, daß ein Beibehalten der normalen Entladeschlußspannung beim Entladen mit großem Strom sehr früh zur Unterbrechung des Prozesses führen kann. Um das zu vermeiden, definieren die Batteriehersteller für manche Systeme unterschiedliche Werte der Entladeschlußspannung, in Abhängigkeit vom Entladestrom. Tiefere Entladung als zugelassen kann zur Beschädigung oder (wie zum Beispiel bei NiCd, NiMH) zu schädlicher Umpolung der Zelle führen.

Die Entladeschlußspannung ist nicht beliebig klein zu definieren – sie wird von der Thermodynamik bestimmt und kann durch technologische Maßnahmen in gewissem Maße beeinflußt werden. In der Regel lassen die Blei-Akkus viel größeren Spielraum für die Entladeschlußspannung als die anderen Batterietypen.

4.2 Thermische Abhängigkeit der Kapazität

Alle chemischen Prozesse sind temperaturabhängig, was auch eine thermische Abhängigkeit der Kapazität mit sich bringt, siehe *Abb. 4.3*. Für die gängigsten Batterietypen (Blei-Säure, NiCd und NiMH) beträgt der Verlust der Kapazität ca. 0,5 bis 1% pro Grad Celsius. Um die Kapazitätsänderungen auf die Standardtemperatur (20 °C) zu korrigieren, kann man bestimmte Formeln anwenden, zum Beispiel folgende für den Blei-Säure-Akku:

$$C = C_s(1 - \alpha(20 - \Theta))$$

Hierbei bedeuten C_s die Kapazität bei 20 Grad Celsius, C die Kapazität bei der Temperatur Θ, Θ die Batterie-Temperatur in Grad Celsius, α den Temperaturkoeffizienten der Kapazität. Ein Wert von 0,005 bedeutet 0,5% pro °C.

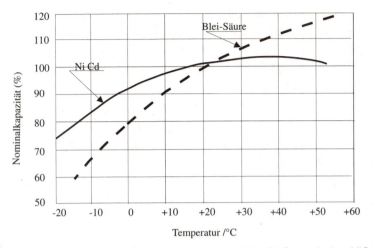

Abb. 4.3 Thermische Abhängigkeit der Kapazität einer Pb/PbO$_2$- und einer NiCd-Zelle

4.3 Der Widerstand der Zelle

Der Widerstand einer Zelle hängt mit der Definition der Klemmenspannung zusammen. Die *Abb. 4.4* stellt eine statische Situation dar und gilt nur für den Fall der Belastung mit einem geringen Konstantstrom.

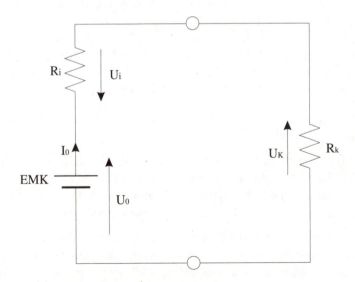

Abb. 4.4 Eine Zelle im Stromkreis, geringe Belastung

4 Der Widerstand der Zelle

Die Klemmenspannung U_k unterteilt sich in den Spannungsabfall über dem internen Widerstand und die EMK der Zelle. Bei einer Spannungsmessung ohne externe Last bleibt der Innenwiderstand hier ohne Bedeutung und die Klemmenspannung ist gleich der EMK – daher der Name Leerlaufspannung.

Zur ohmschen Komponente addieren sich die Widerstände der Leitungen, der Platten mit ihrer internen Struktur (das Gitter in den Sinterplatten etc.) und der Widerstand des Elektrolyten. Der damit verursachte Spannungsabfall ist proportional zum Strom.

Sobald die Stromstärke ansteigt, werden die thermodynamischen und elektrochemischen Effekte wirksam, zu denen u.a. die folgenden zählen:

- die Diffusion der Ionen in die Poren der Elektrodenplatten,
- die Wechselwirkung der Ionen mit der Plattenoberfläche (Bildung einer sogenannten Doppelschicht des Potentials),
- die Verdünnung des Elektrolyten durch Elektrolysewasser.

Diese Effekte haben zur Folge, daß außer der ohmschen Komponente ein zusätzlicher nichtlinearer Anteil entsteht, der stark vom Belastungsstrom abhängig ist.

Die *Abb. 4.5* zeigt die bereits bekannte Abhängigkeit der Zellenspannung von der Entladestromstärke. Diese Abhängigkeiten wurden bereits früher beschrieben, wir verzichten deshalb hier auf eine tiefergehende Analyse. Zur Erinnerung: Die Aktivationspolarisation beschreibt den Transportmechanismus der Ionen in die Elektrode, und die Konzentrationspolarisation ist eine Folge des Elektrolytverdünnungseffekts.

Um den gesamten Widerstand der Zelle zu minimieren, wurden die folgenden Regeln aufgestellt:

1. Die Leitfähigkeit des Elektrolyten muß möglichst hoch sein, der Querschnitt der Konstruktionselemente und die Plattenfläche müssen groß genug sein, um die R-Komponente zu minimieren. Dies ist eine der Unterschiede zwischen den Zellen für Hochstrom und den Standardzellen.

2. Die verwendeten Materialien müssen stabil sein, um die Korrosion und damit verbundene Bildung von Zwischenschichten sowohl zwischen dem Elektrolyten und den Platten als auch zwischen dem aktiven Plattenmaterial und dem Stromkollektor zu vermeiden.

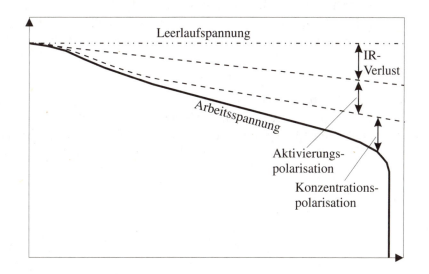

Abb. 4.5 Komponenten des internen Spannungsabfalls der Zelle

3. Die Geschwindigkeit der Elektrodenreaktion muß hoch sein. Man erreicht dies durch eine poröse Konstruktion der Elektroden.

Die Elektrolytverdünnungseffekte lassen sich nur durch eine entsprechende Auswahl des Separators verringern, der Elektrolytaustausch durch die Poren muß möglichst leicht sein. Im allgemeinen sind die Möglichkeiten hier ziemlich begrenzt, und die beste Vorgehensweise zur Einschränkung der Konzentrationspolarisation (und der damit verbundenen Impedanz) stellt einfach die Einschränkung des Entladestromes dar. Aufgrund all dieser Tatsachen gelten für die Zellen folgende Faktoren:

- Die größeren Zellen haben in der Regel einen kleineren Widerstand – aufgrund ihrer größeren Plattenflächen und Leitungsdurchmesser.
- Bei Temperaturanstieg sinkt der Zellenwiderstand – was die Dominanz der elektrochemischen Faktoren für den Zellenwiderstand anzeigt.
- Die Zellenimpedanz ist stark von der Technologie abhängig.

Um den Einfluß des Meßstroms auf das Testergebnis bei der Bestimmung der Zellenimpedanz zu minimieren, mißt man bei zwei unterschiedlichen Belastungen und rechnet den Widerstand mit folgender Formel aus:

$R = (u_1 - u_2)/(i_1 - i_2)$.

Manchmal wird behauptet, daß diese Berechnungen auch mit Datenblättern mit ausreichender Genauigkeit durchgeführt werden können, was wiederum für manche Zellen die einzige Lösung darstellt. So bilden manche Typen von Li-Zellen (diejenigen mit Lithium-Metall-Elektrode) auf der Elektrode eine Passivierungsschicht aus, die die Messungen erschwert.

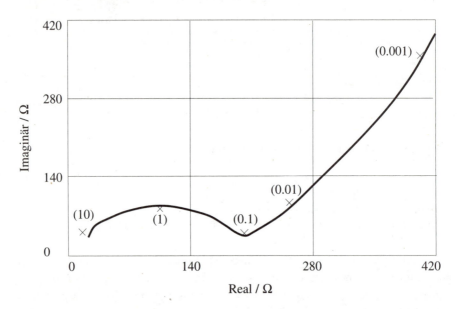

Abb. 4.6 Impedanz einer Pb-Platte in der Blei-Säure-Zelle, gemessen mit einer Referenzelektrode

Die obige Formel erinnert an eine Wechselstrommessung, und tatsächlich wird die Wechselstrommethode auf breiter Basis bei Zellenimpedanzmessungen hauptsächlich für Forschungszwecke eingesetzt. In diesem Fall wird jedoch meistens nur eine Elektrode (unter Einsatz der Referenzelektrode, die vom Meßstrom nicht polarisiert wird) gemessen, und der Widerstand wird aus der Strom/Spannungs-Phasenverschiebung berechnet. In *Abb. 4.6* ist die Abhängigkeit des Imaginärteils vom Realteil der Impedanz dargestellt. Die Punkte bedeuten die einzelnen Stromfrequenzen, die Linie resultiert aus der nachfolgenden Computeranalyse. Die Messung wurde für eine Pb-Platte in einer Blei-Säure-Zelle gegen eine Hg/ Hg_2SO_4-Referenzelektrode durchgeführt.

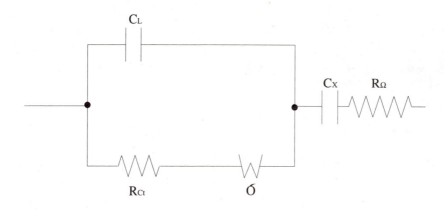

Abb. 4.7 Ersatzschaltung einer Batterie

Die Analyse solcher Messungen verlangt ziemlich komplizierte Computer-Programme und ist für normale Alltagsanwendungen nicht durchführbar. Die daraus resultierende Ersatzschaltung zeigt die *Abb. 4.7*. Die folgenden Parameter wurden von der Computeranalyse geliefert:
C_L- 630μF, C_x- 1820μF, R_{ohm}- 39,38Ω, R_{ct}- 155,9 Ω, σ- 414,5 Ωs$^{1/2}$.

Das durch σ bezeichnete Element wird Warburgimpedanz genannt und bezeichnet eine Impedanz, die für verschiedene Frequenzen durch keine Kombination von Widerständen und Kondensatoren ersetzt werden kann. Dieses Modul wird aus den Diffusionsregeln abgeleitet.

Die Messung für beide Elektroden oder sogar für eine ganze Batterie kompliziert die Analyse noch weiter und ist somit für den Anwender nicht einsetzbar. Deshalb hat man auch die Konstantfrequenzmethode eingeführt. Die Messungen werden dabei für eine oder mehrere Frequenzen durchgeführt. Die zeitlichen Änderungen der Meßergebnisse zeigen die Änderungen des Batteriezustands an, z.B. bedeutet ein Anstieg der Resistanz ein Fortschreiten der Korrosion der Platten oder einen Verlust von Elektrolytwasser. Der in Datenblättern angegebene Widerstand wird meistens bei 1 kHz gemessen, was auch im jeweiligen Blatt meistens gekennzeichnet ist.

Tabelle 4.1 Beispiele des Widerstands für Zellen der Größe AA

Typ	Bezeichn.	Kapazität	Widerst.	Meß-frequenz	Hersteller
		mAh	mΩ	kHz	
NiCd, Standard	N-600AA	650	12	1	Sanyo
NiCd, Hoch-kapazität	KR-950AAU	1000	18	1	Sanyo
NiCd, Memory-Backup	N-500AAS	550	KA	NA	Sanyo
NiMH	DH AA	1100	30	KA	Duracell

4.4 Batteriesimulation mit dem Computer

Die Impedanz kann, wie bereits erklärt, eine Batterie nicht eindeutig charakterisieren, wie das bei typischen elektronischen Schaltkreisen der Fall ist, und sie kann deswegen auch nicht in jedem Fall als Ersatzimpedanz eines Schaltkreises eingesetzt werden. In mehreren Fällen ist das auch nicht notwendig. Dem Benutzer würde es meistens bereits genügen, wenn er das Verhalten der Batterie unter einer bestimmten Last und für bestimmte Laständerungen in gewissen Grenzen vorhersehen kann.

Seit langer Zeit laufen in verschiedenen Laboratorien Versuche, um Batterieprozesse simulieren zu können. Es ist aber schwierig, ein realistisches Modell eines Batteriesystems zu entwickeln, da es von sehr vielen Parametern abhängig ist. Das schlichte „Nachmachen" des Verhaltens einer Zelle ist natürlich wesentlich einfacher.

Wir stellen im folgenden ein PSpice-Modell einer NiMH-Zelle vor, das es nach Angaben des Autoren[1] erlaubt, die Entladecharakteristik einer NiMH-Zelle realistisch zu simulieren, wobei die Veränderungen bei Variieren der Last und Änderungen des Ladezustandes Berücksichtigung finden. Es funktioniert für Entladeströme von 0,001 bis 5C. Die *Abb. 4.8* stellt die Schaltkreise des Modells dar.

---

[1] S.C. Hageman, EDN, Feb. 2, 1995, S. 99

4.4 Batteriesimulation mit dem Computer

Man kann vier Noden dieses Schaltkreises testen. +OUTPUT und -OUTPUT stehen für die normalen positiven und negativen Zellenklemmen.

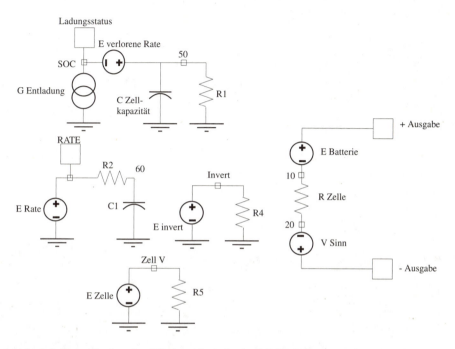

Abb. 4.8 Schaltkreise des PSpice-Modells der NiMH-Batterie

Man kann sie als externen Schaltkreis betreiben oder zusammen mit einem anderen Zellenmodell in Reihe schalten, um eine Batterie zu modellieren. SOC beschreibt den Ladezustand, wobei 1 V hundertprozentige Ladung und 0 V eine leere Batterie bedeuten. Abhängig von der Stärke des Entladestromes senkt E_LOST_RATE die verfügbare Kapazität ab. RATE bedeutet dabei den momentanen Entladestrom in C-Einheiten, CAPACITY und RESISTANCE stehen für die Zellenkapazität und den vom Hersteller angegebenen Widerstand. R2 und C1 (verbunden mit der Node 60) sind zuständig für die Simulation des Spannungssacks.

Wenn man dieses Modell anwenden will, sollte man die Zellenausgänge mit einer Last verbinden, dann die Node 50 mit dem gewünschten Ladezustand initialisieren und die Node 60 am Anfang auf 0 zu setzen. Für die Simulation in Serie verbundener Zellen darf man SPC und RATE von einzelnen Schaltungen nicht zusammenfügen.

4 Batteriesimulation mit dem Computer

Listing des Batteriemodells

```
.SUBCKT NIMH
+ +OUTPUT  -OUTPUT  SOC  RATE;
+RATE Instantaneous discharge rate, 1V = C, 10V =10C;
+ SOC I + State of charge output node,1V=100%, 0V = 0%;
+ +OUTPUT/-OUTPUT +/-Cell connections (Floating);
+ PARAMS: CAPACITY =1, RESISTANCE=1;
+------------------- Cell resistance in (mohm)
+ Cellcapacity in ampere-hours,measured at 5-hour rate;
+ E_Rate RATE 0 VALUE={I(V_Sense)/CAPACITY}
R2 RATE  60 1 ;
R2-C2 provide 3 second delayed time constant
C1 60  0  3
E_LowRate  LowRate  0  TABLE {V (RATE)}=(0,0)
(0.001,015) (0.1,0.1) (0.2,0)
R3  LowRate  0  1G
G_LowRate 0 50 VALUE={V(LowRate)*I(V_Sense)}
G_Discharge SOC 0 VALUE={I(V_Sense)}; Discharge current
E_LostRate 50 SOC
TABLE {V (60)}=(0.2,0.0) (1.0,0.15) (5,0.2)
C_CellCapacity 50 0 {3600*CAPACITY*1.01}
R1 50 0 1G
R_Cell 20 30 {RESISTANCE}
V_Sense -OUTPUT 30 0
E_Invert Invert 0 TABLE {V (SOK)}=(0,1) (1,0)
R4 Invert 0 1G
E_Cell +OUTPUT 20 TABLE {V (Invert)}=
+(0.0000E+00 1.3346E+00)
   (7.0989E-03 1.3244E+00)
      (1.6327E-02 1.3144E+00);
+(2.9283E-02 1.3042E+00)
```

4.4 Batteriesimulation mit dem Computer

```
     (4.2593E-02 1.2942E+00)
        (6.8859E-02 1.2841E+00);
+(1.3008E-01 1.2733E+00)
     (4.3605E-01 1.2633E+00)
        (5.1165E-01 1.2532E+00);
+(5.8033E-01 1.2432E+00)
     (6.4635E-01 1.2331E+00)
        (7.0199E-01 1.2231E+00);
+(7.5834E-01 1.2130E+00)
     (8.0324E-01 1.2030E+00)
        (8.3075E-01 1.1929E+00)
+(8.5116E-01 1.1828E+00)
     (8.6820E-01 1.1727E+00)
        (8.8310E-01 1.1627E+00)
+(8.9641E-01 1.1527E+00)
     (9.0848E-01 1.1425E+00)
        (9.1860E-01 1.1324E+00)
+(9.2730E-01 1.1223E+00)
     (9.3475E-01 1.1122E+00)
        (9.4167E-01 1.1021E+00)
+(9.4841E-01 1.0919E+00)
     (9.5480E-01 1.0817E+00)
        (9.6013E-01 1.0716E+00)
+(9.6439E-01 1.0615E+00)
     (9.6776E-01 1.0515E+00)
        (9.7060E-01 1.0407E+00)
+(9.7291E-01 1.0299E+00)
     (9.7486E-01 1.0190E+00)
        (9.7663E-01 1.0080E+00)
+(9.7823E-01 9.9782E-01)
     (9.8001E-01 9.8706E-01)
        (9.8196E-01 9.7630E-01)
+(9.8391E-01 9.6612E-01)
     (9.8586E-01 9.5606E-01)
        (9.8799E-01 9.4542E-01)
+(9.9012E-01 9.3524E-01)
```

      (9.9225E-01 9.2518E-01)
        (9.9420E-01 9.1498E-01)
+(9.9500E-01 9.0400E-01)
      (9.9687E-01 8.9186E-01)
        (9.9740E-01 8.7990E-001)
+(9.9775E-01 8.6280E-01)
      (9.9793E-01 8.4818E-01)
        (9.9811E-01 8.2718E-01)
+(9.9020E-01 7.9510E-01)
      (9.9846E-01 7.4066E-01)
        (9.9864E-01 6.4712E-01)
+(9.9882E-01 5.1000E-01)
      (9.9099E-01 3.3476E-01)
        (1.0000E-01 0.0000E-01)

5 Nennparameter der Zelle

5.1 Spannung

Nennspannung – ist als die mittlere Entladespannung definiert; dies ist der Mittelwert der über die gesamte Entladezeit gemessenen Spannungen bei Raumtemperatur, mit Strömen $\leq 0{,}2C$. Für NiCd-Batterien entspricht das der Spannung nach Entnahme von ca.55% der entnehmbaren Kapazität. Soweit die alte Definition. In der Praxis wird dies jedoch zu einer Konventionssache, die nicht unbedingt genau dieser Definition entsprechen muß. So haben NiCd- und NiMH-Systeme die gleichen Nennspannungen, obwohl diese in der Realität nicht wirklich gleich sind; der kleine Unterschied ist für die Anwendung ohne Bedeutung. Ähnlich ist bei den Li-Ion-Batterien die Nennspannung auf z.B. 3,6 V festgelegt, obwohl die Anfangsspannung bei 4,1 – 4,2 V liegt und die Entladeschlußspannung zwischen 2,7 und 2,5 V spezifiziert wird. Die gleichen Batterien dürfen sogar mit verschiedenen Anfangsspannungen arbeiten!

Anfangsspannung – ist die Klemmenspannung nach Entnahme von 10% der entnehmbaren Kapazität. Der Spannungsverlauf bei den ersten 10% der Kapazitätsentnahme bildet eine steil abfallende Kurve, in der Literatur als Spannungssack bezeichnet.

Entladeschlußspannung – die Spannung am Ende der Entladung; sie wird von den Herstellern für die einzelnen Batterietypen und Technologien definiert.

5.2 Kapazität

Die Kapazität Q einer sekundären Batterie (Akkumulator) definiert sich nach der Entladestromstärke I und der Entladezeit t:

$Q = I * t$

mit **I**-konstanter Entladestrom in Ampere [A], **t**-Entladezeit von Entladebeginn bis zum Erreichen der Entladeschlußspannung.

Einheit: Ampere * Stunde [A*h], bzw. mA*h = 1/1000 A*h

Nennkapazität – diese Kapazität ist für die Batterie charakteristisch. Sie wird nach verschiedenen Normen definiert. Bei kleinen geschlossenen Batterien ist sie durch 5-stündige Entladung definiert, für manche Typen von Blei-Akkus durch 10- oder 20-stündige Entladung. Die Entladung verläuft nach vorschriftsmäßiger Ladung bei Raumtemperatur (20 °C ± 0,5).

Entnehmbare Kapazität – die Kapazität, die dem Benutzer zur Verfügung steht. Sie entspricht der Nennkapazität, sofern der Entladestrom = Nennstrom ist. Einflußgrößen sind:

- Entladestromstärke
- zulässige Entladeschlußspannung
- Batterietemperatur
- Ladeprozeß
- Batterievorgeschichte

Alle genannten Faktoren außer der Entladeschlußspannung reduzieren die entnehmbare Kapazität relativ zur Nennkapazität. Die Entladeschlußspannung wird für die höheren Entladeströme meistens auf niedrigerem Niveau definiert als für konventionellen 0,2C-Entladestrom.

5.3 Stromdefinitionen

Lade- und Entladeströme werden als Vielfaches von der Nennkapazität angegeben, mit der Bezeichnung C bzw. CA. So ergibt sich beispielsweise für eine Batterie mit einer Nennkapazität von 2 Ah folgender Zusammenhang:

Bezeichnung	Wert
0,1C	200mA
1C	2A
2C	4A

Entladenennstrom – ist in DIN und den Internationalen Normen für alle standardisierten Batterietypen definiert, für die kleinen NiCd- oder NiMH-Zellen als fünfstündiger Entladestrom von −0,2C.

Maximal-Ladestrom – ist der vom Hersteller vorgegebene Strom, mit dem eine Batterie aufgeladen werden kann, ohne beschädigt zu werden.

Maximal-Entladestrom – ist der vom Hersteller vorgegebene maximale Strom, mit dem eine Batterie arbeiten kann, ohne beschädigt zu werden (kann bei der Entladung abgegeben werden).

5.4 Wirkungsgrad

Darunter versteht man das Verhältnis zwischen entnehmbarer und geladener Energie:

η = entnehmbare Energie/geladene Energie.

Wenn die Energie in Ampere-Stunden angegeben wird, spricht man vom Ah-Wirkungsgrad, auch Stromwirkungsgrad genannt. Wenn die Energie dagegen als Wh angegeben wurde, spricht man vom Wh-Wirkungsgrad oder energetischen Wirkungsgrad. Da die Batterie-Charakteristiken nicht linear verlaufen, sind beide Größen nicht identisch.

Der Wirkungsgrad ist weitgehend durch das Zellensystem vorgegeben (NiCd, Blei-Säure, usw.) aber auch von der Technologie abhängig. Für NiCd-Zellen mit Sinterelektroden liegt der Wirkungsgrad bei Raumtemperatur beispielsweise im Bereich 0,7-0,82.

Der reziproke Wert des Ah-Wirkungsgrades heißt Stromladefaktor:

$$\lambda = \eta_{Ah}^{-1}$$

Der Ladefaktor ist eine bequeme praktische Größe, um die Batterieladezeit im Konstantstromladeverfahren abzuschätzen:

Der Ladefaktor der NiCd-Zellen liegt in der Praxis zwischen 1,4 und 1,6, was 14 bis 16 Ladestunden mit einem Ladestrom von 0,1C ergibt.

6 Blei-Säure-System

6.1 Allgemeine Systembeschreibung

Das Blei-Bleioxid-System, besser bekannt unter der Bezeichnung Blei-Säure-Akku, ist seit etwa einem Jahrhundert auf dem Markt. Trotz großer Konkurrenz durch andere Systeme wird es weiterhin massenhaft produziert, weil es die billigste Energiequelle der Autoindustrie ist. Neben seiner Funktion als Quelle für die Motorstarterenergie (auch für Boote und Flugzeuge) dient es als Energiequelle in der Telekommunikation, in Sicherheitsbeleuchtungssystemen, Werkzeugen, im Bergbau etc. Der Akku wird in den verschiedensten Ausführungen, Größen und Formen für unterschiedliche Spannungen angeboten, die auf zwei Basisvarianten beruhen: den offenen und gasdichten Systemen. Die relativ einfache Herstellungstechnologie und Verfügbarkeit der Materialen in Ländern mit schwacher technischer Infrastruktur resultiert in der weiten Verbreitung und sehr niedrigen Herstellungskosten. Der Blei-Säure-Akku ist somit fast für jede Applikation die billigste Lösung mit noch recht guten Eigenschaften und annehmbarer Zyklenfestigkeit.

Wie man aus der Tabelle der chronologischen Zusammenfassung der Akkugeschichte entnehmen kann, hat die Blei-Säure-Batterie ihren Ursprung in der Mitte des 19. Jahrhunderts. Sie wurde um 1850 entwickelt, aber erst gegen 1860 hat ihr Raymond Gaston Planté eine technisch nutzbare Form gegeben: Zwei Streifen Bleifolie, durch einen dicken Stoffstreifen getrennt, wurden zu einer Spirale geformt und in eine 10%ige Schwefelsäurelösung plaziert. Die Batterie hatte eine ziemlich kleine Kapazität, da die Menge der gespeicherten Energie von der Menge der Elektrodenmaterialien, die an der Zellenreaktion teilnehmen können, abhängig ist. In der Planté-Zelle waren die Elektroden insitu gebildet: mit Hilfe des Stromes aus primären Zellen wird einer der Streifen zu Bleioxid korrodiert (also zu positiv aktivem Material), während die zweite, negative Elektrode gleichzeitig ihre Oberfläche vergrößert. Auf diese Weise sind die Planté-Zellen in der Lage, während des Arbeitszyklus ihre Kapazität zu vergrößern.

Gegen 1870 fanden die magnetoelektrischen Stromgeneratoren nach dem Prinzip von Siemens weite Verbreitung, was auch der Batterieindustrie neuen Aufschwung bescherte: Die Pufferung der Energie außerhalb der Hochverbrauchsstunden war notwendig geworden. Die folgenden Jahre haben eine weitere Perfektionierung der Konstruktion mit sich gebracht, was letztendlich zu zwei Technologieströmen geführt hat:

1. Flachzellen (mit Flachplattenelektroden): Das PbO_2 wird in Form einer Paste in ein Metallgitter eingepreßt, was eine große Oberfläche des aktiven Materials (die poröse Struktur der Paste) bei stabiler mechanischer Konstruktion und guter elektrischer Leitfähigkeit (Metallgitter) ergibt.
2. Zylindrische Zellen: Ein zentraler Stab oder Draht wird in ein Band aus dem aktiven Material gewickelt. Der Elektrodenseparator wird aus dem elektrolytporösen Isolator gefertigt, und die ganze Konstruktion wird in ein isolierendes Gehäuse eingeschlossen.

6.1.1 Allgemeine Eigenschaften des Blei-Säure-Systems

Tabelle 6.1 Technische Daten einer Blei-Säure-Zelle

Parameter	Wertbeschreibung
Nennspannung:	2,0 V
Leerlaufspannung:	2,08 V
Entladeschlußspannung:	1,4...1,72 V entsprechend Belastung
Negative Elektrode:	Blei
Positive Elektrode:	Bleidioxid
Elektrolyt:	Schwefelsäure
Bauform:	prismatisch oder zylindrisch
Gravimetrische Energiedichte:	20..45 Wh/kg, theor. 167 Wh/kg
Volumetrische Energiedichte:	60...95 Wh/l
Lagertemperaturbereich:	-25..+60°C
Betriebstemperaturbereich:	-40. +60°C, (Ladung ab -10°C)

Parameter	Wertbeschreibung
Ladefaktor:	1,2-1,3
Zyklenfestigkeit bei Entladungstiefe:	
< 20%	ca. 1500
> 80%	ca. 200..500
Selbstentladung:	bis 1% pro Tag (antimonhaltig) bis 0,1% pro Tag (antimonfrei)

Vorteile

- Niedrige Herstellungskosten durch weltweite Verfügbarkeit der Materialien für die Komponenten.
- In großen Mengen und diversen Dimensionen im Handel: sowohl kleinere (<1 Ah) als auch große mit tausenden Ah verfügbar (in Chino, Kalifornien, wurde im Jahre 1988 ein Blei-Säure-Batteriesystem mit einer Kapazität von 40 MWh gefertigt; es diente als 4-Stunden-Energiepuffer für ein Netz mit einer Spannung von 2 kV und einer Stromstärke von 5000 A). Gute Verträglichkeit von Hochstromentladungen, geeignet als Motorstarter.
- Gutes Verhalten bei hohen und niedrigen Temperaturen.
- Wirkungsgrad von 80%.
- Hohe Zellenspannung – 2 V.
- Einfaches Überprüfen der verbliebenen Kapazität.
- Niedrige Kosten im Vergleich mit anderen Systemen.

Nachteile

- Im allgemeinen geringe Zyklenfestigkeit, obwohl spezielle Ausführungen mit einer Zyklenfestigkeit von bis zu 2000 Zyklen existieren.
- Niedrige Energiedichte.
- Schlechte Ladezustandserhaltung (Sulfation).
- Schwierige Herstellung von Elementen in sehr kleinen Dimensionen (die Knopfzellen sind einfacher in Ni-Cd-Technologie zu produzieren).
- Bei übermäßiger Gasung besteht Wasserstoff-Explosionsgefahr.
- Thermische Instabilität in falsch entwickelten Batterien oder Ladegeräten.

6.2 Die Zellenreaktion

$$Pb + PbO_2 + H_2SO_4 \rightarrow 2PbSO_4 + 2H_2O$$

Wie aus der Gleichung ersichtlich ist, verwandeln sich die beiden Elektrodenmaterialien während der Entladung in Bleisulfat. Die Reaktion verläuft unter Verbrauch von Schwefelsäure und Produktion von Wasser. Es tritt also eine Verdünnung der Schwefelsäure in der Zelle ein, wodurch die Säurendichte absinkt. Der umgekehrte Prozeß (die Aufladung) verläuft ebenfalls nach dem oben dargestellten Schema. Wenn sich die Zelle dem Ladeschluß nähert und das gesamte Bleisulfat in Blei und Bleioxid verwandelt wurde, tritt ein Gasungseffekt auf. Wasser wird nach dem Schema

$$2H_2O \rightarrow 2H_2 + O_2$$

in den gasförmigen Zustand seiner Moleküle zerlegt. Die einzelnen Gase werden auf den Elektroden freigesetzt, was zu Wasserverlust führt. In offenen Systemen muß das Wasser nachgefüllt werden, um die Elektrolytdichte auf dem richtigen Niveau zu halten. Andererseits ist der Effekt mit gewissen Gefahren verbunden: Die freigesetzte Wasserstoff-/Sauerstoffmischung ist hochexplosiv. Die Gasung findet bei einer Spannung von 2,39 V statt, die daher auch Gasungsspannung genannt wird.

6.3 Die Zelle

6.3.1 Konstruktion der Zelle

Die Zelle wird als säuredichter Behälter konstruiert, der in der einfachsten Version eine negative und eine positive Platte sowie dazwischen einen Separator enthält und mit Schwefelsäure gefüllt ist. In der Praxis enthalten die Zellen meist 3-30 Elektrodenplatten mit Separatoren, die entweder als Platten oder als Plattenhüllen (entweder für die positive oder die negative Platte) gebaut werden können. Die Batterien werden sowohl in offener als auch in geschlossener Bauart gefertigt. Zur Absicherung bei längeren Lagerungsperioden werden die offenen Systeme auch in trockenem Zustand geliefert. Sie sind sofort nach dem Auffüllen mit dem Elektrolyt einsatzbereit.

6.3.2 Elektrolyt

Das spezifische Gewicht des Elektrolyten bemißt sich nach der Konzentration der Schwefelsäure und ist sowohl batterieanwendungsspezifisch als auch vom Batteriezustand und der Temperatur abhängig. In ihrem ursprünglichen Zustand muß die Konzentration des Elektrolyten hoch genug sein, um gute ionische Konduktivität zu gewährleisten, gleichzeitig muß sie aber niedrig genug bleiben, um die Korrosion der Zellenkomponenten zu minimieren. Während der Entladung sinkt das spezifische Gewicht direkt proportional zur entnommenen Energie. Somit kann das spezifische Gewicht als ein Maß für die Batterieentladung verwendet werden.

Die spezifische Gewichtsdifferenz zwischen dem voll geladenen und voll entladenen Zustand kann bis zu 0.150 g/cm^3 ausmachen. Da der Widerstand des Elektrolyten vom spezifischen Gewicht abhängig ist, verwendet man für unterschiedliche Anwendungen auch Elektrolyten von unterschiedlichem spezifischen Gewicht. Die Autobatterien zum Beispiel, die eine große Leistung abgeben müssen, werden als niedrigohmische Systeme produziert, das heißt, bei den Konstruktionselementen (wie z.B. den elek-

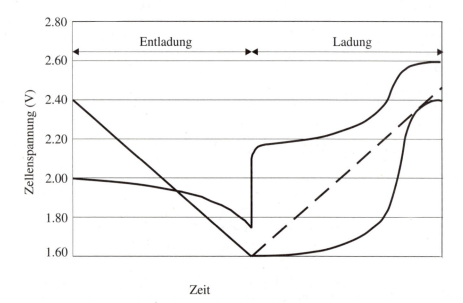

Abb. 6.1 Änderung der Zellenspannung und des spezifischen Gewichtes des Elektrolyten

trischen Leitungen) strebt man einen möglichst großen Querschnitt und einen Elektrolyten mit möglichst niedrigem Widerstand an.

Der spezifische Widerstand des Elektrolyten variiert auch stark mit der Temperatur, wie in *Abb. 6.2* dargestellt ist.

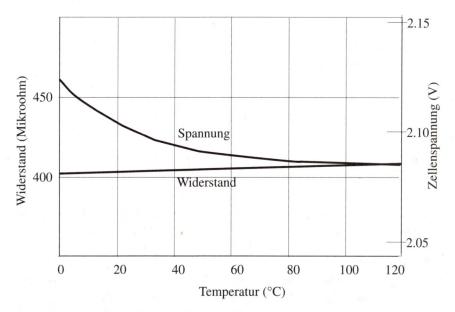

Abb. 6.2 Abhängigkeit des spezifischen Widerstandes des Elektrolyten von der Temperatur

6.3.3 Separator

Als typische Separatormaterialien sind seit den 30er Jahren Gummi und Zellulose im Gebrauch. Inzwischen wurden sie jedoch für viele Anwendungen durch Glasfiber, Mikroglas oder PVC abgelöst. Die typische Porosität dieser Materialien liegt zwischen 40 und 90%, und der mittlere Porendurchmesser liegt zwischen <0.1 (Polyethylen) und 80 μm (Glasfiberstoff), abhängig von Material und Ausführung.

6.3.4 Elektrodenplatten

Wie bereits erwähnt, verwendet man als aktives Material der positiven Elektrode Bleioxid. Der aktive Teil der negativen Elektrode besteht dagegen aus metallischem Blei mit oberflächenvergrößernder poröser Struktur. Normalerweise beinhaltet die positive Elektrode in geladenem Zustand zwei Phasen von PbO_2: α-PbO_2 und β-PbO_2. Das Gleichgewichtspotential der beiden Formen unterscheidet sich um 0,01 V (Der α-Typ ist positiver als die β-Form, die Kristalle sind auch größer und kompakter, aber auch elektrochemisch weniger aktiv. Er ist verantwortlich für die Verlängerung der Zyklenfestigkeit.) Keine der beiden Formen ist völlig stöchiometrisch – die richtige Zusammensetzung sollte als PbO_x beschrieben werden, wobei x im Bereich 1,85 – 2,05 liegt. Der Zusatz von Antimon bei der Herstellung dieser Materialien führt (sogar bereits bei niedrigen Konzentrationen) zu einer erheblichen Verbesserung der Eigenschaften, erhöht aber erheblich die Batterieselbstentladungsrate.

Das aktive Material wird aus einem Gemisch aus Bleioxid, Blei, Schwefelsäure und Wasser hergestellt. Der Zweck der Verarbeitung ist es, eine poröskristalline Masse aus $PbSO_4$ mit kleinem Anteil (<5%) von Pb zu erreichen. Das Material der positiv aktiven Elektrode, das zunächst aus dieser Masse elektrochemisch gewonnen wird, ist der Hauptfaktor, der die Batteriefunkion und Lebensdauer beeinflußt. Die zweite (Blei-)Elektrode ist zuständig für die Niedrigtemperatureigenschaften der Batterie (wichtig also z.B. für die Verwendung zum Starten von Motoren). Um der Elektrodenmasse eine stabile Form zu erhalten, wurden verschiedene Arten von Trägerkonstruktionen entwickelt, die die Einführung verschiedener Plattenbauarten ermöglichen.

6.3.5 Formen von Elektrodenplatten:

Großoberflächenplatte

Der Träger ist eine gegossene, vielrippige Weichbleiplatte, deren Oberfläche durch elektrochemische Behandlung (Formation, wie in der Planté-Batterie) in die aktive, poröse Masse verwandelt wird. Der verbliebene Bleikern dient als Elektronenkollektor und Leiter, aber im Laufe der Zeit wird er ebenfalls in die poröse Masse umgewandelt. Die rippige Plattenform dient der Vergrößerung der Oberfläche. Die Großoberflächenplatte wird als Positivplatte verwendet.

Kastenplatte

Diese ist eine Konstruktion aus Hartbleigitter, gefüllt mit der aktiven Masse und seitlich abgedeckt durch Wände aus gelochtem Bleiblech. Die Aktivmasse ist nach der Montage noch nicht endgültig elektrochemisch wirksam, weshalb die Zelle zuerst einer Formationsladung unterzogen werden muß. Das Gitter dient als Massenträger und Elektronenkollektor. Die Verhärtung des Bleis war ursprünglich durch den Antimon-Zusatz erreicht worden, was im späteren Batterieleben erhebliche negative Auswirkungen mit sich brachte. Das Antimon diffundiert aus dem Blei heraus und bildet auf der Oberfläche lokale Aggregate, die eine verstärkte Selbstentladung unter Freisetzung von Wasserstoff verursacht. Der Antimon-Zusatz wird deshalb in geschlossenen, wartungsfreien Batterien nicht verwendet; dort wird er durch andere Elemente, wie z.B. Aluminium, Kupfer oder Tellur ersetzt. Kastenplatten werden als Negativplatten verwendet.

Gitterplatte

Die Konstruktion basiert auf einem Gitter, ganz analog zur Auslegung der Kastenplatte. Das Gitter hat hier die gleiche Funktion und wird auch mit ähnlicher Technologie gefertigt. Der Hauptunterschied zwischen beiden Konzeptionen liegt darin, daß die Masse in die Gitterzwischenräume eingebracht wird und daher keine Abdeckung nötig ist. Die Platten werden der Formationsladung bereits während des Herstellungsverfahrens unterzogen und dann durch Imprägnieren mit Borsäure oder Spindelöl vor der Oxidation durch Luftsauerstoff geschützt. In diesem Zustand werden sie in die Zellen montiert, und nach dem Auffüllen mit der Säure ist der Akku einsatzbereit. In trockenem Zustand können die Akkus über lange Zeiträume ohne Ladungsverluste gelagert werden. Diese Technologie wird für beide Plattenzustände gleichermaßen verwendet.

Panzerplatte

Diese Platte ist eine Konstruktion aus dünnen Röhrchen, die aus säuredurchlässigem (porösem) Kunststoff, Glasgewebe oder Kunststoffasern gefertigt sind. In jedes Röhrchen wird zentriert ein Hartbleidraht eingebracht, der als Elektronenkollektor dient. Der Zwischenraum wird mit der aktiven Masse gefüllt. Die Enden der Röhrchen werden mit Kunststoff verstopft oder in einer Abschlußleiste untergebracht, was auch mechanische Stabilität sicherstellt. Die herausragenden Drähte werden zusammengebunden, was die mechanische Stabilität weiter verstärkt. Die Panzerplatte wird als Positivplatte gefertigt.

6.4 Entladung

Wie wir bereits anhand der Zellenreaktion dargelegt haben, stellt die Entladung vom chemischen Gesichtspunkt aus eine Umsetzung der aktiven Masse der Platten in Bleisulfat unter Abgabe von Wasser und Elektronen dar. Zuerst wird die Säure im Inneren der Platte verbraucht, wodurch zwei unterschiedliche Effekte hervorgerufen werden:

- Die Säurekonzentration in den Poren verringert sich.
- Die Oberfläche wird mit Bleisulfat beschichtet.

Die Bleisulfatschicht verkleinert die Poren. Damit wird der Austausch der Säure zwischen den Poren und dem Elektrolytbehälter erschwert. Da Bleisulfat ein schlechter Stromleiter ist, steigt der Widerstand der Zelle an.

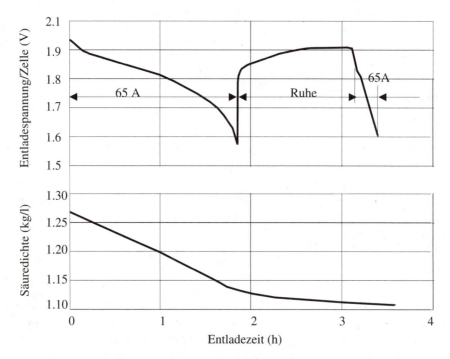

Abb. 6.3 Erholungseffekt der EMK der Blei-Säure Zelle

Die niedrigere Säurekonzentration bewirkt eine niedrigere EMK der Zelle. Da der Konzentrationsausgleich jedoch mit begrenzter Geschwindigkeit weiterläuft, wird dieser Effekt erst bei größeren Strömen bemerkbar. Erst die Unterbrechung der Stromabnahme verursacht einen sprungartigen

Spannungsanstieg (dies ist der aus Kapitel 3 bekannte Polarisationseffekt); darauf folgt aber nun ein langsamer Anstieg aufgrund des Konzentrationsausgleiches in Inneren der Platten, siehe *Abb. 6.3*.

Dieser Erholungseffekt hat also zur Folge, daß bei einer Entladung mit Pausen eine Batterie mehr Energie liefert (also einen höheren Wirkungsgrad aufweist) als bei kontinuierlicher Entladung auf die gleiche Entladeschlußspannung.

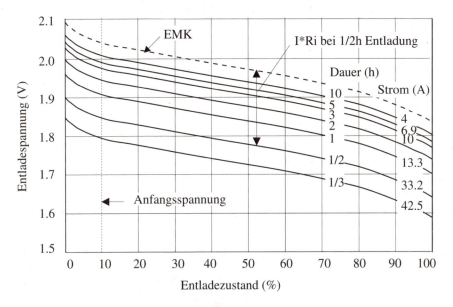

Abb. 6.4 Entladecharakteristik eines Blei-Akkus

Eine typische Entladecharakteristik eines Blei-Säure-Akkus ist auf dem oberen Bild dargestellt. Man kann hier deutlich alle charakteristischen Merkmale einer Entladekurve erkennen. Ein typisches Merkmal ist weiterhin, daß die Entladekurve in gewissem Abstand von der EMK (Leerlaufspannung)-Kurve verläuft, die ein Maß für den inneren Widerstand des Akkus ist. Da das Bleisulfat die Platten gegenüber dem Elektrolyten isoliert, nimmt im Laufe der Entladung der Widerstand zu. Die Abhängigkeit wird teilweise durch andere Effekte maskiert, was wir bereits in Kapitel 3 diskutiert haben. Im Blei-Säure-Akku ist der Widerstand ein gutes Maß für den Ladezustand. Da (wie aus der *Abb. 6.4* ersichtlich ist) die Charakteristik nicht linear ist, sollte das Ermitteln des inneren Widerstandes erst nach 10%iger Entladung erfolgen. Infolge der Nichtlinearität darf auch das

Ohmsche Gesetz nicht unmittelbar angewendet werden. Vielmehr ist der Widerstand nun gemäß

$$R = \frac{\Delta U}{\Delta I}$$

zu berechnen. Weiterhin sollte man zur Messung kleine Ströme verwenden, was den Polarisationseffekt minimiert.

Die andere, früher oft angewandte Methode zur Ladezustandsabschätzung, nämlich aus der Messung der Säuredichte, ist heute aufgrund der Verbreitung der wartungsfreien verschlossenen Batterien nicht mehr anwendbar. Die Methode beruht auf der Tatsache, daß eine Proportionalität der Säurekonzentration zum Ladezustand des Systems existiert, die die EMK der Zelle mittels der folgenden empirischen Formel mit ausreichender Genauigkeit beschreibt:

EMK(V) = Säuredichte(kg/l) + 0,84.

Eine graphische Zusammenstellung des tatsächlichen Verlaufs der EMK-Abhängigkeit der Zelle und der gemäß der obigen Formel berechneten Linie zeigt die *Abb. 6.5*.

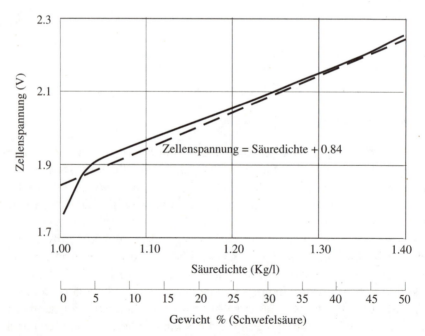

Abb. 6.5 EMK der Zelle in Abhängigkeit von der Säuredichte

6.5 Batteriekapazität

Die Batteriekapazität, verstanden als entnehmbare Ladung, ist stark vom Entladestrom und der Batterietemperatur abhängig. Entladung mit einem großen Strom verursacht, wie bereits diskutiert, einen großen Anfangsspannungsabfall. Deshalb wird sie, um möglichst viel Ladung entnehmen zu können, auch zu einer niedrigeren Entladeschlußspannung durchgeführt. Die Abhängigkeit zwischen dem Entladestrom und der Entladezeit ist in *Abb. 6.6* zu sehen. In der Regel wird sie auf einem Diagramm der Kapazität als Funktion des Entladestromes dargestellt, wie in *Abb. 6.7*.

Abb. 6.6 Entladecharakteristiken eines 6 V Akkus bei verschiedenen Strömen

Es sollte dabei jedoch beachtet werden, daß die Blei-Säure-Akkus nicht sofort nach der Inbetriebnahme die volle Nominalkapazität aufzuweisen haben. Dies ist somit nicht als Produktionsmangel zu betrachten. Die Norm DIN 43567 beschäftigt sich mit diesem Merkmal und beschreibt, welcher Batterietyp nach wie vielen Aufladungszyklen die Nennkapazität erreichen muß. So werden beispielsweise für die Gitterplattenzellen am Anfang nur 65% der Nennkapazität gefordert, und erst nach 80-100 Zyklen müssen 95% der Nennkapazität erreicht sein. Im Gegensatz dazu müssen Autobatterien bereits unmittelbar nach ihrer Aktivierung die volle Kapazität erreichen.

Die Kapazität wird für verschiedene Batterietypen mit unterschiedlichen Strömen definiert, z.B: Traktionsbatterien: 5-stündiger Entladestrom, Kfz-Starterbatterie: 20-stündiger Entladestrom.

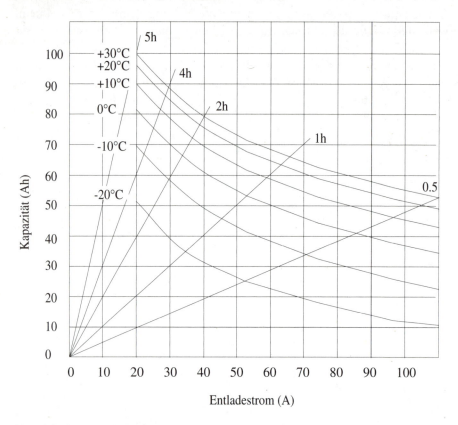

Abb. 6.7 Abhängigkeit der Kapazität vom Entladestrom

6.6 Temperaturverhalten

Die Prozesse in der Batterie sind weitgehend von der Temperatur abhängig, weil sowohl die Ablaufgeschwindigkeit der chemischen Reaktionen als auch die Viskosität des Elektrolyten und der Widerstand der elektrischen Leitungen temperaturabhängig sind. Die einzelnen Änderungen agieren allerdings teilweise gegeneinander: Der Widerstand der Metallgitter und der anderen Metallkomponenten steigt mit der Temperatur, was die ohmsche Komponente des Widerstandes erhöht; das Diffusionstempo steigt aber ebenfalls, was wiederum den Austausch der Ladungen mit den Elektroden beschleunigt; dies wiederum läßt den Widerstand absinken. Die Temperaturabhängigkeit der EMK der Zelle ist in *Abb. 6.8* und der thermische Verlauf der Akku-Kapazität in *Abb. 6.9* dargestellt.

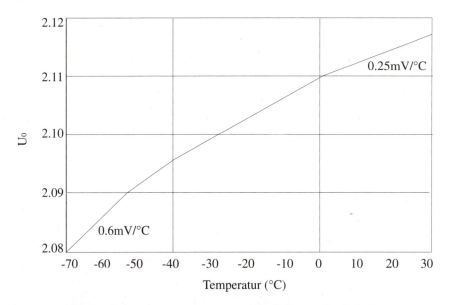

Abb. 6.8 Abhängigkeit der Leerlaufspannung der Zelle von der Temperatur

Die Temperaturabhängigkeit der Kapazität kann durch eine empirische Formel beschrieben werden:

$$C_{20} = \frac{C}{1 + \delta(\theta - 20)}$$

C_{20} bedeutet hierbei die Kapazität bei 20 Grad Celsius, C ist die Kapazität bei der Temperatur θ; δ bezeichnet den Wärmekoeffizienten, der für die meisten Blei-Säure-Akkus 0,006 beträgt, soweit nicht vom Hersteller anders spezifiziert. Der Zusammenhang zwischen Kapazität, Entladestrom und Temperatur ist in *Abb. 6.7* zu sehen.

Der Kapazitätsverlust einer solchen Batterie ist ein umkehrbarer Effekt, und die Abkühlung eines voll aufgeladenen Akkus auf ziemlich tiefe Temperaturen führt auch nicht zu seiner Zerstörung. Was aber vermieden werden sollte, sind abrupte Temperaturänderungen während der Entladung.

Wie bereits beschrieben, verringert das Entladen die Konzentration der Säure besonders stark in den Plattenporen. Im Endeffekt kann es dadurch zur Vereisung der Platten kommen, was erhebliche Schäden verursachen kann. Eine andere Art Wärmeeffekt tritt bei der Entladung der Batterie auf. Sie erwärmt sich nämlich durch die Joule'sche Wärme.

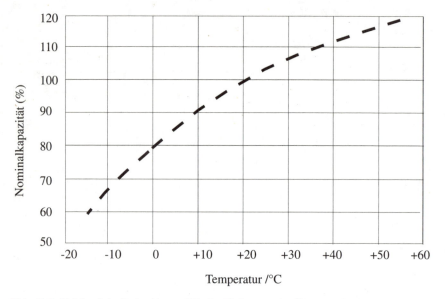

Abb. 6.9 Abhängigkeit der Kapazität der Zelle von der Temperatur

Bei normaler Funktion (5-stündiger Entladestrom, Batterie in gutem Zustand) ergibt das aber kaum einen merkbaren Effekt; erst bei einstündiger Entladung bei Raumtemperatur darf sich die Batterie um ca.15 Grad erwärmen. Spürbare Erwärmung bei ein- bis fünfstündigen Strömen deutet auf starke Sulfatierung oder verbrauchten Plattensatz hin.

6.7 Selbstentladung

Die Selbstentladung einer Batterie ist ein thermodynamisch bedingter Effekt der Zerlegung des Elektrolyten unter Emission von Wasserstoff. Er hängt also mit der Zellenreaktion zusammen und läßt sich nicht vermeiden. Die Geschwindigkeit der Selbstentladung ist durch die minimale Geschwindigkeit der Emission des Wasserstoffs bestimmt und wird für den voll aufgeladenen Akku angegeben. Der Effekt kann durch verschiedene Nebenbedingungen beeinflußt werden, wie z.B.:

- Korrosionszustand der aktiven Masse
- Zustand der Plattenstruktur (Gitter)
- Sulfation
- Technologische Faktoren (wie Antimongehalt im Blei).

Der Kapazitätsverlust bei Starterbatterien (mit 2,5% Antimongehalt) beträgt ca.0,2% pro Tag und variiert gewöhnlicherweise mit der Temperatur: Er verringert sich bei niedrigeren und vergrößert sich bei höheren Temperaturen (ca. 0,1% bei 0 °C und 0,4-0,5% bei 30 °C). Die Lagerung von Akkus darf nur in voll aufgeladenem Zustand erfolgen und dies auch nur, wenn sie regelmäßig im Abstand von höchstens fünf Wochen einem Lade-/Entladezyklus unterzogen werden, wobei ein kurzes 2-3stündiges Laden in zweiwöchigen Abständen durchgeführt werden muß. Die Lagerung der Batterien in ungeladenem Zustand ist absolut unzulässig: Auf den Platten bilden sich Bleisulfatkristalle, die sich während der späteren Auflagung nicht unbedingt wieder zurückbilden. Grundsätzlich eignen sich für längere Lagerungsperioden nur die extra für diesen Zweck entwickelten Trockenbatterien im ursprünglichen Zustand.

6.8 Lebensdauer

Die Lebensdauer einer Batterie ist sowohl von der Nutzungsart als auch von der Bautechnologie abhängig.

Die technologisch bedingten Faktoren sind z.B:
- Verlust der aktiven Masse aus den Platten
- Korrosion der Konstruktionselemente (Gitter und Verbindungen)
- Abbau der Separatoren durch Oxidation
- Verschlammung und Brückenbildung (Bleidendrite zwischen den Platten)
- Sulfatierung der Elektroden

Zu den vom Benutzer verursachten Faktoren, die das Batterieleben verkürzen, zählen:

- Art der Nutzung (Entladungstiefe, Entladungsstrom, Ladungsparameter)
- Wartung (bei nicht wartungsfreien Batterien)
- Umgebungstemperatur.

Im allgemeinen verkürzen große Ströme die Batterienutzungsdauer sowohl bei der Ladung als auch bei der Entladung. Der Ladestrom sollte an die Umgebungstemperatur (Kapazitätsveränderung!) angepaßt werden. Gasung muß grundsätzlich vermieden werden, besonders bei wartungsfreien Batterien, wo ein Nachfüllen von Batteriewasser unmöglich ist. Die Abnutzung des Akkus zeigt sich durch einen Anstieg des Innenwiderstandes, sowie ein Absinken der Klemmennutzspannung, der nutzbaren Kapazität und des Wirkungsgrades der Ladung. Die Leerlaufspannung bleibt dagegen fast unverändert, kann also nicht als Abnutzungsindikator angesehen werden.

6.9 Anwendung

6.9.1 Industrielle Anwendungen

Batterien für die industrielle Anwendung werden oft von einem der beiden oben beschriebenen Typen abgeleitet, häufig mit mehreren verschiedenen Redesigns für die Anwendung ein und desselben Typs. Die wichtigsten Anwendungsbereiche sind in nachfolgender Tabelle aufgeführt.

Tabelle 6.2 Hauptanwendungsgruppen der Blei-Akkus

Stationäre Anwendung	Traktion	Spezielle Anwendung
Warnlichter	Bergbauloks	U-Boote
Telefone	Industrie-LKW	See-Boyen
Bahnsignalisierung	Große Elektrofahrzeuge	UPS-Geräte
Energiespeicherung		
Lastausgleich		

6.9.2 Elektrofahrzeuge

Auf dem Gebiet der Elektrofahrzeuge gibt es zwei Typen von Anwendungen für Batterien. Zunächst gehören dazu die erwähnten Batterien für

Industriefahrzeuge und Geländefahrzeuge für Golfplätze. Letztere verwenden zum Beispiel Bleibatterien einer Kapazität von 750 Ah und 6 V Spannung. Das zweite Anwendungsgebiet sind die Elektrofahrzeuge, die im Rahmen des 1970 initiierten Umweltprogramms entwickelt werden. Die Fahrzeuge sind als Ersatz für die bisherigen Autos mit Benzinantrieb geplant und benötigen Batteriesysteme von großer Kapazität und langer Servicelebensdauer. Obwohl mehrere Konzerne und Organisationen in diesem Entwicklungsfeld tätig sind, ist bisher noch keine wirklich geeignete Lösung für die damit verbundenen Anforderungen in Sicht. In den meisten Experimental-Fahrzeugen werden weiterhin die konventionellen Blei-Säure-Batterien verwendet.

6.9.3 Gasdichte Blei-Säure-Batterien

Für batteriebetriebene Verbraucherelektronik wie z.B. Werkzeuge, Rasierapparate, Telefone, Meßinstrumente, aber auch in der Autoindustrie verwendet man häufig die gasdichten Blei-Säure-Batterien. Diese haben eine höhere Leerlaufspannung, sind weniger empfindlich bei häufigen schwachen Entlade-/Ladezyklen als die offenen Versionen.

Bei zwar geringerer Energiedichte liegen ihre Anschaffungskosten deutlich niedriger, so daß sie mit den NiCd-Batterien konkurrieren können.

Die kleinen geschlossenen oder verschlossenen wartungsfreien Blei-Säure-Batterien sind im Handel als 2- bis 24 V-Monoblocks von bis zu mehreren hundert Ah Kapazität erhältlich. Diese Systeme sind ausführlicher in nächstem Kapitel beschreiben.

7 Wartungsfreie Blei-Säure-Akkus

7.1 Allgemeine Charakteristik

Der boomende Markt für portable Elektrogeräte hat die Bleibatteriehersteller dazu motiviert, nach neuen Blei-Batterie-Lösungen für diesen Bereich zu suchen, die unabhängig von der Position der Batterie arbeiten können, d.h. insbesondere, daß die Gefahr des Auslaufens des Elektrolyten nicht besteht, und wartungsfrei sind. Für industrielle Anwendungen ist dies ebenfalls von Nutzen, weil die Batterien seitlich im Gehäuse installiert werden können, was in größeren Anlagen eine Menge Platz spart. Manche Merkmale besonders der zylindrischen Zellen unterscheiden sich wesentlich von den vorher beschriebenen Systemen, deshalb beschreiben wir sie gesondert in diesem getrennten Kapitel. Die prismatischen Zellen dagegen unterscheiden sich außer in der Kapazität nur unwesentlich von den früher beschriebenen verschlossenen Autobatterien.

Die Positionsunabhängigkeit der Zelle wurde durch das Immobilisieren des Elektrolyten ermöglicht, was man durch zweierlei Verfahren erreichen kann:

1. Absorption. Der Elektrolyt mit genau abgestimmter Säurekonzentration wird in das hochporöse Separatormaterial eingesaugt. Man verwendet für diesen Zweck gewöhnlich Mikrofaserglasgewebe.
2. Gelieren des Elektrolyten. Die Schwefelsäure geliert unter der Wirkung von SiO_2-Dämpfen und ist somit für diese Anwendung geeignet.

Zwei Konstruktionen der Zellen befinden sich gegenwärtig in Produktion:

- Verschlossener-Blei-Säure-Akku (englisch: valve regulated leadacid – VRLA, im deutschsprachigen Raum als verschlossene Akkus bekannt); wird meistens in prismatischer Form gefertigt
- Geschlossener Blei-Säure-Akku, überwiegend in zylindrischer Form.

Da die Unterschiede für den Anwender nicht allzugroß und die technologischen Einzelheiten des Aufbaus der beiden Systeme auch sehr ähnlich sind, werden wir sie gemeinsam besprechen und nur auf die Unterschiede aufmerksam machen. Der Hauptunterschied liegt im Öffnungsdruck des Sicherheitsventils: In der verschlossenen Zelle beträgt er $0{,}04\text{-}1*10^5$ Pa, bei der geschlossenen $2\text{-}4*10^5$ Pa.

Vorteile und Nachteile der geschlossenen Blei-Säure-Batterien:

Vorteile

- Lange Lebensdauer im Pufferladebetrieb
- Geeignet für Schnell-Lade/Entlade-Betrieb
- Gute Parameter bei niedrigen und hohen Temperaturen
- Hoher Wirkungsgrad
- Kein Memory-Effekt
- Niedrige Kosten
- Verfügbar in sehr vielen Bau- und Spannungsvarianten

Nachteile

- Nicht geeignet für Lagerung im Leerzustand
- Verhältnismäßig niedrige Energiedichte
- Kürzere Lebensdauer als NiCd-Batterien
- Überhitzungsgefahr bei unsorgfältiger Ladung

7.2 Konstruktion

Die Plattengitter der geschlossenen Zellen werden aus antimonfreiem Blei gefertigt – zur Reduzierung von Selbstentladerate und Gasung. Der Verzicht auf Antimon reduziert allerdings auch die Lebensdauer bei tiefer Entladung, weshalb andere Zusätze beigemischt werden müssen. Der dazu am häufigsten verwendete Zusatz ist Phosphorsäure. Das gegenseitige Ausbalancieren von Zyklenfestigkeit, Kapazität, Selbstentladung und Pufferladungs-Lebensdauer hängt ab von Parametern wie dem Verhältnis zwischen dem Inhalt von α- und β-Phase von PbO_2 in den Elektroden, der Pastendichte, Menge und Konzentration des Elektrolyten, Zusammensetzung des Gittermaterials, sowie Menge und Art der Beimischungen.

7 Wartungsfreie Blei-Säure-Akkus

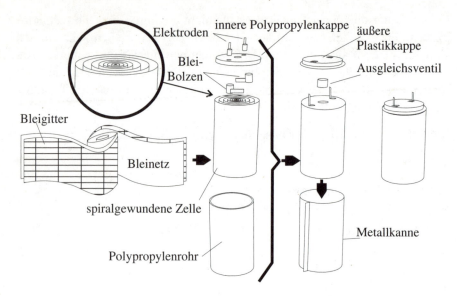

Abb. 7.1 Aufbau einer runden Zelle

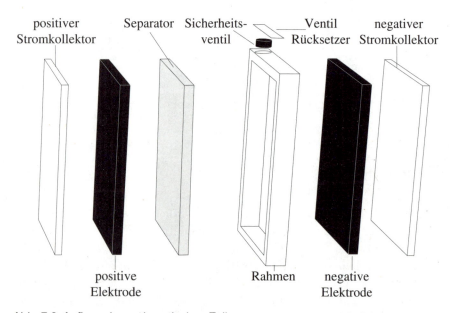

Abb. 7.2 Aufbau einer prismatischen Zelle

Das Elektrodengitter ist zu 99,99% aus purem Blei gefertigt, mit Zusatz von 0,6% Zinn als Schutz vor Zerstörung bei Tiefentladung. Das Gitter ist

0,6-0,9 mm stark, was eine große Plattenfläche und entsprechend große Ströme ermöglicht. Die zwei mit Bleioxid-Masse gepasteten Elektroden sind durch den Separator aus Glasvlies getrennt und spiralförmig um das Zentralelement gewickelt. Dann werden die Verbindungsbänder an die Platten geschweißt, durch die Öffnungen im inneren Deckel geführt und an die Klemmen geschweißt. Die Wickelung wird mit dem internen Deckel in ein Polypropylen-Rohrgehäuse (siehe *Abb. 7.1*) eingebracht, worauf der innere Deckel mit dem Gehäuse verschweißt wird. In diesem Zustand ist die Zelle bereits dicht, mit Ausnahme der Öffnung des Sicherheitsventils. Der nächste Schritt ist das Nachfüllen mit einer genau abgemessenen Menge von Säure und das Schließen des Ventils. Die Einheit wird jetzt in ein Metallschutzgehäuse eingepaßt und mit dem äußeren Deckel versehen. Als letzter Schritt erfolgt nun entweder die Aufladung oder die elektrochemische Formierung der Elektroden. Die Zelle kann dann in Zweier- oder Dreierblöcke zusammengepackt werden und ist als 2 V-, 4 V- oder 6 V-Batterie erhältlich.

7.3 Spannung und Entladeverhalten

Die Nominalspannung beträgt wie bei allen Blei-Säure-Systemen 2 V, und die typische Entladeschlußspannung liegt bei 1,75 V.

Die Kapazität dieser Batterien ist typisch für alle Blei-Säure-Systeme und ist demgemäß abhängig von der Temperatur und der Entladerate. Die folgenden Abbildungen zeigen dazu beispielhafte Charakteristiken.

Der Verlauf der Entladekurven ist unterschiedlich zu dem der offenen Typen. Wie man in den *Abb. 7.3* und *7.4* sehen kann, weisen die Kurven (besonders bei niedrigen Temperaturen) ein Maximum auf.

Ein sehr interessantes Merkmal der geschlossenen Batterie ist ihre Fähigkeit, unter einer Pulsbelastung größere Energiemengen abgeben zu können als unter Konstantbelastung mit großem Stromfluß. Die *Abb. 7.5a* und *7.5b* stellen diesen Effekt dar.

Diese erstaunliche Fähigkeit läßt sich durch die Diffusionsgeschwindigkeit im Elektrolyten erklären. Wie bereits früher diskutiert, wird für die Reaktion vor allem der Inhalt der Elektrodenporen verwendet. Wenn die Säurekonzentration sinkt, müssen sie ausgetauscht werden, um die Reaktion weiterzuführen. Die Austauschmöglichkeiten werden durch die Diffusionsgeschwindigkeit bestimmt, und da diese in einem System, in dem die Säure sich nicht in freiem Zustand befindet (sondern im Inneren des Separators absorbiert ist), geringer ist, dauert der Austausch auch länger als in gewöhn-

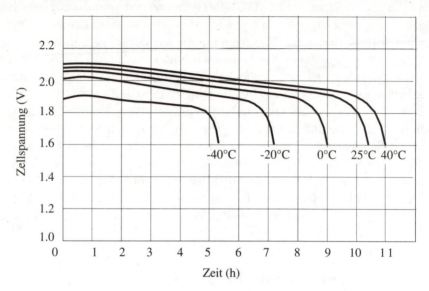

Abb. 7.3 Entladecharakteristiken einer geschlossenen Zelle, Stromstärke 0,1C

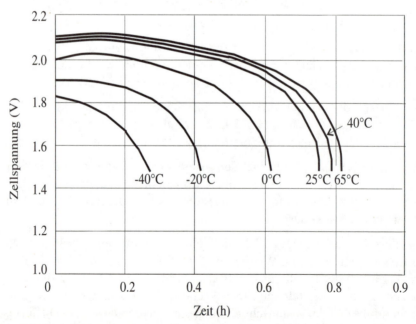

Abb. 7.4 Entladecharakteristiken einer geschlossenen Zelle, Stromstärke 1C

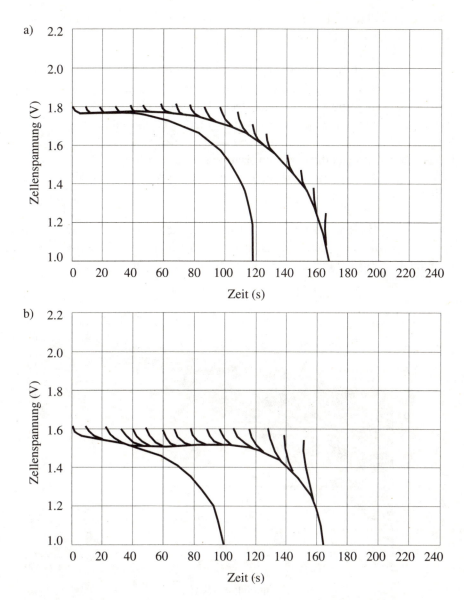

Abb. 7.5 Impuls- und Konstantstromentladung einer zylindrischen Zelle im Vergleich

lichen Blei-Akkus. Wenn die Impulse entsprechend selten sind, bleibt der Säure genügend Zeit, um die Poren wieder nachzufüllen, so daß die Reaktion wieder anlaufen kann. Dieser Effekt ist unter der Bezeichnung „Konzentrationspolarisation" bekannt.

Ein verwandter Effekt ist die Erholung der Batteriespannung nach ihrer kompletten Entleerung *(siehe Abb. 6.3)*. Dies verursacht aber auch einen unerwünschten Nebeneffekt – eine leere Batterie weist nach einer kurzen Pause eine höhere Spannung auf als die Entladeschlußspannung.

Es ist daher notwendig, in den Batterieprüfalgorithmen entsprechende Maßnahmen zu ergreifen, damit die leere Batterie in diesem Fall nicht weiter in Betrieb gehalten wird.

In Zellen mit geliertem Elektrolyten tritt dieser Effekt in der beschriebenen Form nicht auf. Auf jeden Fall darf auch bei den meisten[1] von diesen Systemen die 100%-ige Kapazitätsentnahme nicht überschritten werden.

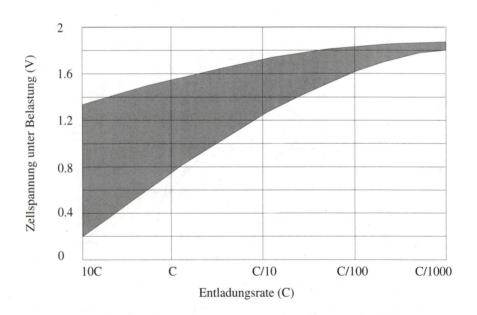

Abb. 7.6 Abhängigkeit der Entladeschlußspannung von der Entladerate einer zylindrischen Zelle. Die Entladung muß im grauen Bereich beendet werden.

---

[1] Z.B. dürfen Sonnenschein „Dryfit" (wartungsfreie) Akkus gemäß den Herstellerangaben einen Monat lang in leerem Zustand an einer Last hängen.

7.3 Spannung und Entladeverhalten

Das nächste Schaubild (Abb.7.6) zeigt die Abhängigkeit der Entladeschlußspannung von der Entladerate. Um das Batterieleben nicht zu verkürzen, sollte die Entladung immer im grauen Bereich beendet werden. Einer der Effekte, der zur Überschreitung dieser Grenze führt, ist zum Beispiel das Entziehen fast der gesamten Schwefelionen aus dem Elektrolyten, der somit in Wasser umgewandelt wird. Da destilliertes Wasser den Strom so gut wie überhaupt nicht leitet, wird die Batterieaufladung somit fast unmöglich gemacht. Nur sehr kleine Ströme werden fließen, und es bedarf dann entweder sehr langer Vorladezeiten oder einer Auflading mit Wechselstrom, um zum normalen Zustand zurückzukehren. Ob die Batterie sich dann überhaupt noch benutzen läßt, ist dabei noch gar nicht sicher – das Bleisulfat ist nämlich wasserlöslich. Die Lösung wird in die Innenräume des Separators eindringen, und nach der Ladung werden die Bleiionen übrigbleiben, während die Schwefelionen in den Elektrolyten übergehen. Diese bilden metallischen Dendriten ähnliche Strukturen, die Kurzschlüsse zwischen den Platten verursachen, so daß die Batterie unbrauchbar wird.

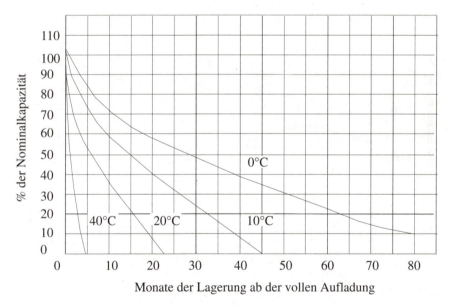

Abb. 7.7 Selbstentladungsrate der geschlossenen zylindrischen Zelle

7.4 Lagerung

Im Vergleich zu offenen Blei-Säure-Akkus können die geschlossenen runden Zellen über ziemlich lange Zeiträume nach der Volladung gelagert werden. Die Leerlaufspannung sinkt im Laufe der Zeit mit der entnehmbaren Ladung; sie sollte überwacht werden, damit sie nicht tiefer als auf 1,76 V fällt. Unterhalb dieser Marke wird die Batterieaufladung erschwert und die Lebensdauer verkürzt, obwohl die Kapazität durch entsprechende Aufladung zurückgewonnen werden kann. Da die Ladecharakteristik sich ebenfalls verändert hat, muß die erste Aufladung länger dauern, und sie wird auch nicht die nominale Kapazität liefern. In den folgenden Zyklen wird sich die Kapazität dann aber steigern.

Die Selbstentladecharakteristik ist nicht linear, wie aus der *Abb. 7.7* deutlich wird.

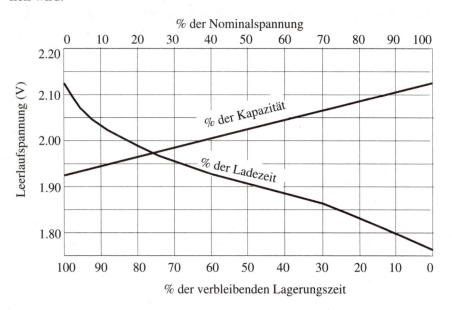

Abb. 7.8 EMK der Zelle und die zum Aufladen verbliebene Zeit

Für Lagerungszwecke wurden spezielle Diagramme erstellt, die die Abhängigkeit der noch zulässigen Lagerungszeit von der Leerlaufspannung zeigen, siehe *Abb. 7.8*. Durch die entsprechenden Herstellerangaben über die Lagerzeiten für bestimmte Batterietypen läßt sich die noch verbliebene Lagerzeit (ohne daß die Batterie beschädigt wird) berechnen.

7.5 Lebensdauer

Die Lebensdauer ist abhängig von der Art der Nutzung, der Umgebungstemperatur, der Dauer der gefahrenen Zyklen und der Art der Aufladung. Folgende Regeln gelten jedoch ganz allgemein:

1. Die Ladeschlußspannung für eine Zelle, die nur sporadisch (ein- bis zweimal pro Woche) entladen wird, ansonsten jedoch auf der Pufferladung bleibt, beträgt 2,35 V.
2. Wenn die Battere in einem Eintageszyklus arbeitet, liegt die Ladeschlußspannung bei 2,45 V.
3. Die neuen geschlossenen Zellen erreichen die volle Kapazität erst nach 20- 25 Ladezyklen, die Autobatterien müssen von Anfang an die 100%-ige Kapazität aufweisen.
4. Die erwartete Lebensdauer der Batterie bei Pufferbetrieb liegt bei acht Jahren (bei Raumtemperatur).

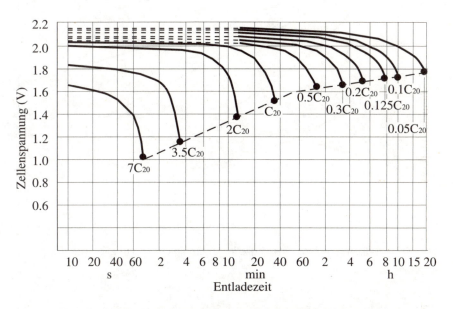

Abb. 7.9 Entladecharakteristiken eines wartungsfreien Blei-Akkus

7.6 Anwendungsbeispiel – Wartungsfreie Autobatterie

Wie schon der Name besagt, ist der Hauptanwender dieser Batterieart die Autoindustrie. Fast alle Autos haben heute Motoranlaßsysteme mit 12 V-Batterien. Die einfachen Stromgeneratoren sind heute durch Alternatoren mit elektromechanischen Stromreglern ersetzt. Die größte Anforderung an die Autobatterie ist die Fähigkeit, große Ströme in sehr kurzer Zeit liefern zu können, was eben den Bedingungen beim Anlassen eines kalten Motors entspricht. Hohe Belastbarkeit bei niedrigen Temperaturen (auf Englisch cold cranking genannt) ist daher auch das wichtigste Charakteristikum dieses Batterietyps. Die anderen wichtigen Merkmale einer modernen Autobatterie sind:

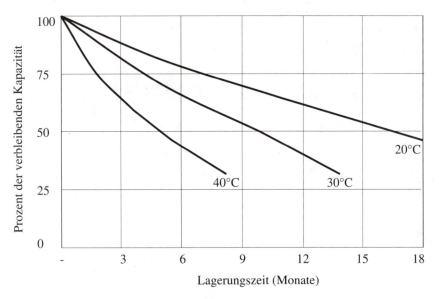

Abb. 7.10 Selbstentladung einer Zelle in Abhängigkeit von der Temperatur

7.6 Anwendungsbeispiel – Wartungsfreie Autobatterie

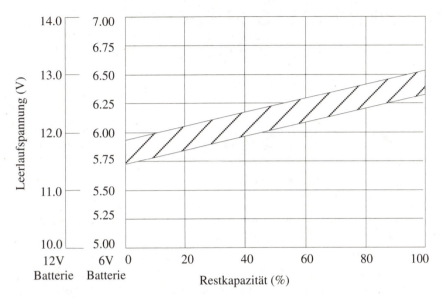

Abb. 7.11 Zellenspannung in Abhängigkeit von der Kapazität

- Antimonfreie Elektrodenkonstruktion (reduziert die Freisetzung des Wasserstoffes)
- Dünne Elektroden
- Separatoren mit größerer Durchlässigkeit als bei anderen Akku-Typen (niedriger Widerstand)
- Wartungsfreie Konstruktion (verschlossene Bauform, oft mit geliertem Elektrolyt).

Die Kapazität dieser Batterien wird für eine 20-stündige Entladezeit definiert. Die Selbstentladungsrate der Zelle beträgt ca. 4% pro Monat, und nach Verlust von 50% der Kapazität sollte sie erneut aufgeladen werden. Der Ladezustand kann aufgrund der Leerlaufspannung bestimmt werden, was auf der *Abb. 7.11* dargestellt ist.

8 Geschlossene Nickel-Cadmium-Batterien

8.1 Allgemeine Systembeschreibung

Der Nickel-Cadmium-Akku wurde bereits gegen Ende der 90er Jahre des vorigen Jahrhunderts bis zur Produktionsreife entwickelt, zuerst als ein offenes System mit Taschenelektroden. Im Laufe der Zeit fanden die ventilgeschlossenen Batterien mit Sinterelektroden immer breitere Anwendung. Der Grund hierfür waren die Vorteile gegenüber anderen Systemen (besonders dem Blei-Akku), zu denen zählen:

- Flache Entladecharakteristik
- Lange Standzeit in entladenem Zustand
- Tiefentladefähigkeit
- Entladefähig auch bei tiefen Temperaturen
- Elektrische und mechanische Robustheit
- Größere Energiedichte als beim Blei-System.

Batterien dieses Typs sind vor allem in größeren Ausführungen verwendbar, besonders als Starterbatterien für Militär-Diesel-Motoren oder Flugzeug-Turbinen; mit ihnen werden wir uns hier nicht weiter beschäftigen. Ein wesentlich interessanteres Thema sind die kleinen, gasdichten Systeme, die in allen möglichen Ausführungen unseren Alltag erobert haben (rund, prismatisch, knopfähnlich), und die uns wahrscheinlich die meisten Probleme bereiten.

Vorteile

- Geschlossene Bauform
- Keine Wartung
- Lange Lebensdauer
- Gutes Tieftemperaturverhalten
- Großer Entladestrom

- Lange Lagerungszeiten in beliebigem Ladezustand
- Schnellade-Fähigkeit.

Nachteile

- Memory-Effekt
- Höhere Kosten als Blei-Systeme
- Hohe Selbstentladung
- Blei-Akkus haben bessere Eigenschaften bei höheren Temperaturen und im Pufferbetrieb
- Umweltschädlich wegen Verwendung von Cadmium.

8.2 Beschreibung der Zelle

8.2.1 Zellenreaktion

Die Zellenreaktion verläuft wie folgt:

Entladung:

$Cd + 2NiOOH + 2H_2O \rightarrow Cd(OH)_2 + 2Ni(OH)_2$

Während des Aufladens wird die positive Elektrode aus Nickel-Hydroxid $Ni(OH)_2$ in höhervalentes Nickel-Oxid umgewandelt:

$2NiOOH + 2H_2O + 2e \rightarrow 2Ni(OH)_2 + 2 OH^-$ (U_0=+0,490 V).

Auf der negativen Elektrode wird das Cadmium-Hydroxid zu Cadmium reduziert:

$Cd + 2OH^- \rightarrow Cd(OH)_2 + 2e^-$ (U_0=-0,809 V)

EMK = 0,490V -(-0,809V)=1,299V.

Die obige Reaktion beschreibt den idealen Verlauf. In der Praxis sind die Reaktionen viel komplizierter, weil die einzelnen Herstellungstechnologien die unterschiedlichsten Beimischungen und Zusätze verwenden, was natürlich die Eigenschaften des Produktes beeinflußt.

Während des Arbeitszyklus der Zelle verändern die aktiven Materialien ihre chemische Zusammensetzung, ohne den physikalischen Zustand zu beeinflussen. Da sich auch die Konzentration des Elektrolyten fast nicht verändert, ergeben sich also keine physikalischen Veränderungen am Zustand der Zelle, die vom Ladezustand abhängen. Die aktiven Materialien von beiden Elektroden sind auch im Elektrolyten kaum löslich, und zwar weder im aufgeladenen noch im entladenen Zustand. Dies führt zu einem sehr stabilen Verhalten der Batterie über lange Zeiträume hinweg.

Während des Ladens wird an der positiven Elektrode Wasser gebildet, was zur Verdünnung des Elektrolyten führt. Die Konzentrationsdifferenz zwischen den Elektroden wird jedoch bei kleinen Ladeströmen ausgeglichen. Die Diffusionskoeffizienten sind stark temperaturabhängig; deshalb kann es beim Laden im Tieftemperaturbereich, wenn der Ausgleichsmechanismus weniger effizient ist, zum Gefrieren des Wassers in den Elektrodenporen kommen, was bedeutet, daß die Elektroden Schaden nehmen.

8.2.2 Elektrolyt

Als Elektrolyt wird in NiCd-Zellen Kalilauge mit einer Dichte zwischen 1,24 und 1,30 g/cm^3 verwendet, abhängig von der Bautechnologie. Ein Anheben der Konzentration bewirkt eine höhere entladbare Kapazität, verkürzt aber das Batterieleben durch beschleunigte Oxidierung des Separatormaterials und der positiven Sinterelektrode. Die Leitfähigkeit des Elektrolyten liegt bei 0,6 S/m, der Gefrierpunkt bei -46 °C.

8.2.3 Elektroden

Masse-Elektroden

In den Knopfzellen findet heute der älteste bei NiCd-Batterien gebräuchliche Elektrodentyp Verwendung. Die positive Elektrode besteht aus NiOOH (Nickelhydroxid) mit dem Zusatz von Cadmiumhydroxid $Cd(OH)_2$ – als Umpolschutz – und einem Zusatz von Graphit zur Verbesserung der elektrischen Leitfähigkeit.

Die negative Elektrode besteht aus Cadmiumverbindungen mit Beimischung von Graphitpulver. Die beiden Elektroden werden zu Tabletten gepreßt und mit Nickeldrahtgewebe, das als Stromkollektor dient, umhüllt. In manchen Ausführungen wird auf das Nickelgewebe verzichtet, was eine größere Energiedichte ermöglicht.

8.2 Beschreibung der Zelle

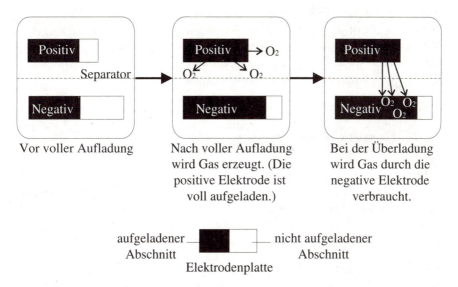

Abb. 8.1 Funktionsmechanismus einer NiCd-Zelle

Sinterfolien-Elektroden

Als Trägermaterial dient hier perforiertes vernickeltes Stahlblech, auf das bei ca. 1000 °C und einer Schutzgas-Atmosphäre das Nickel-Pulver aufgebracht wird. Bei diesem Verfahren entsteht eine elastische hochporöse Sinterschicht. Der Formierungsprozeß der aktiven Massen läuft folgendermaßen ab: Zunächst wird die Sinterfolie in (je nach gewünschter Platte) Nickel- oder Cadmiumlösung getränkt, dann getrocknet und anschließend mit Kalilauge gefällt (womit sie in Nickel- bzw. Cadmiumhydroxid übergeführt wird). Zum Schluß wird die Folie gewaschen, um sie von den Reaktionsprodukten (insbesondere Nitrationen) zu reinigen. Mit dem anschließenden Trocknen der Folie ist die Formierung abgeschlossen. Dieser Prozeß wird mehrmals wiederholt, um die gewünschte Stärke der Masse zu erreichen. Durch Variieren von einzelnen Schritten des Prozesses lassen sich verschiedene Parameter der Batterie wunschgemäß einstellen.

Metallschaumelektroden

Sie sind eine Weiterentwicklung der oben beschriebenen Elektrodentypen. Die Verbesserung liegt darin, daß das Volumen des Trägermaterials reduziert wurde; die Elektrode hat die Form einer sehr dünnen Folie, die sich bruchfest in die Elektrodenwickelung aufrollen läßt. Als Basis verwendet man einen Kunststoffschaum, der galvanisch vernickelt wird. Er wird erhitzt, wodurch der Kunststoff verbrennt und verdunstet. Was zurückbleibt, ist ein selbsttragendes, feinporiges Nickelskelett (Nickelschaum). In anschließenden technologischen Schritten, die ähnlich wie bei der Sinter-Elektrode ablaufen, wird die aktive Masse aufgebracht. Nach einem vergleichbaren Verfahren wird die Cadmiumplatte gefertigt.

8.2.4 Gasdruck-Reduzierung

Während des Ladens und Entladens der Zelle wird Sauerstoff freigesetzt. Um einen Überdruck zu vermeiden, nutzt man den Rekombinationsmechanismus aus: Es wird stöchiometrisch mehr Cadmiummasse in die negative Platte eingepreßt als für die Zellenreaktion gebraucht wird. Der Mechanismus wird auf der folgenden Zeichnung verdeutlicht – siehe Abb. 8.1.

Nach der vollständigen Aufladung der positiven Platte beginnt sie Sauerstoff freizusetzen. Der Sauerstoff migriert durch den Elektrolyten zur negativen Platte und reagiert mit dem Cadmium gemäß der Formel:

$$Cd + \frac{1}{2} O_2 + H_2O \rightarrow Cd(OH)_2$$

zu Cadmiumhydroxid. M.a.W.: Die Batterie wird entladen. Um diesen Vorgang elektrochemisch möglich zu machen, muß ein sauerstoffdurchlässiger Separator zwischen den Elektroden eingesetzt werden; zudem muß die Elektrolytmenge klein gehalten werden, um die Sauerstoffmigration zu erleichtern. Im Überladezustand darf die Rekombinationsgeschwindigkeit nicht kleiner werden als die der Sauerstofferzeugung, um Überdruckbildung zu vermeiden. Der interne Druck ist vom Ladestrom, der Temperatur, dem Elektrolytzustand und der Reaktivität der negativen Platte abhängig. Um die Rekombination in Gang zu setzen, müssen Sauerstoff, Wasser und Cadmium in Kontakt bleiben; wenn z.B. das Elektrolytniveau zu hoch ist, kann der Sauerstoff die Cadmiumplatte nicht erreichen, und die Reaktion wird zusammenbrechen. Um in einem solchen Fall die Sicherheit zu gewährleisten, verfügen die Batterien über ein eingebautes Überdruckventil.

8.2.5 Separator

Als Separator werden meistens Vliese oder poröse Folien aus Polyamid oder Polypropylen verwendet. In den meisten Fällen muß der Separator auf den Anwendungsbereich der Zelle abgestimmt werden. Zu beachten ist dabei z.B., daß zu dicht benetztes Vlies die Passage der Sauerstoffblasen zwischen den Platten verhindert. An den Stellen wiederum, wo die Fasern kleine Faserbänder bilden, wird der Elektrolyt durch die Kapillarkräfte stark festgehalten, was einen sehr intensiven Elektrolytkontakt zu den Elektroden bewirkt. Weiterhin muß der Separator eine große Elektrolytaufnahme und ein starkes Rückhaltevermögen aufweisen, weil die Elektrolytmenge bei Hochstromentladung wesentlichen Einfluß auf die Zellenkapazität hat. Um die Rekombination des Sauerstoffs zu ermöglichen, verfügt die Zelle nur über so viel Elektrolytflüssigkeit, daß die Elektrodenporen vollständig gefüllt sind, die Separatorporen dagegen nur teilweise.

Hierdurch wird auch die lageunabhängige Arbeitsposition erreicht. Außerdem muß der Separator dicht genug sein, um die eventuell aus den Elektroden austretenden Massenteilchen aufzuhalten, er muß zudem einen sehr hohen elektrischen Widerstand aufweisen und über große mechanische und chemische Stabilität verfügen. Letztere ist in einem Bad von Kalilauge und Sauerstoff-Atmosphäre besonders schwierig zu erreichen.

8.3 Konstruktion der Zelle

8.3.1 Zylindrische Zelle

Es handelt sich hierbei um den meistverbreiteten Typ der Zelle, weil er als die einfachste Form zur Produktionsautomatisierung die beste gleichbleibende Wiederholbarkeit der Parameter bei niedrigstem Preis erzielt. Die Elektroden werden nach dem Fertigen und Zuschneiden zu einer Rolle gewickelt, mit dem Separator dazwischen. Die Rolle wird in eine nickelbeschichtete Metalltube gebracht. Die elektrischen Verbindungen werden durch Einpressen oder Schweißen erzeugt: die negative Elektrode am Gehäuse, die positive am Deckel. Wie schon erwähnt, wird nur eine sehr kleine Menge des Elektrolyten nachgefüllt, der völlig in den Elektroden und dem Separator absorbiert wird, so daß also kein freier Elektrolyt in der Zelle verfügbar ist. Am Ende wird das Ventil im Deckel untergebracht, das die Zelle vor der Explosion im Falle extrem hoher Lade- oder Entladeströme schützt.

8.3.2 Knopfzelle

Die Knopfzellenelektroden werden mit Masse-Elektroden ausgestattet. Die aktiven Materialien werden in diskusförmige Formen gepreßt und dann mit dem Separator in Sandwich-Form zusammengebaut. Manchmal werden die Elektroden zur Erhöhung der mechanischen Stabilität zuerst mit einer Metall-

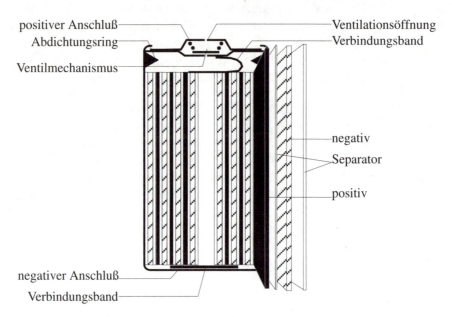

Abb. 8.2 Konstruktion einer zylindrischen Zelle

watte verstärkt. Die Knopfzellen verfügen über kein Überdruckventil, weil die Zellenkonstruktion zwei Sicherheitsmechanismen erlaubt:

Ein Aufblasen der Zelle unterbricht den elektrischen Kontakt zwischen den Elektroden, und bei starkem Überdruck öffnet sich der Verschluß.

8.3 Konstruktion der Zelle

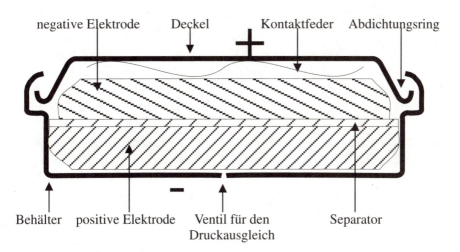

Abb. 8.3 Konstruktion einer Knopfzelle

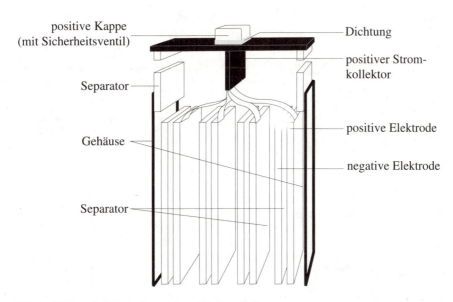

Abb. 8.4 Konstruktion einer prismatischen Zelle

8.3.3 Prismatische Zelle

Die prismatische Zelle ist eher als Sonderanfertigung zu betrachten. Durch ihre Prismenform erlaubt sie eine bessere Ausnutzung des vorhandenen Volumens (die volumetrische Energiedichte erhöht sich um ca. 20%), wodurch sie besonders gut für den Einsatz in besonders kompakten Geräten geeignet ist. Die Elektroden werden wie für die Rundzellen vorbereitet und dann, auf entsprechende Größen zugeschnitten, an den Deckel geschweißt und in ein Metallgehäuse plaziert. Gehäuse und Deckel werden mittels eines Laserstrahls zusammengeschweißt. Im Deckel befindet sich ein Überdruckventil ähnlich wie bei den Rundzellen.

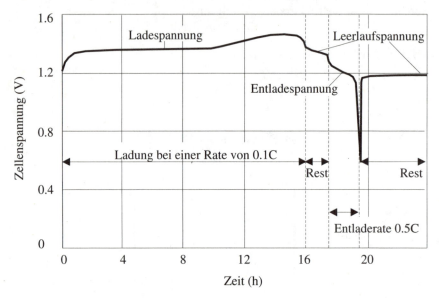

Abb. 8.5 Arbeitszyklus-Charakteristik einer NiCd-Zelle

8.4 Eigenschaften

Die Arbeitscharakteristik der NiCd-Zelle ist in *Abb. 8.5* zu sehen.

Der erste Abschnitt der Kurve beschreibt den Verlauf der Zellenspannung während der Ladung mit einem Strom von 0,1C. Die Spannung wächst bis zu einem Maximum an und sinkt anschließend ab. An diesem Punkt sollte der Ladestrom abgeschaltet werden. Während der Ladepause wird sich die

Spannung im Bereich von 1,3 V stabilisieren, da das System zum Gleichgewicht zurückkehrt. Darauf folgt die Entladung, zum Beispiel mit einem Strom von 0,5C bis zu einer Entladeschlußspannung von 1,0 V. Nach Abschalten der Last kehrt die Zellenspannung auf den Anfangswert von 1,2 V zurück – also verbleibt keine Information darüber, daß die Zelle sich in komplett entladenem Zustand befindet!

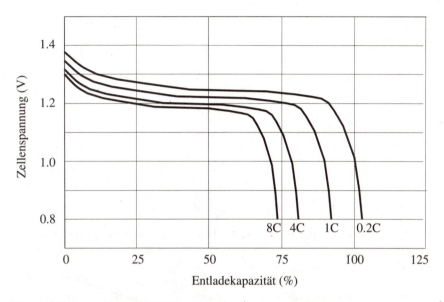

Abb. 8.6 Entladecharakteristiken unter verschiedenen Belastungen

Die Zellenspannung wird wieder zurückkehren, wenn die Zelle noch tiefer entladen wird, z.B. bis auf 0,9 oder 0,8 V. Manchmal werden niedrige Entladeschlußspannungen verwendet, um mehr Ladung bei größeren Entladeströmen zu gewinnen. Es muß jedoch ausdrücklich betont werden, daß dieser Gewinn zu Lasten der Lebensdauer der Batterie geht, und daß die Entladeschlußspannung der NiCd-Zellen 1 V beträgt, obwohl die Labortestcharakteristiken bis auf 0,8 V oder sogar bis 0,6 V herabgehen.

Die abgegebene Kapazität der Zelle ist, wie gewöhnlich, vom Entladestrom abhängig. Auf der *Abb. 8.6* sind einige Entladekurven einer typischen geschlossenen NiCd-Zelle dargestellt. Die Zelle wurde dabei 16 Stunden mit einem Strom von 0,1C geladen. Wie man sieht, beträgt die abgegebene Kapazität bei einem Entladestrom von 1C ca. 90% der Nominalkapazität. Die verfügbare Ladung bei verschiedenen Temperaturen in Abhängigkeit vom Entladestrom zeigt die nächste Graphik *(Abb. 8.7)*. Charakteristisch ist dabei, daß die NiCd-Zelle bis zu ziemlich tiefen Temperaturen sehr gute Eigenschaften beibehält.

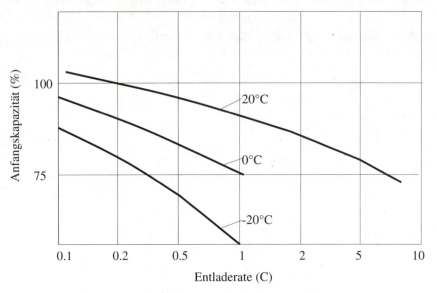

Abb. 8.7 Belastbarkeit der NiCd-Zelle bei verschiedenen Temperaturen

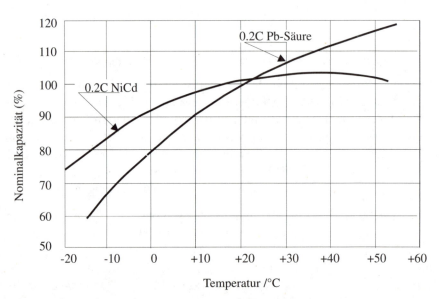

Abb. 8.8 Vergleich der Kapazität/Temperatur-Charakteristik einer NiCd- und Blei/Säure-Zelle

8.4 Eigenschaften

Wie *Abb. 8.8* zeigt, sind die Eigenschaften der meisten NiCd-Zellentypen bei tieferen Temperaturen besser als die der Blei-Säure-Zelle, bei höheren dagegen schlechter. Dem Tieftemperatureffekt liegt der niedrigere Widerstand der NiCd-Zelle zugrunde, der zwar mit sinkender Temperatur ansteigt, aber dennoch niedriger bleibt als bei der Blei-Säure-Zelle. Bei höheren Temperaturen verschlechtern sich die Eigenschaften, weil die Selbstentladung der NiCd-Zelle rapide zunimmt und zusätzlich die Zellenspannung absinkt.

Der Gesamtwiderstand der Zelle ist, wie bereits diskutiert, eine komplexe Überlagerung von Widerständen der Platten, der Verbindungen, des aktiven Materials und des Elektrolyten, zusätzlich verknüpft mit nichtlinearen Komponenten der Polarisationseffekte.

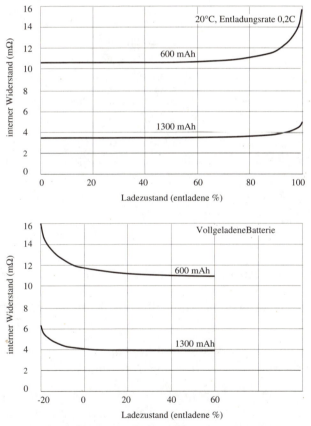

Abb. 8.9 Abhängigkeit des Widerstandes der Zelle vom Ladezustand und der Temperatur.

Temperatur, Strom und Zeit haben sehr großen Einfluß auf den Endwiderstand. Der Widerstand der NiCd-Zelle beruht auf sehr dünnen Platten von großer Fläche. Auch der stark leitende Elektrolyt trägt dazu bei, die Zelle niedrigohmig zu halten. Bei niedrigen bis mittleren Strömen sind auch die Polarisationseffekte vernachlässigbar, was die Entladecharakteristik zwischen dem Spannungssack (ca. nach Entladung der ersten 10% der Kapazität) und den letzten 10% verfügbarer Kapazität sehr flach macht. Diese Eigenschaft hat sowohl eine positive als auch eine negative Seite. Positiv ist, daß die Spannung für viele Anwendungen nicht stabilisiert zu werden braucht, negativ ist dagegen, daß man am Spannungswert nicht den Ladezustand ablesen kann. Bei den meisten Konstantstromanwendungen verwendet man das Coulomb-Zähler-Prinzip (Entladestrom * Zeit), um die noch verfügbare Energie abzuschätzen. Bei Impuls-Anwendungen ist das Problem jedoch schwieriger, wenn man zusätzlich die Auftrittzeiten und Frequenzen der Impulse nicht vorhersehen kann. Die Batterie kann sich zudem bei Impulsen verschiedener Länge und verschiedener Stromstärke unterschiedlich verhalten. Die kurzen Impulse verursachen beispielsweise keine Polarisationseffekte, was heißt, daß sie größere Leistungen abnehmen können.

Abb. 8.9 zeigt ein Beispiel für die Veränderung des Widerstandes in Abhängigkeit von Ladezustand und Temperatur einer Zelle.

Im Laufe der Zeit wächst der Widerstand der Zelle an, weil die Platten langsam korrodieren, der Separator oxidiert, die Struktur der aktiven Masse sich verändert und möglicherweise Elektrolytverluste (Austritt des Sauerstoffes durch das Ventil etc.) auftreten. Ein spürbarer Effekt dieser Veränderungen ist der Verlust von Zellenkapazität.

8.5 Selbstentladung

Die Selbstentladung beginnt unmittelbar nach der Ladung aufgrund von zwei Ursachen:

- Zerfall des Nickelhydroxids unter Emission von Sauerstoff, und
- Selbstentladeströme, ausgelöst durch Ionenmigration.

Die Selbstentladung ist abhängig von eine Reihe von Parametern wie: Temperatur, Elektrodenabstand und -geometrie, Separatormaterial, Elektrolyt und dessen elektrische Leitfähigkeit. Bei niedrigeren Temperaturen sinken die Diffusionskoeffizienten ab, und die chemischen Stoffe sind stabiler.

Deshalb sinkt auch die Selbstentladungsrate. Die Mechanismen verändern sich entsprechend bei höheren Temperaturen. Beispielhafte Charakteristiken sind auf der folgenden *Abb. 8.10* dargestellt.

Die Werte differieren stark zwischen unterschiedlichen Technologien. So wurden z.B. die Memory-Backup-Knopfzellen mit dem Ziel einer sehr niedrigen Selbstentladungsrate entwickelt.

Während längerer Lagerung verlieren die NiCd-Zellen nicht nur an Ladung, sondern typischerweise auch an Kapazität, also der Fähigkeit zur Ladungsaufnahme. Der Effekt ist nicht sehr groß – der Kapazitätsverlust beträgt typisch 10 – 15% bei Raumtemperatur und ist weitgehend umkehrbar. Nach maximal einigen wenigen Zyklen verfügt die Batterie wieder über die ursprüngliche Kapazität. Einige Hersteller empfehlen sogar, nach langer Lagerzeit die Batterie einer längeren Aufladung (20 Std., 0,1C) zu unterziehen.

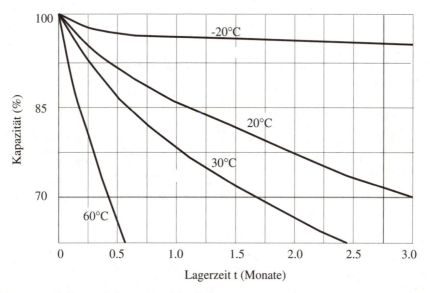

Abb. 8.10 Selbstentladung der NiCd-Zelle

8.6 Zyklenfestigkeit

Die Zyklenfestigkeit einer Zelle wird definiert als Anzahl der Zyklen, nach denen die Kapazität auf 80% (nach IEC-Standards auf 60%) des Nominalwertes abgesunken ist. Die Veränderung der Eigenschaften der Zelle ist weit-

8 Geschlossene Nickel-Cadmium-Batterien

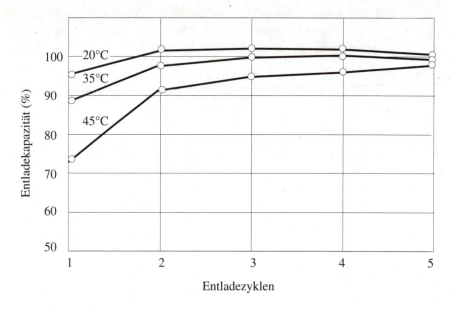

Abb. 8.11 Erholung der Kapazität nach durch längere Lagerung verursachtem Kapazitätsverlust

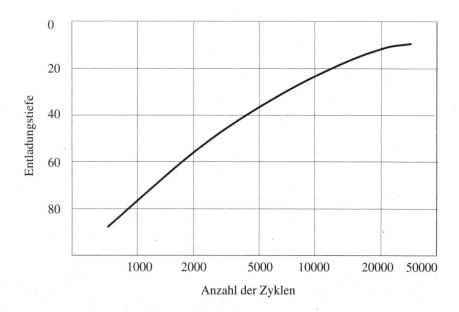

Abb. 8.12 Abhängigkeit der Zyklenfestigkeit von der Entladetiefe

gehend abhängig von den Bedingungen, unter denen sie arbeitet. Es muß unterschieden werden, ob die Batterie im Vollzyklenbetrieb, Teilzyklenbetrieb oder im Erhaltungsbetrieb genutzt wird. Mitentscheidend ist auch, welchen Wirkungsgrad sie noch aufweist. Es ist also unmöglich, vorherzusagen, wie lange die Batterie bei einer bestimmten Applikation leben wird. Möglich ist bestenfalls eine Abschätzung auf der Basis von Herstellerangaben. In *Abb. 8.12* sind Beispielswerte dazu gegeben. Auch hier gelten die für Batteriesysteme typischen Regeln wie z.B. die, daß sich bei tieferen Entladungen das Zellenleben verkürzt. Im ungünstigsten Fall ergeben sich aber immerhin ca. 300 Zyklen, und der typische Wert beträgt 600 Zyklen.

8.7 Defekte der Zelle

Die Zellendefekte lassen sich in zwei Kategorien aufspalten: die umkehrbaren und die nichtumkehrbaren. Zu den umkehrbaren Defekten zählen Memory-Effekt und Spannungsabfall aufgrund von Überladung, zu den nichtumkehrbaren die Umpolung, der Verlust von Elektrolytflüssigkeit oder ein Kurzschluß.

Vom Gesichtspunkt des Benutzers aus betrachtet, ist eine Batterie defekt, wenn sie ein Gerät nicht mehr betreiben kann oder wenn sie zu schnell entladen ist. Unter Umständen muß dies aber nicht bedeuten, daß nun die Batterie schon wegzuwerfen ist.

8.7.1 Die umkehrbaren Defekte

8.7.1.1 Memory-Effekt

Der Memory-Effekt wurde erstmals an Bord von Satelliten auf geostationären Umlaufbahnen festgestellt, kann inzwischen aber auch unter Laborbedingungen erzeugt werden. Rein physikalisch wird dieser Effekt hervorgerufen durch eine Veränderung der physikalischen Struktur der Cadmiumplatte, wenn sie wiederholt und sehr präzise immer die gleiche Energiemenge abgibt. Ein Teil der Platte, der lange Zeit an der Reaktion nicht teilnimmt, verändert seine Charakteristik: er wird hochohmiger und schwerer zu entladen. Das hat zur Folge, daß die Zelle ab einem bestimmten Entladungszustand einen höheren Spannungsabfall aufweist, also bei einer festgelegten Entladeschlußspannung auch eine niedrigere Kapazität abgibt.

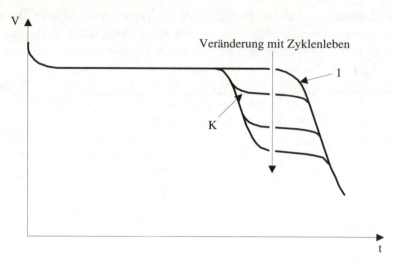

Abb. 8.13 Memory-Effekt

Die Kurve 1 in *Abb. 8.13* zeigt die ursprüngliche Entladecharakteristik der Zelle, die anderen Kurven zeigen die Folgen der zu flachen Entladungsvorgänge. Eine Entladung verläuft mit einem sichtbaren Knick auf der Entladekurve (K). Es ist sehr schwierig zu sagen, nach wie vielen derartigen flachen Entladezyklen der Memory-Effekt auftritt. Einige Autoren behaupten, daß die Entladeschlußspannung hoch (d.h. zwischen 1,16 und 1,10 V liegen) und stets gleich sein muß. Manchmal wird auch behauptet, daß zur Entstehung des Effektes auch ein immer gleichbleibender Entladungsstrom und konstante Temperatur unbedingte Voraussetzungen seien, was nicht ganz glaubwürdig klingt. Es ist ziemlich wahrscheinlich, daß die Entladung auf 1V in der normalen Praxis diesen Effekt einfach unsichtbar macht, da hier das Ende der Entladecharakteristik liegt. In jedem Fall läßt sich der Kapazitätsverlust durch einmalige Tiefentladung (auf eine Spannung von ca. 0,8 V) und eine vorsichtige Ladung (z.B. 0,1C) beheben; die Morphologie der Elektrode wird wiederhergestellt und die Zelle weist wieder die volle Kapazität auf. Die Entladeschlußspannung muß im Falle einer Batterie, die aus mehreren Zellen besteht, sehr vorsichtig gewählt werden, um eine zu tiefe Entladung zu vermeiden. Die Eigenschaften der Zellen verändern sich im Laufe der Zeit unterschiedlich. Es kommt also öfters vor, daß sie auch unterschiedliche Kapazitäten aufweisen. Da sich während der Tiefentladung alles auf dem sehr steilen Teil der Charakteristik abspielt (siehe Abb. 8.5), kann es vorkommen, daß die Summe der Spannungen noch positiv und ziemlich hoch ist, während eine der Zellen bereits umgepolt ist.

Das Auftreten des Effektes ist jedoch auch technologisch bedingt, was man recht schnell herausgefunden hat und durch entsprechende technische Gegenmaßnahmen korrigiert hat. Heute wird daher kaum noch jemand in der normalen Benutzer-Praxis auf den Memory-Effekt stoßen. Sehr oft wird der Name jedoch zur Bezeichnung von ganz anderen Defekten verwendet oder durch die Ladegerätehersteller als Marketingargument für den ahnungslosen Verbraucher mißbraucht.

8.7.1.2 Überladung

Ein anderer Effekt, der oft mit dem Memory-Effekt verwechselt wird, hat seine Ursache in langdauernder Überladung. Als Folge kommt es zur Bildung einer Nickel-Cadmium-Legierung (Ni_5Cd_{21}). Wie in der folgenden Abbildung gezeigt, verändert sich die Charakteristik der Batterie so, daß die Nominalkapazität erhalten bleibt, die Spannung aber ab einem bestimmten Punkt um ca. 100 – 150 mV absinkt, weil sich Ni_5Cd_{21} bei niedrigerer Spannung entlädt. Geräte, die spannungssensitiv arbeiten, melden natürlich sehr früh aufgrund des Spannungsabfalls den Batterieverbrauch. Das kann aber, wie im Falle des Memory-Effektes, durch volle Entladung behoben werden. Höhere Temperaturen verstärken den Effekt; diejenigen Batterietypen, die für Pufferbetrieb bestimmt sind, werden in der Regel statt mit Sinterelektroden mit anderen Elektrodentechnologien gebaut (Paste), bei denen ein geringerer Nickelanteil vor der Ausbildung der Legierung schützt.

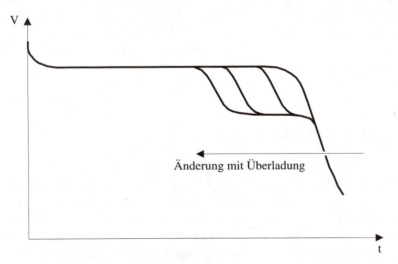

Abb. 8.14 Auswirkung der Überladung

8.7.2 Die nichtumkehrbaren Defekte

8.7.2.1 Kurzschluß

Ein Kurzschluß ist wahrscheinlich eine der häufigsten Ursachen für einen Batterieausfall, abgesehen von Produktionsdefekten oder Folgen von falscher Handhabung. Die Kurzschlüsse entstehen durch das Wachstum von Cadmium-Dendriten im Separator, welches durch Temperaturanstieg und Überladung beschleunigt wird. Der Widerstand dieser Elektrodenverbindung kann sowohl hoch- als auch niedrigohmig sein. Ersterer macht sich durch abnormal lange Ladezeiten und einen Spannungsabfall nach dem Abschluß des Ladevorgangs, der durch den internen Strom verursacht wird, bemerkbar. Die Selbstentladungsrate steigt merklich an. Ein niedrigohmiger Kurzschluß verursacht einen direkten Stromdurchfluß durch die Batterie – die Elektroden sind kurzgeschlossen, eine Ladung ist nicht mehr möglich; die Zelle erhitzt sich sehr schnell aufgrund des Jouleschen Wärmeeffektes. In der Praxis findet man das gesamte zwischen beiden Extremen mögliche Spektrum von Kurzschlüssen vor.

8.7.2.2 Zerlegung des Separators

Durch Polyamidoxidierung wird der Elektrolyt während der Überladung und Temperatureinwirkung karbonisiert. Das führt zum Anstieg des inneren Widerstandes. Um dies zu vermeiden, wird bei manchen Zellenarten Polypropylen als Separator verwendet. Dabei muß jedoch ein Zusatzstoff beigemischt werden, der die Benetzbarkeit gewährleistet. Ein Absinken der Benetzbarkeit führt wieder zu einem Anstieg des Widerstands.

8.7.2.3 Elektrolytverlust

Elektrolytverlust verursacht einen Kapazitätsverlust, der proportional zu der Menge der verlorenen Elektrolytflüssigkeit ist. Die Hauptursache ist zu starke Gasung beim Schnelladen, beim Entladen mit hohen Strömen oder Kurzschließen der Batterie. Der Überdruck wird durch das Sicherheitsventil abgelassen. Eine dichte Verpackung der Konstruktionselemente der Zelle verursacht geringe Ventilationsmöglichkeiten. Das Gas drückt also auch die Flüssigkeit durch das Sicherheitsventil nach außen.

Eine andere Möglichkeit des Elektrolytverlustes ist das Austreten der Flüssigkeit durch Schweißstellen des Gehäuses, was bei alten Batterien häufig vorkommen kann.

8.7.2.4 Umpolung

Wenn eine Zelle bereits die gesamte Ladung abgegeben hat, aber der Strom weiterfließt (z.B. erzwungen durch die übrigen Zellen einer Batterie), kommt es zu einem sogenannten Verpolungseffekt. Die Spannung-/Zeit-Charakteristik der Zelle sieht so aus wie in der Skizze 8.15 dargestellt. Die volle Abhängigkeit des Stromes von der Zeit während eines ununterbrochenen, teilweise erzwungenen Stromdurchflusses durch eine Zelle kann man in drei Abschnitte unterteilen: Abschnitt 1 beschreibt die normale Entladung der Zelle: die aktiven Materialien existieren auf beiden Elektroden. Unterschreitet nun die Entladung die Tiefentladungsspannung, so wird die aktive Masse der Positivplatte erschöpft (entladen), und auf der Platte wird Wasserstoff erzeugt (Abschnitt 2). Die negative Elektrode enthält noch eine Reserve der aktiven Masse, und ihre Entladung setzt sich fort.

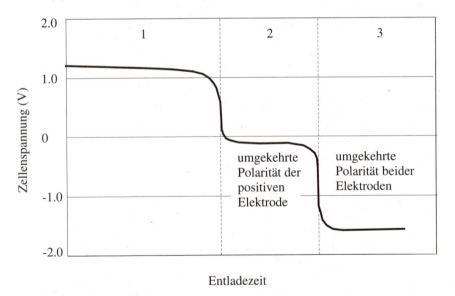

Abb. 8.15 Umpolungseffekt

In diesem Zustand liegt die Spannung der Zelle bei -0,3 V und ist stromabhängig. In Abschnitt 3 wird die aktive Masse der negativen Platte erschöpft, und die Spannung der Zelle kippt um. Jetzt setzt die negative Elektrode Sauerstoff frei. Der Zellendruck wächst über die Sicherheitsgrenze hinaus an, und das Ventil wird geöffnet.

Ein Verlust der Gase beeinträchtigt natürlich die Kapazität der Zelle, was schnell – obwohl der Effekt an sich reversibel ist – zum Ende führt. In den Knopfzellen, die komplett geschlossen sind, verwendet man die sogenannte „Antipolare Masse" (APM – antipolar mass). Darunter versteht man den Zusatz einer gewissen Menge von $Cd(OH)_2$ zur positiven Elektrode, der die Wasserstoffemission verhindert. Da aber diese Maßnahme nur unter bestimmten Bedingungen wirksam ist, dürfen die Zellen auch nicht unter Umpolungsbedingungen arbeiten. In den anderen Zellentypen verzichtet man auf diese Maßnahme aus Platzersparnisgründen.

8.8 Standardbezeichnungen der Batterietypen

Tabelle 8.1 Standardbezeichnungen der Batterietypen

Bezeichnung	Funktion	Bemerkungen
–	Standard	Konstantstromladen, 0,1C, (14-16)h oder C/3-C/4, (4-6h)
R	Schnelladefähig	Konstantstromladen, 1C, (1,0-1,5)h mit Abschaltkontrolle
H	Hoher Wirkungsgrad, Hochtemperaturfähig (45-65°C), besonders geeignet für Hochtemperaturpufferbetrieb	
E	Kapazität 20% größer als die der Standardzelle gleicher geometrischer Größe	Max. Ladestrom 0,1C
P	Hoher Entladestrom	Entladestrom 10-20C, Ladestrom 1C
S	Super hohe Kapazität, 40%-60% größer als die der Standardzelle gleicher geometrischer Größe	Schnelladung möglich, bis 1C

9 Nickel-Metallhydrid-Batterien

9.1 Allgemeine Systembeschreibung

Die Nickel-Metallhydrid-Batterie (NiMH) entstand als Ergebnis der Suche nach einer Zelle mit vergrößerter Kapazität und verbesserter Umweltfreundlichkeit. Es handelt sich um eine ziemlich neue Entwicklung mit ähnlicher Zellenspannungscharakteristik wie bei der NiCd-Batterie. Die negative, strukturell recht einfache Cadmium-Elektrode wurde hier durch eine Metallegierung mit ziemlich komplizierter Struktur ersetzt, die fähig ist, Wasserstoff zu absorbieren. Das Legierung-Wasserstoff-System weist eine höhere Energiedichte auf, was es erlaubt, die Masse der negativen Elektrode zu verringern und das gewonnene Volumen mit positiver Masse aufzufüllen; damit erhöht sich also die Energiedichte der gesamten Zelle im Vergleich zum NiCd-System. Die Legierungselektrode hat eine bis zu 50% höhere volumetrische Energiedichte als die Cadmium-Elektrode. Die Charakteristiken der Zelle sind größtenteils sehr ähnlich zu denen der NiCd-Zelle mit Ausnahme der Fähigkeit zur Abgabe von hohen Strömen. Auch das Ladeverhalten ist verschieden – die Metallhydrid-Batterie hat keine Toleranz gegen Überladung.

Vorteile der NiMH-Zelle

- Höhere Energiedichte (30% höhere Kapazität bei gleicher Zellengröße) als die NiCd-Zelle
- Spannungskompatibel mit der NiCd-Zelle
- Cadmiumfrei (umweltschonend!)
- Lange Lagerungsfähigkeit

Nachteile der NiMH-Zelle

- Hochstromentladung max. 3C – schlechter als bei der NiCd-Zelle
- Große Selbstentladung

- Kürzere Lebensdauer
- Nur begrenzt überladbar, selbst mit kleinen Strömen
- Ladungskontrolle aufwendiger als bei der NiCd-Zelle
- Memory-Effekt.

9.2 Beschreibung der Zelle

9.2.1 Zellenreaktion

Während der Entladung der Nickeloxyhydroxide findet eine Reduktion zu Nickelhydroxid statt:

$NiOOH + H_2O \rightarrow Ni(OH)_2 + OH^-$

und das Metall-Hydrid wird zum Metall oxidiert:

$MH + OH^- \rightarrow M + H_2O + e^-$

Die gesamte Reaktion bei Entladung verläuft wie folgt:

$MH + NiOOH \rightarrow M + Ni(OH)_2$

und ergibt eine Zellenspannung von 1,35 V.

Um den großen Überdruck, der vor Ladungsende und bei Überladung in geschlossenen Zellen entsteht, zu vermeiden, wurden entsprechende Gegenmaßnahmen getroffen. Gegen den Sauerstoffüberdruck wurde der Rekombinationsmechanismus ausgenutzt. Der Trick besteht dabei in einer Überdimensionierung der Metallegierungs-Elektrode, wie in *Abb. 9.1* dargestellt:

Der bei der Reaktion

$2OH^- \rightarrow H_2O + O_2 + 2e^-$

nach Erreichen des Volladezustands der positiven Elektrode entstehende Sauerstoff diffundiert durch den Separator zur negativen Elektrode. Hier reagiert er mit dem in der Elektrode vorhandenen Wasserstoff:

$4MH + O_2 \rightarrow 4M + 2H_2O$. (Die Elektrode wird entladen.)

Weil die Elektrode auf diese Weise den Volladezustand nicht erreicht, emittiert sie auch keinen Wasserstoff mehr, was einen zweiten Anti-Überdruckmechanismus darstellt. Die Rekombination verläuft aber nur mit begrenzter Geschwindigkeit, was einerseits die Vergrößerung der negativen Elektrode erzwingt, andererseits aber eine Stromkontrolle erforderlich macht, um die Sauerstoffemission im Griff zu behalten.

Die andere Gasemissionsquelle ist die Entladung auf zu tiefe Werte, und für diesen Fall verfügt die negative Elektrode über eine sogenannte Entladereserve. Insgesamt ist die negative Elektrode also stark überdimensioniert gegenüber der positiven, die im Endeffekt die Kapazität der Zelle bestimmt.

9.2.2 Elektrolyt

Die Hauptkomponente ist eine ca. 30%ige Lösung von Kalilauge.

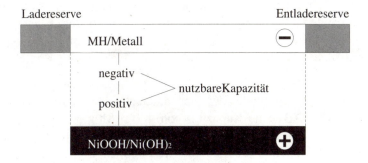

Abb. 9.1 Reduktionsmechanismus der Zelle

9.2.3 Elektroden

Positive Elektrode

Die Nickel-Elektrode ist von gleicher Bauform und Technologie wie die Ni-Elektrode der geschlossenen NiCd-Zelle: eine dünne Folie aus Nickelschaumstoff, die sogenannte Metallform-Elektrode. Ihre Herstellung erfolgt durch galvanische Metallisierung und anschließende Verbrennung eines feinporigen Kunststoffes. Die zurückbleibende Metall-Struktur dient als

Trägermaterial für die Elektrode, die sehr gute elektrische und mechanische Eigenschaften bei niedrigen Herstellungskosten bietet.

Negative Elektrode

Die Wasserstoff-Speicher-Elektrode ist das Kernstück der Zelle. Man verwendet hier die seit langer Zeit bekannte Fähigkeit mancher Festkörper, Wasserstoff in Form von Hydriden zu speichern. Das Elektrodenmaterial muß dabei die folgenden Anforderungen erfüllen:

- Die thermodynamischen Eigenschaften müssen Absorption und Desorption des Wasserstoffs ermöglichen
- Hohe Wasserstoffspeicherkapazität
- Niedriger Wasserstoff-Gleichgewichtsdruck
- Oxidationsbeständigkeit im alkalischen Elektrolyten
- Gute kinetische Eigenschaften (wichtig für hohe Entladungsströme).

Im allgemeinen erfüllen zwei Typen von Legierungen diese Anforderungen: die Klasse AB_5, basierend auf Lantaniden (besonders $LaNi_5$) und die auf Titan und Zirkonium basierende Klasse AB_2. Die Legierungen sind mit verschiedenen anderen Elementen dotiert, um einige besondere Eigenschaften zu gewinnen: Teilweises Ersetzen von Ni durch Co dämpft die Ausdehnung, und kleine Mengen von Si oder Al verbessern die Kontakteigenschaften.

Die Eigenschaften der beiden Klassen unterscheiden sich wesentlich; so weist die Klasse AB_2 eine Kapazität von 400 mAh/g auf gegenüber den 250-300 mAh/g der Klasse AB_5. Letztere ist aber stabiler und hat eine kleinere Selbstentladung, was sie für die heutigen Produktionsverfahren geeigneter macht.

Die Elektroden werden in die Nickelschaumstruktur-Folie (ähnlich der bereits beschriebenen für die positive Elektrode) imprägniert oder eingepastet und durch die Elektrodenposition aktiviert.

9.3 Bauformen

Die Zellen werden in Knopf-, Rund- und Prismenform gefertigt, die zudem (aufgrund von Kompatibilitätsanforderungen) gleiche geometrische Maße haben wie die entsprechenden NiCd-Zellen. Die folgende *Abb. 9.2* zeigt die verschiedenen Bauformen.

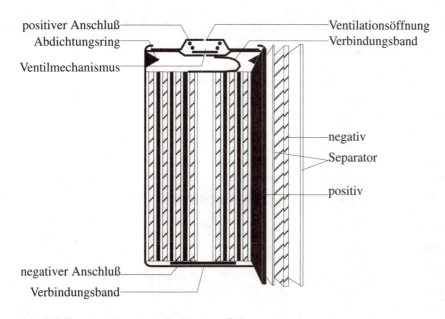

Abb. 9.2 Konstruktion der zylindrischen Zelle

9.3.1 Die Rundzelle

Die Rundzelle wird in Form einer Rolle, die von den Zweielektrodenfolien durch eine Schicht synthetischer Gewebe getrennt ist, gefertigt. Das synthetische Material dient gleichzeitig als elektrischer Separator und Elektrolytspeicher. Die Rolle wird nach dem Wickeln in einen nickelbeschichteten Metallbehälter gesteckt, der als negative Klemme dient. Als positive Elektrode fungiert der Deckel, der auch das Sicherheitsventil beinhaltet. Der Elektrolyt wird nun nur in solcher Menge zugeführt, wie vom Separator und den Elektroden vollständig absorbiert werden kann. Danach wird die Zelle mechanisch verschlossen und meistens in Kunststoff verpackt.

9 Nickel-Metallhydrid-Batterien

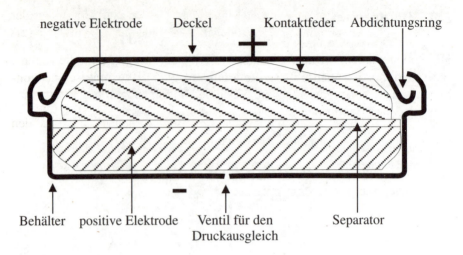

Abb. 9.3 Die Knopfzelle

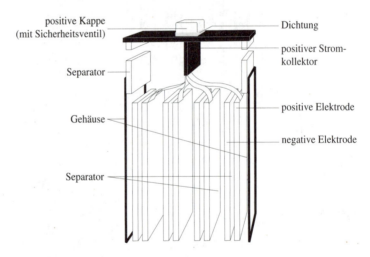

Abb. 9.4 Die prismatische Zelle

9.3.2 Knopfzelle

Die NiMH-Knopfzelle ist baugleich zur NiCd-Knopfzelle:

Auch hier werden Masse-Elektroden verwendet. Die aktiven Materialien werden in diskusförmigen Molden gepreßt und dann mit dem Separator in

Sandwichform zusammengebaut. Manchmal werden zur Erhöhung der mechanischen Stabilität die Elektroden zuerst mit einer Metallwatte verstärkt.

Die Knopfzellen verfügen über kein Überdruckventil, weil die Zellenkonstruktion zwei Sicherheitsmechanismen beinhaltet:

Das Aufblasen der Zelle unterbricht den elektrischen Kontakt zu den Elektroden, und bei starkem Überdruck öffnet sich der Verschluß.

9.3.3 Prismatische Zelle

Die prismatischen Zellen verfügen über eine um ca. 20% größere volumetrische Energiedichte als die Rundzellen, und zwar aufgrund der besseren Assemblierungsmöglichkeiten für diese geometrische Form. Die *Abb. 9.4* zeigt den Innenaufbau der Zelle, der wiederum, wie für die anderen Bauformen, mit dem Aufbau der NiCd-Zelle identisch ist.

Auch hier werden die Elektroden auf gleiche Weise vorbereitet wie für die Rundzellen, bis auf den letzten Schritt, wenn sie zu rechteckigen, flachen Folienplättchen entsprechender Größe zugeschnitten und zu einem Pack assembliert werden. Der Pack wird dann ins Metallgehäuse eingefügt, der Elektrolyt wird zugeführt, worauf die Konstruktion mit dem Deckel versehen und verschlossen wird. Der Deckel dient als positive Elektrode, beinhaltet ein Ventil (das bei einem Überdruck von ca. 20 bar auslöst) und ist von der negativen Elektrode durch einen Kunststoffseparator/Dichtung getrennt.

9.4 Eigenschaften

Die Leerlaufspannung der NiMH-Batterie beträgt 1,35-1,25 V und ist vom Ladezustand, der Lagerungszeit und der Temperatur abhängig. Unmittelbar nach der Ladung kann sie auch 1,45 V betragen. Die Nennspannung der Zelle beträgt 1,2 V. Sie ist als mittlere Zellenspannung definiert (ein Mittelwert aus allen während des Arbeitszyklus vorkommenden Spannungen). Die Entladeschlußspannung beträgt 1 V; sie kann bei Entladung mit größeren Strömen bis auf 0,9 V absinken. Der maximale Entladestrom erreicht nur 3C. Die Nennkapazität ist, wie bei der geschlossenen NiCd-Zelle, für die Entladung mit einem Strom von 0,2C (bei 20°C) festgelegt. Wie die folgenden Charakteristiken zeigen *(Abb.9.6 bis 9.8)*, geht die Kapazität bei höheren Entladeströmen zurück.

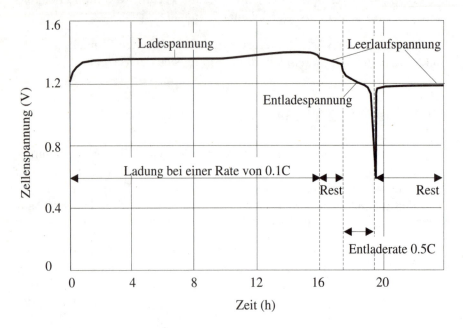

Abb. 9.5 Ein Arbeitszyklus einer Zelle

Die Kapazität ist wieder abhängig von der Temperatur; diesen Zusammenhang zeigt die nachfolgende Abbildung. Der Spannungsabfall nimmt in der Regel bei niedrigeren Temperaturen zu; den Verlust an Kapazität kompensiert man teilweise durch Absenken der Entladeschlußspannung, ähnlich wie bei anderen Batterietypen.

Die besten Eigenschaften weist die NiMH-Zelle bei Temperaturen zwischen 0 und 40°C auf. Wie man der Graphik 9.8 entnimmt, sind die Differenzen nicht groß und dabei sehr stark vom Entladestrom abhängig, was den Einfluß des Innenwiderstandes andeutet. Bei niedrigeren Temperaturen verlangsamt sich die Diffusionsgeschwindigkeit, und der Widerstand des Elektrolyten wächst an. Die Verringerung der Kapazität bei kleineren Entladeströmen und höheren Temperaturen geht auf das Konto der Selbstentladung, die mit der Temperatur ansteigt.

Eine direkte praktische Anwendung der unten gezeigten Kurven ist die Abschätzung der entnehmbaren Kapazität bei gegebenen Arbeitsbedingungen – die Basis für diese Schätzung bildet stets ein Strom von 0,2 C bei 20°C. Sie bestimmt die Nominalzellenkapazität.

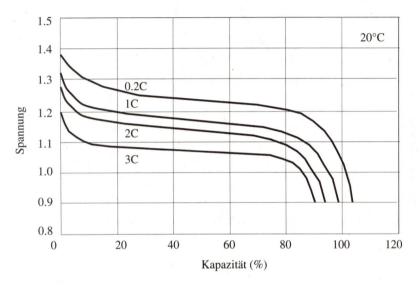

Abb. 9.6 Entladecharakteristiken der Zelle bei 45 °C

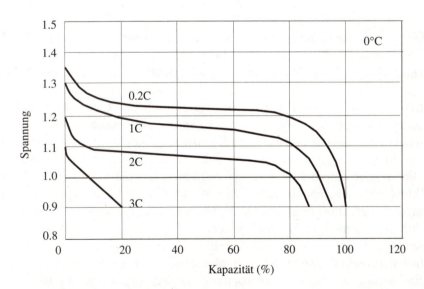

Abb. 9.7 Entladecharakteristiken der Zelle bei 0 °C

9 Nickel-Metallhydrid-Batterien

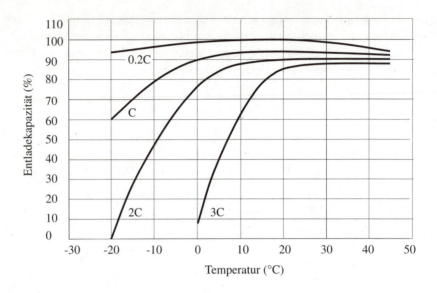

Abb. 9.8 Abhängigkeit der Kapazität von der Temperatur

9.5 Selbstentladung

Der Verlust der Ladung während der Lagerung einer aufgeladenen Zelle – die Selbstentladung also – hat zwei Ursachen. Die erste davon ist die Wechselwirkung des Wasserstoffs mit der positiven Elektrode (die Atmosphäre in der Zelle besteht aus Wasserstoff), was zur Entladung führt. Die zweite Ursache ist die chemische Aufspaltung des Elektrodenmaterials. Dies verursacht aber nicht nur den Verlust der vorhandenen Ladung, sondern beeinträchtigt zudem die Kapazität, also die Fähigkeit, Ladung zu speichern. Wenn die Zellen bei nicht zu hohen Temperaturen gelagert werden (der empfohlene Bereich liegt zwischen 20 und 30 °C), ist der Effekt reversibel, und die Zelle erreicht nach einigen Ladezyklen die Nominalkapazität. Dieses Verhalten gilt gleichermaßen für im aufgeladenen wie im nichtaufgeladenen Zustand gelagerte Zellen.

Bei niedrigen Temperaturen verlangsamt sich die Prozeßgeschwindigkeit der chemischen Reaktionen, was auch die Selbstentladungsrate verringert. Unter Umständen kann dieser Temperatureffekt auch ausgenutzt werden.

9.5 Selbstentladung

Man muß jedoch beachten, daß alle Zellen-Charakteristiken als mittlere Werte aus mehreren Versuchen anzusehen sind, wobei die individuellen Charakteristiken der einzelnen Zellen von Fall zu Fall variieren können, meistens mit einer Schwankungsbreite von ± 10% um die vom Hersteller angegebenen Charakteristiken.

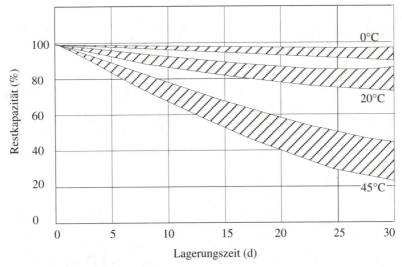

Abb. 9.9 Selbstentladung der NiMH-Zelle

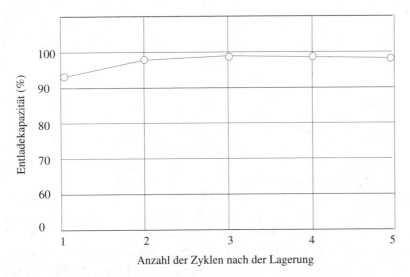

Abb. 9.10 Kapazitätserholung nach langer Lagerung

Lagert man eine Zelle bei zu hohen Temperaturen, so wird die chemische Zerlegung der Zelle irreversibel; hinzu kommt nun noch eine Beschädigung des Separators und der Dichtungen, was natürlich zur Vernichtung der Zelle führt.

9.6 Zyklenfestigkeit

Die Zyklenfestigkeit der NiMH-Zelle ist abhängig von mehreren Faktoren wie der Temperatur beim Laden und Entladen, der Entladetiefe, vom Lade- und Entladestrom, von Überladung und Tiefentladung und auch von der Lagerungszeit und -temperatur. All diese Faktoren können die Batterielebensdauer erheblich verkürzen.

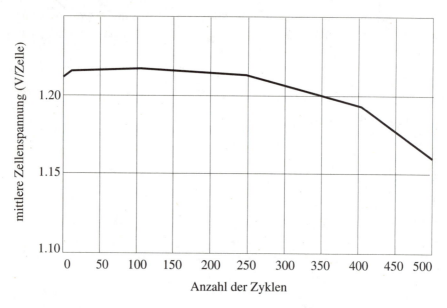

Abb. 9.11 Abhängigkeit der mittleren Spannung von der Anzahl der Zyklen

Nach den Unterlagen mancher Hersteller beträgt die Zyklenfestigkeit der Zelle bei 100%-iger Entladung mit einem Strom von 0,5 C und schneller zweistündiger Ladung 1000 Zyklen, begleitet vom Absinken der Kapazität auf 80% des Nominalwerts. Bei einstündiger Ladung und einstündiger Entladung werden angeblich noch 500 Zyklen erreicht. Diese Werte scheinen sehr optimistisch zu sein und für den normalen Batteriebenutzer kaum erreichbar. Andere Hersteller sind vorsichtiger und geben 500 Zyklen als zu erwartende Zyklenfestigkeit der Batterie an, was auch experimentell nachgewiesen wurde: Einige Experimente mit dem Standardzyklus Laden und Entladen bei 0,2 C führten innerhalb von 500 Zyklen zum Absinken der Kapazität auf 80% des Nominalwerts. Die gleichzeitig gemessenen mittleren Spannungswerte zeigt die *Abb. 9.11*.

Man sieht einen deutlichen Abfall der Spannung, die vom Anstieg des Zellenwiderstandes herrührt. Sehr wichtig ist die Arbeitstemperatur der Zelle, und zwar sowohl beim Laden als auch beim Entladen: Die Ladung (besonders die Überladung) bei höheren Temperaturen verursacht intensivere Zellengasung und damit verbundenen Elektrolytverlust. Unabhängig davon führen die hohen Temperaturen zur chemischen Zerlegung des Separators. Wie wir bereits früher gesehen haben, nimmt die Reaktionsgeschwindigkeit bei niedrigeren Temperaturen ab; der Sauerstoff kann nicht schnell genug rekombinieren, und in der Zelle kann sehr schnell ein Überdruck entstehen.

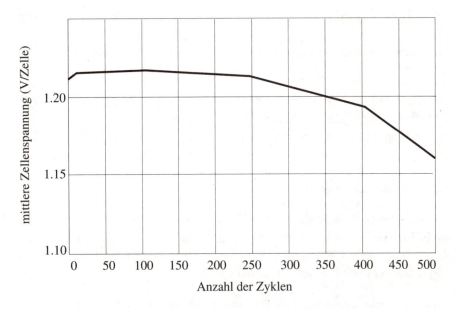

Abb. 9.12 Einfluß der Arbeitstemperatur auf die Zyklenfestigkeit

Der Einfluß der höheren Temperatur auf die Zyklenfestigkeit der Batterie läßt sich aus der *Abb. 9.12* ersehen und dürfte die Benutzer von Handy-

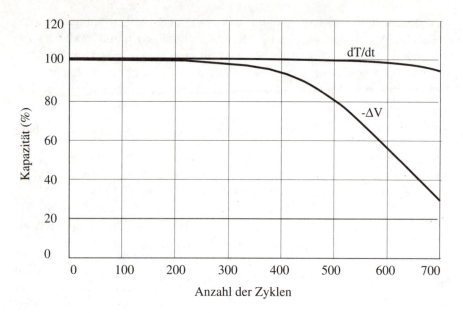

Abb. 9.13 Abhängigkeit der Zyklenfestigkeit von der Abschaltmethode des Ladens

Telefonen, die man ja meistens in der Tasche oder in der Hand trägt, nachdenklich stimmen.

Ein weiterer Faktor, der für die Zyklenfestigkeit einer NiMH-Batterie von Bedeutung ist, ist der Einfluß der Ladeverfahren. Es ist sehr wichtig, daß die Ladung vor dem Erreichen des kritischen Drucks abgeschaltet wird. Wir werden auf diesen Effekt noch im Kapitel über Ladeverfahren zurückkommen. An dieser Stelle sei nur kurz der Einfluß des Abschaltkriteriums auf die Kapazität dargestellt *(Abb.9.13)*.

Wie man leicht feststellt, ist die sogenannte Spannungsabfall-Methode für die NiMH-Batterien nicht gerade empfehlenswert. Im allgemeinen gilt die Regel: Je effektiver die Methode der Feststellung des Ladeschlusses, desto geringer ist der Einfluß auf das Batterieleben.

Um in der Praxis eine Batterielebensdauer zu erreichen, die der bei Labortests üblichen annähernd entspricht, gelten folgende Richtlinien: eine Arbeitstemperatur von ca. 20 °C, möglichst niedrige Entladetiefe, sehr streng überwachte Ladung und Entladung und möglichst niedrige Entladestromstärke, am besten unter 0,25 C.

9.7 Zellendefekte

9.7.1 Memory-Effekt

Die Zellendefekte teilen sich wieder in umkehrbare und nichtumkehrbare auf.

Zu den umkehrbaren zählen der Memory-Effekt und die teilweise Umpolung, zu den nichtumkehrbaren der Verlust von Elektrolytflüssigkeit und der Kurzschluß. Der Memory-Effekt wurde erstmals bei den NiCd-Zellen festgestellt und untersucht. Er tritt aber auch bei der NiMH-Zelle auf. Seine Ursache ist (wie erwähnt) eine Veränderung der physikalischen Struktur des aktiven Materials in demjenigen Teil der Elektrode, der mehrere Male hintereinander nicht arbeitet, durch wiederholtes, zu geringes Entladen. Ein Teil der Elektrode, die über einen langen Zeitraum nicht gebraucht wird (das heißt, die nicht an der Reaktion teilnimmt), verändert ihre Charakteristik, wird hochohmiger und schwieriger zu entladen. Das hat zur Folge, daß die Zelle ab einem bestimmten Entladungszustand einen höheren Spannungsabfall aufweist, also bei einer festgelegten Entladeschlußspannung auch eine niedrigere Kapazität abgibt.

Die Kurve 1 in *Abb. 9.14* zeigt die ursprüngliche Entladecharakteristik der Zelle, die weiteren Kurven zeigen die Folgen der zu flachen Entladungsvorgänge. Eine Entladung verläuft mit einem sichtbaren Knick auf der Entladekurve. Es ist schwierig zu sagen, nach wie vielen derartigen flachen Entladezyklen dieser Effekt auftritt. Es stellte sich heraus, daß die Entladeschlußspannung hoch (d.h. zwischen 1,20 und 1,15 V) sein muß, damit ein merkbarer Effekt eintritt. Bei einer Entladeschlußspannung im Bereich von 1,10 V ist der Effekt in der normalen Praxis nicht mehr wahrnehmbar. Das Beheben des Kapazitätsverlustes ist genau wie im Fall der NiCd-Zelle durch mehrere volle Lade/Entladezyklen möglich – die Morphologie der Elektrode wird dabei wiederhergestellt, und die Batterie weist wieder die volle Kapazität auf.

Sehr oft wird der Name Memory-Effekt jedoch als falsche Bezeichnung für ganz andere Defekte (wie z.B. Elektrolytverlust als Folge von falschen Ladeverfahren) verwendet.

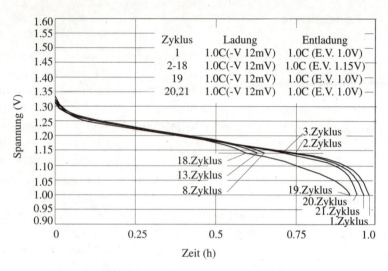

Abb. 9.14 Memory-Effekt einer NiMH Zelle

9.7.2 Umpolung

Dieser Effekt tritt häufig in Batterien auf, die sich aus mehreren Zellen zusammensetzen. Wenn im Laufe der Zeit eine Zelle schwächer wird und die gesamte Ladung schneller abgibt, wird sie solange an den Stromkreis angeschlossen bleiben wie die Batterieentladeschlußspannung nicht erreicht ist. Das heißt, der erzwungene Strom fließt weiter, die aktiven Materialien auf beiden Elektroden sind vorerst noch vorhanden, und die Entladung wird fortgesetzt (Phase 1 der Umpolungscharakteristik). Unterschreitet nun die Entladung die Tiefentladungsspannung, so wird die aktive Masse der Positivplatte erschöpft (entladen), und auf der Platte wird Wasserstoff erzeugt (Phase 2). Die negative Elektrode enthält noch eine Reserve der aktiven Masse, und ihre Entladung setzt sich fort. In diesem Zustand liegt die Spannung der Zelle zwischen 0,2 und 0,4 V und ist stromabhängig. In Phase 3 wird die aktive Masse der negativen Platte erschöpft, und die Spannung der Zelle kippt um. Jetzt setzt die negative Elektrode Sauerstoff frei. Der Zellendruck wächst über die Sicherheitsgrenze hinaus an, das Ventil wird geöffnet und die Zelle wird zerstört.

Solange sich die Zelle noch in der Phase 2 befindet, lassen sich die Folgen des Effektes noch umkehren. Ist jedoch erst einmal die Phase 3 erreicht, so verursachen die entstandenen Gase meist einen so erheblichen Elektrolytverlust, daß die Zelle in der Regel unbrauchbar wird.

9.7.3 Zerlegung des Separators

Durch Polyamidoxidierung während einer Überladung und Einwirkung der Temperatur wird der Elektrolyt karbonisiert (d.h. durch Kohlenstoffanlagerung verunreinigt). Das führt unmittelbar zum Anstieg des inneren Widerstandes. Um dies zu vermeiden, wird bei einigen Zellenarten Polypropylen als Separator verwendet, wobei hier wieder eine zusätzliche Substanz beigemischt werden muß, um die Benetzbarkeit in vollem Umfang zu gewährleisten. Ein Absinken der Benetzbarkeit führt zu erneutem Widerstandsanstieg.

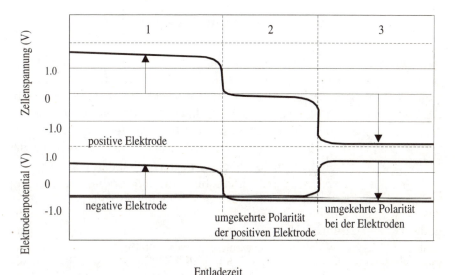

Abb. 9.15 Umpolung der Zelle

9.7.4 Elektrolytverlust

Elektrolytverlust verursacht einen Kapazitätsverlust, der proportional ist zu der Menge an verlorengegangener Elektrolytflüssigkeit. Die Hauptursache ist zu starke Gasung bei falschen Ladeverfahren oder beim Entladen mit zu hohen Strömen, sowie das Kurzschließen der Batterie.

Der Überdruck wird durch das Sicherheitsventil abgelassen, dabei wird aber meistens gleichzeitig der Elektrolyt nach außen gedrängt. Eine andere Möglichkeit, Elektrolytflüssigkeit zu verlieren, entsteht durch Beschädigung der Dichtungen als Folge von zu hohen Temperaturen.

10 Wiederaufladbare Lithium-Systeme

10.1 Allgemeine Systembeschreibung

Das Element Lithium wurde 1817 in einigen Mineralien entdeckt, und aufgrund seines Vorkommens ausschließlich in Gesteinen (griech. lithos = Stein) wurde es entsprechend benannt. Als Metall ist es zuerst im Jahre 1855 durch Schmelzflußelektrolyse des Lithiumchlorids hergestellt worden. Aufgrund seiner physikalisch-chemischen Eigenschaften ist Lithium für die Batterieindustrie sehr attraktiv: Es besitzt das höchste elektrochemische Äquivalent aller Metalle und das höchste negative Standardpotential. Die große Reaktivität erschwert jedoch erheblich die industrielle Anwendung; es reagiert sehr heftig mit Wasser, wobei sich Lithiumhydroxid (LiOH) bildet:

$$2Li + H_2O \rightarrow 2LiOH + H_2.$$

Der dabei freigesetzte Wasserstoff kann sich durch die Reaktionswärme entzünden (u.U. auch explosiv), so daß die Verarbeitung in sog. Trockenräumen erfolgen muß. Aus den gleichen Gründen ist die einfache Zellenkomposition mit wässrigen Elektrolyten unmöglich.

Die Eigenschaften einer sekundären Lithium-Batterie lassen sich nicht eindeutig beschreiben. Das Problem liegt darin, daß sich dieses System noch in der Entwicklungsphase befindet. Es gibt bereits mehrere verschiedene Zellentypen, die jedoch keine eindeutigen Vorteile gegenüber den klassischen NiCd-Systemen in allen Anwendungsbereichen haben: entweder ist die Lebensdauer zu kurz, oder die Arbeitsbedingungen sind zu exotisch (z.B. muß in manchen Lösungen die Temperatur höher als 120 °C sein), oder die Ströme sind so gering, daß die Batterie z.B. nur in Herzschrittmachern einsetzbar ist. In Laboratorien gibt es bereits vielfältige Lösungen, und die Entwicklung geht weiter – die Fachpresse berichtet monatlich über ein bis zwei neue Systeme! Wir verzichten also hier auf eine so detaillierte

Beschreibung wie bei den konventionellen Typen, weil es sich nur um eine Beschreibung der Prototypen handeln würde, und konzentrieren uns zuerst auf die Klassifizierung der verwendeten Mechanismen und eine Darstellung der wenigen vielversprechenden Lösungen. Eine der Lösungen – die Lithium-Ion-Zelle mit festem Elektrolyt – scheint die größten Chancen zu haben, sich auf dem Markt durchzusetzen.

Um die Systeme zu beschreiben, muß man sie zunächst aufgrund der charakteristischen Merkmale in einige Kategorien klassifizieren. Das führt zu einer Verteilung auf fünf Kategorien, die sich allerdings nicht eindeutig separieren lassen. Sie werden im folgenden ausführlicher beschrieben und mit Beispielen illustriert. Die Hauptmerkmale jeder Gruppe sind in folgender Liste zusammengestellt:

Zellen mit flüssigem, organischen Elektrolyten:

Festkörperkathode aus Einlagerungsverbindungen, Anode aus metallischem Lithium und flüssigem, organischen Elektrolyten.

Merkmale:

- Hohe spezifische Energiedichte
- Mittlere Entladungsströme
- Mögliche Sicherheitsprobleme (metallisches Lithium)
- Niedrige Lebensdauer
- Niedrige Selbstentladung

Beispiele: Li/MoS_2, Li/MnO_2, Li/TiS_2, $Li/NbSe_3$, Li/V_2O_5, $Li/LiCoO_2$, $Li/LiNiO_2$

Zellen mit festem Elektrolyten:

Festkörperkathode aus Einlagerungsverbindungen, Anode aus metallischem Lithium und Elektrolyt aus festem Polymer.

Merkmale:

Hohe spezifische Energiedichte

- Niedrige Leitfähigkeit des Elektrolyten (kleine Entladungsströme)
- Sicherere Konstruktion als bei flüssigem Elektrolyt
- Sehr schlechte Eigenschaften bei niedrigeren Temperaturen
- Niedrige Selbstentladung

Beispiel: $Li/PEO-LiClO_4/V_6O_{13}$

Lithium-Ionen-Zellen:

beide Elektroden aus Einlagerungsverbindungen und flüssigem oder festem Polymer-Elektrolyten.

Merkmale:

- Sicherer Aufbau
- Hohe Lebensdauer
- Relativ große Selbstentladung
- Mittlere Entladungsströme

Beispiele: $Li_xC/LiCoO_2$, $Li_xC/LiNiO_2$, $Li_xC/LiMn_2O_4$

Zellen mit anorganischem Elektrolyten:

flüssige Kathode, die gleichzeitig als Lösungsmittel des Elektrolyten dient.

Merkmale:

- Hohe spezifische Energiedichte
- Hohe Entladungsströme
- Sehr gute Lagerungsfähigkeit
- Widerstandsfähigkeit gegen Überladung
- Sicherheitsprobleme (sehr giftig)
- Kapazitätsverlust im Laufe des Lebens

Beispiele: Li/SO_2, $Li/CuCl_2$

Lithium-Legierungs-Zellen:

Anode aus Lithium-Legierung, flüssiger organischer Elektrolyt, verschiedene Kathoden.

Merkmale:

- Knopfzellenkonstruktion
- Mehr Sicherheit durch Lithium-Legierung
- Niedrige Energiedichte
- Kurze Lebensdauer (außer für geringere Entladungstiefe)

Beispiele: $LiAl/MnO_2$, $LiAl/V_2O_5$, $LiAl/C$, LiC/V_2O_5, $LiAl/Polymer$

10.2 Elektrochemie der einzelnen Systeme

10.2.1 Zellen mit flüssigem organischem Elektrolyten

Bei flüssigem organischem Elektrolyten wird die negative Elektrode aus metallischem Lithium und die positive aus Übergangsmetallen, die entweder Einbau- oder Einlagerungsmetalle sind, gefertigt. Im Gegensatz zu den bisher beschriebenen Zellen erfolgt die Ionenbindung auf den Elektroden hier nicht durch eine chemische Reaktion, sondern durch die physikalische Bindung in der Atom-Struktur der Elektrode. Die positive Elektrode hat die Fähigkeit, die Lithium-Ionen bei Entladung aufzunehmen und bei Ladung wieder freizugeben. Die Zellenreaktion verläuft nach folgendem Schema:

$$xLi + M_zB_y \Longleftrightarrow Li_xM_zB_y$$

wobei M_zB_y für das Übergangsmetall steht.

Die Entladung der Zelle verläuft folgendermaßen: Die Lithium-Ionen, die sich von der negativen Lithiumelektrode ablösen, migrieren durch den Elektrolyten und bauen sich anschließend in die Kristallstruktur der positiven Elektrode ein. Die Umkehrbarkeit dieses Effektes ist jedoch in der Praxis alles andere als perfekt. Trotzdem besitzt dieser Typ die größte Energiedichte von allen Lithium-Systemen und eine sehr kleine Selbstentladungsrate (ca.1% pro Monat bei Raumtemperatur). Der bis zu fünffache Überschuß der zur Reaktion notwendigen Menge von reinem Lithium (was die Verlängerung der Lebensdauer absichern soll) in Verbindung mit der meist leicht entzündbaren Elektrolytflüssigkeit führt zu einer ernsten Gefahr im Falle der Beschädigung der Zelle. Außerdem bildet Lithium eine poröse Struktur (sehr reaktiv) mit einer Neigung zur Dendritenbildung, was zu Kurzschlüssen der Platten führt.

10.2.2 Festelektrolytzellen

Einer der Auswege in Richtung auf eine Verringerung der Gefährlichkeit der oben beschriebenen Zelle war das Ersetzen des flüssigen Elektrolyten durch einen ionenleitenden Festkörper. Dies wurde ermöglicht durch die Entdeckung einer neuen Klasse von elektrischen Leitern, den sog. „fast ion conductors" (oder auch feste Elektrolyten genannt); hierzu zählen z.B. ($-Al_2O_3$ oder Li_3N. Sie leiten die Ionen der alkalischen Metalle bis 10^{-4} S/cm, was wesentlich niedriger ist als im Falle der flüssigen Elektrolyten, sich aber durch die Schichtstärke kompensieren läßt; es ist nämlich möglich, Festelektrolytschichten einer Stärke von ca. 100 µm ohne technologischen Aufwand zu produzieren und zwischen die Elektroden einzupressen. Das Polymer fungiert gleichzeitig als Elektrolyt und Separator. Die Zelle bildet eine flache, mehrschichtige Struktur und ist in beliebiger Form herstellbar. Das Konstruktionsprinzip einer solchen Zelle wird auf der *Abb. 10.1* erläutert.

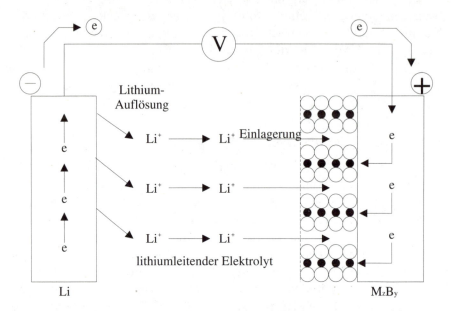

Abb. 10.1 Entladungsprinzip einer Zelle mit füssigem, organischem Elektrolyt (Li/M_zB_y)

Die metallische Lithiumanode aus ca. 50 µm starker Folie wird durch die Elektrolytschicht mit einer Stärke von ebenfalls ca. 50 µm von der Anode getrennt. Das Kathodenmaterial wird als Komposit aus Übergangsmetalloxiden oder Chalkogeniden wie V_2O_5, TiS_2 oder V_6O_{13} und Kohle gefertigt. Die Ni-Folie (ca. 10 µm Stärke) dient als Stromkollektor. Die gesamte Zellenstärke liegt typischerweise bei 200 µm. Die ersten Konstruktionen (und alternative Typen) hatten noch bei höheren Temperaturen gearbeitet, wo die Leitfähigkeit des Elektrolyten höher wird.

Die Zellenreaktion ist analog zu der bei den Zellen mit flüssigem organischen Elektrolyten:

$xLi + M_zB_y \rightarrow Li_xM_zB_y$

bei der Entladung und umgekehrt beim Laden. Das Lithium wird nach dem Passieren des Elektrolyten in die Struktur der Kathode eingelagert und bei der Entladung wieder freigesetzt.

Das größte Problem beim Betrieb dieser Systeme wurde ursprünglich durch die physikalische Natur des Kontaktes zwischen zwei Festkörpern verursacht: Die Kontaktoberflächen erfahren während der Batteriearbeit, besonders bei der Wiederaufladung, eine volumetrische Veränderung, was zur Verringerung der Kontaktfläche führt. Dies setzt wiederum die Stromdichte herab und führt schließlich dazu, daß eine Wiederaufladung unmöglich wird.

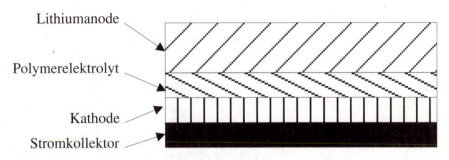

Abb. 10.2 Aufbau einer Zelle mit festem Elektrolyt

Der Ausweg aus diesem Dilemma wurde Ende der siebziger Jahre gefunden, und zwar mit der Entdeckung der Festpolymer-Elektrolyten: Deren elektrische Leitfähigkeit bleibt ähnlich wie die der festen Elektrolyten, aber obwohl sie Festkörper sind, verhalten sie sich wie sehr zähe Flüssigkeiten: Sie verformen sich entsprechend der Oberflächenveränderungen infolge eines als „mikroskopischer Polymerfluß" bezeichneten Effektes, dessen Einzelheiten uns hier nicht weiter beschäftigen sollen.

Die Batterien, die auf dieser Technologie basieren, werden in der Literatur oft als Polymer-Elektrolyt-Zellen bezeichnet. Theoretisch hat dieses System ähnliche Energiedichten wie die Lithiumsysteme mit flüssigem Elektrolyten, praktisch aber beinhaltet die dünnschichtige Konstruktion prozentual mehr Konstruktionsmaterial, was die im praktischen Betrieb erreichbare Energiedichte verringert. Im Laufe der Zeit sinkt die Kapazität der Zelle drastisch ab, höchstwahrscheinlich als Folge von Veränderungen der Eigenschaften der Grenzschicht zwischen Lithium und Polymer. Eines der größten Probleme der Lithium-Polymerelektrolyt-Systeme ist der hohe Widerstand dieser Grenzschicht. Dieser Widerstand wächst im Laufe der Zeit an und kann bis zu 10 kΩ/cm^2 betragen. Er entsteht durch die Reaktionen zwischen dem Lithium und den Verunreinigungen oder den anorganischen Komponenten des Elektrolyten. Eine der möglichen Gegenmaßnahmen ist die Vergrößerung der aktiven Fläche des Elektrolyten, was wiederum die Wahrscheinlichkeit für die Ausbildung von Lithiumdendriten erhöht, die den Separator durchdringen und interne Kurzschlüsse hervorrufen.

Die Schicht-Konstruktion der Zelle bietet aber sehr gute Möglichkeiten für eine automatische Fertigung in allen notwendigen Größen und Formen, besonders als Dünnschicht-Batterien für Smart-Cards und ähnliche Anwendungen. Da diese Batterien zur Zeit noch nicht auf dem Markt verbreitet sind, basieren die bisher erhältlichen Angaben lediglich auf den Ergebnissen von Laborprototypen.

Die *Abb. 10.3* zeigt den Ladeprozeß einer auf Polyethylenoxid basierenden Zelle.

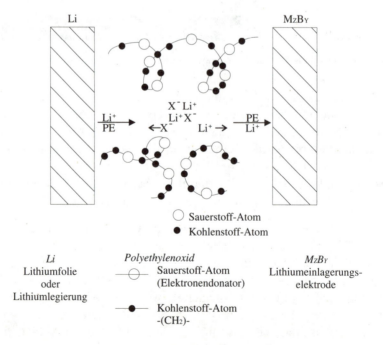

Abb. 10.3 Ladeprinzip einer auf Polyäthylenoxid basierenden Zelle

10.2.3 Lithium-Ionen-Zellen

Die Lithium-Ionen-Zelle ist eigentlich als Kompromiß zwischen den Faktoren Sicherheit und stabile Eigenschaften und den Vorteilen der auf Lithium basierenden Konstruktion zu sehen. Die Zelle hat eine viel niedrigere Energiedichte als die Zellen, die metallisches Lithium verwenden, zeichnet sich aber durch erheblich größere Sicherheit, Stabilität der Parameter und lange Lebensdauer aus. Zwar gibt es bisher noch keine einzige technisch ausgereifte Lösung auf der Basis dieses Konstruktionsprinzips, doch dauert der Forschungs- und Entwicklungsprozeß dennoch an, und es steht zu erwarten, daß dieser Batterietyp sich auf dem Markt durchsetzen wird.

Erklären wir zuerst den Begriff „Ion" in der Typenbezeichnung der Zelle: Die Ladungs- und Entladungsprozesse verlaufen unter Einlagerung der Lithium-Ionen in die Struktur der Elektroden und gehen nicht mit einer Beschichtung von dessen Oberflächen durch metallisches Lithium einher. Die Elektrode muß als dreidimensionales Gebilde angesehen werden. Sie nimmt die Lithium-Ionen auf. Das bedeutet, daß das Lithium in seiner metallischen Form nicht in der Zelle präsent ist – was die Nachteile der auf Lithium basierenden Konstruktion eliminiert. Die *Abb. 10.4* illustriert den Reaktionsmechanismus der Zelle.

Die Laborerfahrung zeigte, daß die am besten geeigneten Materialien für die negative Elektrode auf Kohlenstoff basieren (Petrolkoks und Graphit). Die positive Elektrode wird aus im Lithium eingelagerten Metalloxid-Legierungen gefertigt. Zuerst wurde $LiCoO_2$ wegen seiner einfachen Herstellung eingesetzt. Die anderen aus elektrochemischen Gründen attraktiven Materialien sind $LiNiO_2$ und $LiMn_2O_4$. $LiNiO_2$ ist stabiler und billiger als $LiCoO_2$ und hat auch eine geringere Selbstentladungsrate. Die Zukunft gehört jedoch höchstwahrscheinlich den Mn-Legierungen als den preiswertesten und umweltschonendsten (nicht giftig).

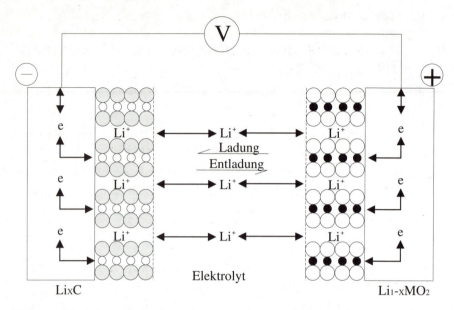

Abb. 10.4 Funktionsprinzip einer Einlagerungselektrode

Zu den verwendeten Elektrolyttypen zählen flüssige organische Elektrolyte und feste Polymere, und Experimente mit auf SO_2 basierenden Elektrolyten wurden ebenfalls gemeldet.

Eine beispielhafte Zellenreaktion verläuft nach dem Schema:

$$LiMO_2 + C \Longleftrightarrow Li_xC + Li_{1-x}MO_2 \; ,$$

wobei die Teilreaktionen bei der Entladung wie folgt aussehen:

Positive Platte: $\quad LiMO_2 \Rightarrow Li_{1-x}MO_2 + xLi^+ + xe$

Negative Platte: $\quad C + xLi^+ + xe \Rightarrow Li_xC$

Bei der Ladung verlaufen die Reaktionen natürlich umgekehrt. Das M steht hier allgemein für ein Metall, und $LiMO_2$ bedeutet eine lithiumbeschichtete Metalloxid-Einlagerungsverbindung.

Der Ladungs- und Entladungsprozeß der Batterie läßt sich als Einlagerungs- bzw. Auslagerungsvorgang von Lithium-Ionen an der dreidimensionalen Speicherstruktur der Elektroden verstehen. Die *Abb. 10.4* soll dies illustrieren.

10.2 Elektrochemie der einzelnen Systeme

Während die Struktur der Elektrode mit den Lithium-Ionen „verstopft" wird, wächst auch das Zellenpotential. Der Anteil des Lithiums in Verbindungen wird als Variable x bezeichnet: $Li_{1-x}NiO_2$. Typische Werte von x liegen zwischen 0 und 0,5, in manchen Fällen sogar zwischen 0 und 0,8. Außer der großen Lithiumaufnahmefähigkeit muß das Material der negativen Elektroden auch ein hohes Potential aufweisen, um eine Zellenspannung zu erreichen, die vergleichbar mit der der metallischen Lithium-Zelle ist. Versuche haben gezeigt, daß von den verschiedenen möglichen Materialien diejenigen am besten geeignet sind, die auf Kohlenstoff basieren.

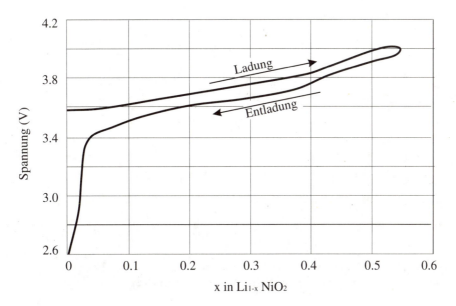

Abb. 10.5 Beispiel für den ersten Arbeitszyklus der $Li/Li_{1-x}NiO_2$ -Zelle

Die dynamischen Eigenschaften der Zelle sind, wie bereits früher erläutert, direkt abhängig von den kinetischen Eigenschaften der ladungstransportierenden Ionen. Außer der Diffusionsgeschwindigkeit der Ionen im Elektrolyten spielt hierbei ein zweiter physikalischer Faktor eine Rolle, nämlich die Diffusionsgeschwindigkeit der Ionen ins Innere der Elektrode.

Dieser Faktor beschränkt zusätzlich die Stromaufnahme- bzw. Stromabgabefähigkeit der Lithium-Ionen-Zelle. Die unkontrollierte Ladung und Entladung der Zelle führt zur Beschichtung der Elektrodenfläche mit metallischem Lithium oder zur Zerlegung des Elektrolyten. In den Zellen mit metallischem Lithium entwickelt das Lithium eine Passivierungsschicht an der Grenzfläche zum Elektrolyten, was den Selbstentladungsprozeß verhindert. Diese Zellen erreichen so eine Selbstentladerate von 1% pro Monat. Eine solche Schicht bildet sich in den Lithium-Ionen-Zellen nicht aus, was die Rate auf ca. 10% pro Monat erhöht. Dieser Wert liegt allerdings noch immer erheblich besser als der bei den konventionellen Zellen auf Ni-Basis (ca. 15 – 30% pro Monat).

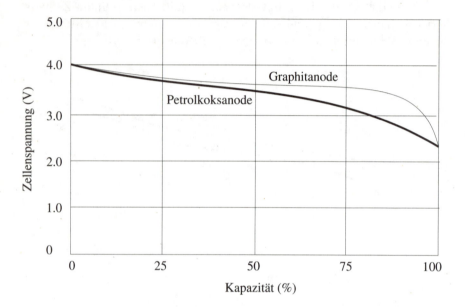

Abb. 10.6 Zwei Typen von Charakteristiken der C/LiCoO$_2$ Li-Ion-Zelle in Abhängigkeit vom Anodenmaterial (Graphit oder Petrolkoks)

Der Selbstentladungsprozeß einer Lithium-Ionen-Zelle, die auf größere Spannung aufgeladen wurde, verläuft teilweise lokal – ohne den Transfer der Ladung zwischen den Elektroden:

$$Li_{1-x} MO_2 + yLi^+ + ye^- \rightarrow Li_{1-x} + yMO_2 \,.$$

Man bezeichnet diesen Ablauf als lokale Redox-Reaktion. Sie wird durch die Zerlegung des Elektrolyten verursacht. Ein Ersatz des Lithium-Metalls durch die Einbau-Materialien verursacht einen erheblichen Verlust an erreichbarer Energiedichte des Systems bezüglich des theoretisch möglichen Wertes: ca. 370 mAh/g im Vergleich zu ca. 3900 mAh/g für das metallische Lithium-System. In der Praxis jedoch beinhalten die metallischen Lithium-Systeme einen großen Überschuß an Lithium, was die Energiedichte

10.2 Elektrochemie der einzelnen Systeme

deutlich verringert. Trotz all dieser Faktoren liegt die gravimetrische Energiedichte der Lithium-Ion-Batterie ca. 40 – 50% höher und die volumetrische Energiedichte ca. 10 – 20% höher als die der auf Nickel basierenden Systeme.

Die Batterien weisen zwei Typen von Entladecharakteristiken auf, die vom Material der negativen Elektrode abhängig sind: Auf Petrolkoks basierende Elektroden zeigen eine monoton abfallende Kurve, wogegen die auf Graphit basierenden Elektroden eine Charakteristik aufweisen, die der der klassischen NiCd-Batterie sehr ähnlich ist.

10.2.4 Zellen mit anorganischem Elektrolyt

Die Zelle verwendet einen auf SO_2 oder $CuCl_2$ basierenden Elektrolyten, was eine höhere Mobilität der Ionen mit sich bringt und damit auch höhere Lade- und Entladeströme. Sie verfügt über die für die Lithium-Systeme charakteristische niedrige Selbstentladungsrate und höhere Kapazität. Die Hauptnachteile sind die mangelnde Sicherheit des Systems und die Verringerung der Kapazität bei niedrigeren Temperaturen.

Dieses System wurde einige Zeit lang wegen der aufgelisteten Vorteile untersucht, letztentlich jedoch erwies sich die Gefährlichkeit der verwendeten Baustoffe als zu groß, um es bis zur Produktionsreife zu entwickeln. Wir stellen dieses System dennoch hier kurz vor, um die Informationen über die Lithium-Systeme zu vervollständigen. Die am häufigsten verwendeten Zellenmaterialien sind $LiAlCl_4$ als Elektrolytsalz, metallisches Lithium für die negative Elektrode und Kohle oder $CuCl_2$ für die positive Elektrode. Die Zellenreaktion bei der Entladung verläuft wie folgt:

$$3Li + LiAlCl_4\; 3SO_2 + xC \rightarrow LiClAl3OSO\text{-}C_x + 3LiCl$$

Die Zelle kann eine gewisse Überladung verkraften, was dank des folgenden Mechanismus möglich ist:

Bei der Überladung wird ein Überschuß an Lithium auf der Anode abgelagert, auf der Kathode wird in der gleichen Zeit $AlCl_4$ unter Freisetzung von Cl aufgespalten. Dieses reagiert anschließend mit dem Lithium und bildet LiCl. Diese Verbindung rekombiniert wiederum mit $AlCl_3$ und regeneriert den Elektrolyten.

Die Zelle darf auf keinen Fall unter 2,9 V entladen werden – unterhalb dieser Spannung wird die positive Elektrode durch die Reduktionsprodukte des SO_2 unumkehrbar passiviert.

10.3 Charakteristiken ausgewählter Lithium-Ion-Systeme

10.3.1 Kohlenstoff/Lithium-Kobaltoxid-Zelle

Die positive Elektrode aus $LiCoO_2$ wird auf eine dünne Al-Folie (den Stromkollektor) aufgetragen. In manchen Technologien wird das $LiCoO_2$ mit anderen Metallen, wie z.B. Al, In oder Sn dotiert. Als Stromkollektor der negativen Elektrode wird eine Kupferfolie verwendet. Das aktive Material – Petrolkoks oder graphitisierte Kohle – wird darauf aufgetragen. Als Elektrolyt wird ein organisches Lösungsmittel mit darin gelöstem Elektrolytsalz (z.B. $LiPF_6$ oder $LiBF_4$) eingesetzt. Die Elektroden sind mit dem Polypylen-Separator zusammengerollt. Der Behälter beinhaltet ein Sicherheitsventil und in manchen Ausführungen auch ein Regelungselement

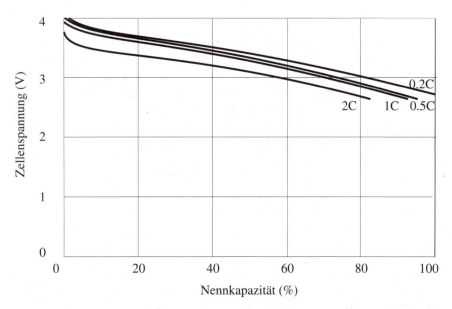

Abb. 10.7 Entladecharakteristik der $C/LiCoO_2$-Zelle bei verschiedenen Lasten (eine nichtgraphitisierte Anode)

10.3 Charakteristiken ausgewählter Lithium-Ion-Systeme

mit positivem Temperaturkoeffizienten, um die Batterie gegen zu große Ströme abzusichern. Detaillierte Konstruktionsmerkmale der oben beschriebenen Batterie (Sony, Typ 18650) sind in folgender Liste zusammengestellt. Die *Abb. 10.7 und 10.8* zeigen die Entladecharakteristiken dieser Zelle.

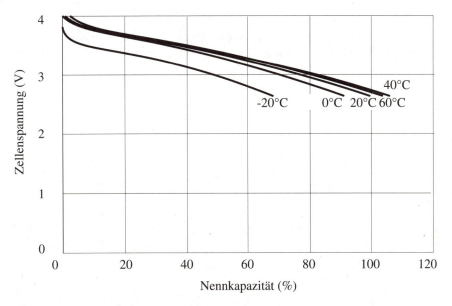

Abb. 10.8 Abhängigkeit der Zellenspannung der $C/LiCoO_2$ Zelle (eine nichtgraphitisierte Anode) von der Temperatur

Konstruktionsdaten einer typischen $C/LiCoO_2$-Zelle

Aktive Materialien:

Anode:	nichtgraphitisierte Kohle (Schichtstärke 0,20 mm)
Kathode:	$LiCoO_2$ (Schichtstärke 0,18 mm)

Stromkollektoren :

Anode:	Cu-Folie, Stärke 25 µm
Kathode:	Al-Folie, Stärke 25 µm
Separator:	Celgard, Stärke 25 µm
Elektrolyt:	flüssig, organisch

Gehäuse: Ni-beschichteter Stahl

Sicherheitsventil: Al-Ventil im Deckel

Verschlußmethode: Quetschen

Die Spannung schwankt während des Arbeitszyklus zwischen 4 und 2,7 V. Die Batterie kann sowohl mit einem Dauerentladestrom bis zu 2C als auch mit einem Pulsstrom von 5–6C arbeiten. Sie darf auf keinen Fall überladen werden, weil die dadurch verursachte Korrosion des Stromkollektors Kurzschlüsse hervorruft. Die Batterie kann auch andere Entladecharakteristiken aufweisen, wenn als Anodenmaterial Graphit verwendet wird. Diesen Fall zeigt die *Abb. 10.9*.

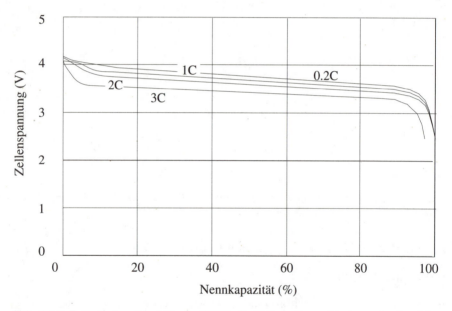

Abb. 10.9 Entladecharakteristik der C/LiCoO$_2$-Zelle bei verschiedenen Lasten (eine Graphit-Anode)

Die Selbstentladungsrate beträgt 10% der Nominalkapazität pro Monat bei 20°C. Die Batterie ist schnelladefähig (1–2 Stunden) mit Lade-Endspannungskontrolle (max. 4,2 V). Bei Überschreiten dieses Wertes ist mit der Zerlegung des Elektrolyten und der Beschichtung der Kohlenoberfläche mit dem metallischen Lithium zu rechnen. Batterien dieses Systems wurden auf Hochpulsfähigkeit getestet – ohne sichtbaren Einfluß auf die Eigenschaften.

10.3 Charakteristiken ausgewählter Lithium-Ion-Systeme

Die empfohlene Aufladungstemperatur liegt zwischen 0 und 45°C, die Zyklenfestigkeit bei 500 mit etwa 25% Verlust gegenüber der Nominalkapazität. Die mittlere Arbeitsspannung beträgt 3,7V. Erhältlich sind diese Batterien sowohl in zylindrischer als auch in prismatischer Ausführung von mehreren Herstellern wie Sony Corp., Sanyo Energy Corp., Yardney etc.

10.3.2 Kohlenstoff/Lithium-Nickeloxid-Zelle

Wie bereits erwähnt, stellt Lithium-Nickeloxid ein alternatives Material für die positive Elektrode dar. $LiNiO_2$ hat eine niedrigere Selbstentladung (1–3% pro Monat), und die auf dem Markt erhältlichen zylindrischen und knopfförmigen Zellen weisen die für den Petrolkoks typischen Charakteristiken auf.

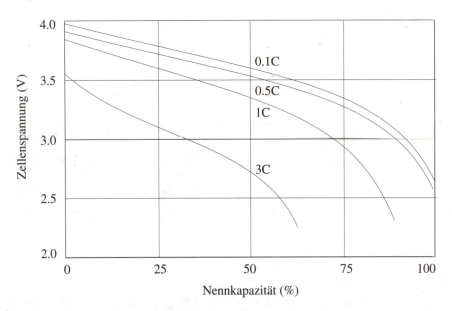

Abb. 10.10 Entladecharakteristik einer Petrolkoks/$LiNiO_2$-Zelle (bei 25°C, Ladung bis 4V)

Konstruktionsdaten einer typischen C/$LiNiO_2$-Zelle

Aktive Materialien:

Anode: nichtgraphitisierte Kohle (Schichtstärke 0,20 mm)

Kathode: $LiNiO_2$ (Schichtstärke 0,18 mm)

Stromkollektoren:

Anode:	Cu-Folie, Stärke 25 µm
Kathode:	Al-Folie, Stärke 25 µm
Separator:	Celgard, Stärke 25 µm
Elektrolyt:	Flüssig, organisch
Gehäuse:	Ni-beschichteter Stahl
Sicherheitsventil:	Al-Ventil im Deckel
Verschlußmethode:	Quetschen

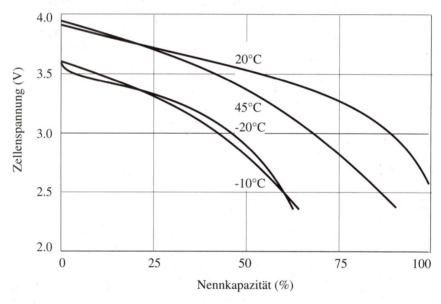

Abb. 10.11 Selbstentladecharakteristik einer C/LiMn$_2$O$_4$-Zelle, bei 25°C (flüssiger Elektrolyt)

10.3.3 Kohlenstoff/Lithium-Manganoxid-Zelle mit flüssigem Polymerelektrolyten

Das LiMn$_2$O$_4$ ist umweltneutral und billig in der Herstellung. Es ist charakterisiert durch höhere Spannung und niedrigere spezifische Kapazität als die vorher beschriebenen Systeme. Die Selbstentladung verhält sich

10.3 Charakteristiken ausgewählter Lithium-Ion-Systeme

ähnlich wie bei den $LiCoO_2$-Systemen; sie beträgt ca. 9% pro Monat und wird hauptsächlich durch die lokale Redoxreaktion verursacht. Die Zelle verträgt Dauerentladung mit einem Strom von 2C. Da die Haupteinschränkung für den Strom durch die Diffusionspolarisation verursacht wird, ist die Batterie in der Lage, viel größere Impulsströme zu verkraften, was sie zusammen mit den niedrigen Kosten und den Umweltvorteilen für die Anwendung in Elektrokraftfahrzeugen interessant macht.

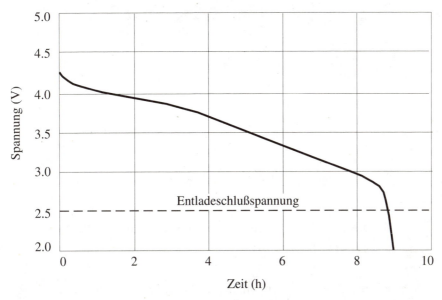

Abb. 10.12 Entladecharakteristik einer $LiMn_2O_4$-Zelle mit flüssigem Elektrolyt (25°C, C/2 Entladerate)

Dieses System befindet sich in intensiver Entwicklung, und in Kürze sind Zellen mit Kapazitäten von ca. 60 Ah auf dem Markt zu erwarten. Eine für dieses System typische Entladecharakteristik zeigt *Abb. 10.12*.

Konstruktionsdaten einer typischen C/ $LiMn_2O_4$-Zelle

Aktive Materialien:

Anode:	91% Petrolkoks, 4% Ruß und 5% PVDF (Polyvinyl-Fluorid) Binder
Kathode:	85% $LiMn_2O_4$, 10% Ruß, 5% PVDF
Separator:	Celgard, Stärke 25 µm

Elektrolyt: flüssig, organisch (LiPF$_6$-Lösung in einer Mischung aus Äthylen-Carbonat und Dimethyl-Carbonat), stabil gegen Li bei 20°C bis 4,9 V

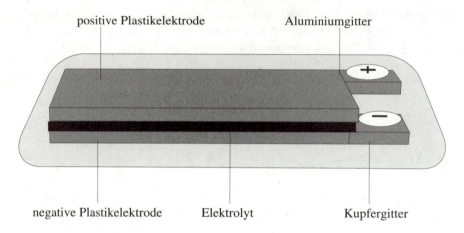

Abb. 10.13 Konstruktion der Li-Ion-Zelle mit festem Polymerelektrolyt

10.3.4 Kohlenstoff/Lithium-Manganoxid-Zelle mit festem Polymerelektrolyten

Eine Neuentwicklung im Bereich der Lithium-Ionen-Technologie ist die Zelle mit festem Polymerelektrolyten. Die Zelle ist seit einiger Zeit auf dem Markt angesagt, allerdings zögern die auf diesem Gebiet führenden Firmen noch mit der Auslieferung, was immer das zu bedeuten hat.

Der genaue Aufbau der Zelle ist noch Firmengeheimnis, aufgrund der früher bekannten Experimentalsysteme (z.B. der Firma Bellcore) kann man jedoch einen theoretischen Aufbau einer solchen Zelle beschreiben. Sie besteht aus mindestens fünf Schichten, enthalten in einem mit Aluminium metallisierten Kunststoffbeutel. Die obere und untere Schicht stellen die Stromkollektoren aus Metallwolle (Cu für die Kohlenschicht und Al für die positive LiMn$_2$O$_4$-Elektrode) dar. Eine Schicht aus festem Polymerelektrolyten trennt die Elektroden. Die Klemmen sind als Kontaktflächen auf einer Seite des Gehäuse-Beutels gefertigt, die ganze Konstruktion ist weich und flexibel. Die in den Marketingunterlagen angegebene Energiedichte beträgt 125 Wh/kg und 250 Wh/l, die mittlere Arbeitsspannung beträgt 3,5 V bei

10.3 Charakteristiken ausgewählter Lithium-Ion-Systeme

Grenzspannungen von 2,5 und 4,5 V. Die Batterie verträgt 1C Ladestrom, 2C Dauerentladestrom und 3C Impulsentladung.

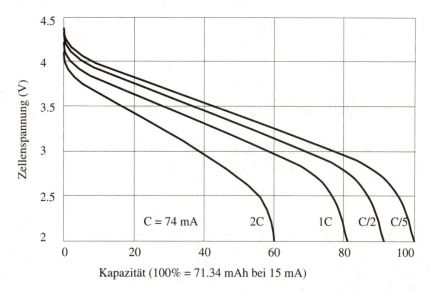

Abb. 10.14 Entladecharakteristiken der $LiMn_2O_4$-Zelle (Li-Ion mit festem Polymerelektrolyt)

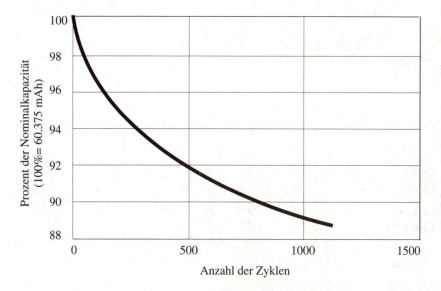

Abb. 10.15 Zyklenfestigkeit der $LiMn_2O_4$-Zelle (Li-Ion mit festem Polymerelektrolyt)

Die Arbeitstemperatur liegt zwischen -20°C und +60°C, bei etwa 10% Selbstentladung im Monat (bei 20°C). Die angegebene Lebensdauer beträgt 1000 Zyklen bei 10% Kapazitätsverlust. Die Batterie kann sowohl in sehr dünner (ca. 0,5 mm) als auch in normaler prismatischer Form gefertigt werden. Die *Abb. 10.13 bis 10.15* demonstrieren den Batterieaufbau und die elektrischen Charakteristiken dieser Zelle.

10.4 Zusammenstellung der Lithium-Systeme

Tabelle 10.1 Eigenschaften der ausgewählten Lithium-Systeme

System	Mittl. Spann.	Größe	Kapazität	Energiedichte		Selbstentlad.	Zyklenfestigkeit
			mAh	Wh/kg	Wh/l	%/Monat	
	Flüssiger organischer Elektrolyt						
Li/MoS$_2$	1,75	AA	600	50	135	1–2	200
Li/MnO$_2$	2,8	AA	750	120	265	1	200
Li/TiS$_2$	2.1	AA	900	95	235	1–2	250
Li/NbSe$_3$	1,95	AA	1100	100	270	1	250
Li/LiCoO$_2$	3,8	AA	500	95	235	–	50
	Fester Polymer-Elektrolyt (FPE)						
Li/FPE/-V$_6$O$_{13}$	–	–	–	200	385	–	–
	Lithium-Ionen						
Li$_x$C/LiCoO$_2$	3,7	AA	400	80	190	10	>500
Li$_x$C/LiNiO$_2$	3,6	AA	330	60	155	3	>500
Li$_x$C/-LiMn$_2$O$_4$	3,7	AA	350	70	165	–	>200

10.4 Zusammenstellung der Lithium-Systeme

System	Mittl. Spann.	Größe	Kapazität mAh	Energiedichte Wh/kg	Energiedichte Wh/l	Selbstentlad. %/Monat	Zyklenfestigkeit
	Flüssiger anorganischer Elektrolyt						
Li/SO$_2$	3,0	AA	500	75	200	0,1	>50
Li/CuCl$_2$	3,2	AA	500	75	220	0,1	>100
	Legierung						
LiAl/MnO$_2$	2,5	2430	70	45	120	0,4	>200
LiC/V$_2$O$_5$	2,7	2430	50	30	93	0,1	200
LiAl/V$_2$O$_5$	1,8	2320	2,8	30	100	0,2	>200

11 Zusammenfassung der Eigenschaften der beschriebenen Batteriesysteme

Bei der Auswahl eines Batterietyps muß eine Reihe von Faktoren berücksichtigt werden, die sowohl technischer als auch wirtschaftlicher Natur sind. Aus Anwendersicht ist das wichtigste Kriterium das Produkt aus dem Batteriepreis und der Lebensdauer. Ein Entwickler muß zusätzlich noch Arbeitsspannungsbereich, Arbeitstemperatur und besondere Arbeitsbedingungen wie Belastungsstrom, Impulsbelastung oder Schnelladefähigkeit berücksichtigen. Für tragbare Geräte kann weiterhin noch die Energiedichte, die das Gewicht der Batterie bestimmt, eine wichtige Rolle spielen.

Die folgende Tabelle und die Abbildungen erlauben einen schnellen Vergleich der wichtigsten Parameter der zuvor beschriebenen, geschlossenen Systeme.

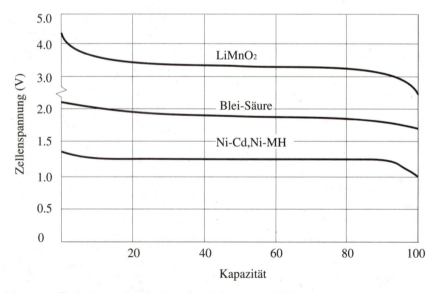

Abb. 11.1 Entladecharakteristiken der diskutierten Systeme

Tabelle 11.1 Vergleich der Parameter der besprochenen Systeme

System	Blei-Säure	NiCd	NiMH	Li-Ion
Batterietyp	geschlos.	geschlos.	geschlos.	geschlos.
Anode	Pb	Cd	MH	Li_xC_6
Kathode	PbO_2	NiOOH	NiOOH	$LiCoO_2$* ($LiMn_2O_4$)
Nom.Zellenspannung	2,0	1,2	1,2	3,7 (3,5)
Elektrolyt	Flüssig, anorgan.	Flüssig, anorgan.	Flüssig, anorgan.	Flüssig (Fest) organisch
Arbeitsbereich [V]	2,0-1,6	1,25-1,0	1,25-1,0	4,1-2,7
Grenzwert der Entladeschlußspannung [V]	1,6	0,8	0,9	2,5
Max. Entl.strom [C]	10	20	2–3	2(3)
Arbeitstemperat.[°C]	-40+55	-40+70	-20+50	-20+60
Energiedichte				
-gravim. Wh/kg	30(40)	40(60)	50	100(125)
-volum. Wh/l	90(100)	105(110)	175	260(250)
Selbstentladung, Max bei 20°C, %NK/Monat	8	15	25	10
Brauchbarkeit/Jahre	4-8	4-15	KA	KA
Zyklenfestigkeit bei 100% Entladetiefe	200-300	300-700	300-600	500 (1000)
Impulsverhalten	++	++	KA	+
Nennentladerate[C]	0,1-0,05	0,2	0,2	0,2

* nichtgraphitisierte Kohle

Die *Tabelle 11.1* präsentiert eine Zusammenstellung der Parameter der vorher beschriebenen Systeme. Im Lithium-Bereich haben wir nur die Li-Ion-Technologie ausgewählt und daraus wiederum zwei Systeme selektiert, die zur Zeit die größte Zukunft zu haben scheinen. Eines davon – dasjenige mit füssigem Elektrolyt – befindet sich auf dem Markt und wird von einigen Herstellern angeboten. Das zweite wurde bereits angekündigt und sollte in Kürze auf dem Markt erscheinen.

Die in Klamern angegebenen Werte für die Energiedichte von Pb-Säure- und NiCd-Systemen beziehen sich auf die erwarteten Werte einiger derzeit laufender Entwicklungsprogramme. Die aus diesen Programmen hervorgehenden Batterien werden oftmals nur für wenige bestimmte Zwecke verwendbar sein, z.B. als Batterien für Elektrofahrzeuge.

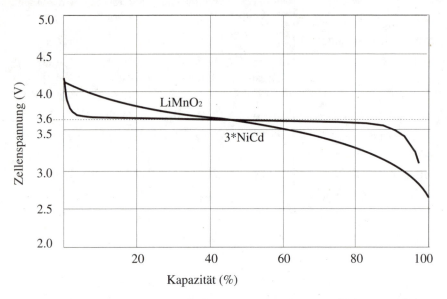

Abb. 11.2 Gegenüberstellung der Entladecharakteristiken einer Li-Ion-3,6V-Zelle und einer idealisierten Batterie von 3 NiCd-Zellen

Abb. 11.1 vergleicht die Entladecharakteristiken der einzelnen Zellen unter nominaler Belastung.

Die zweite Graphik – *Abb. 11.2* – faßt den Verlauf der Entladekurven einer einzelnen Li-Ion-Zelle und einer Batterie aus drei Zellen auf Nickel-Basis zusammen (NiMH und NiCd haben praktisch gleiche Charakteristiken). Die Spannung des Packs (aus den zusammengestellten Zellen) wurde hier idealisiert. In der Wirklichkeit verändern die einzelnen Zellen im Pack ihre Parameter im Laufe des Batterielebens ungleichmäßig, was zu den charakteristischen „Treppen" auf der Spannung/Zeit-Kurve führt. Dieser Effekt erscheint uns aber unwesentlich für den hier illustrierten Vergleich.

Die Gegenüberstellung zeigt, daß die Systeme nicht kompatibel sind, obwohl in manchen Anwedungen eine Lösung denkbar wäre, wo das Li-Ion/Mn-System mit dem Batteriesystem auf Ni-Basis vertauschbar wird.

Da die Kosten der Zelle nicht gerade vernachlässigbar gering sind, müssen sie hier ebenfalls mit in Betracht gezogen werden. Die mit Abstand billigste Batterie ist die Blei-Säure-Batterie aus der SLI-Gruppe – also die Autobatterie. Das läßt sich durch die sehr einfache Herstellungstechnologie, die weite Verbreitung der Ausgangsmaterialien und die sehr breite Herstellerbasis erklären. Um ein Mehrfaches teurer sind da schon die Blei-Säure-Batterien aus anderen Gruppen wie z.B. die Traktionsbatterien (Industrie-Fahrzeug-Antrieb) oder die kleinen geschlossenen Batterien für portable Geräte.

Die zweitbilligste Lösung ist das NiCd-System. Das mit Abstand teuerste System ist heute die Lithium-Batterie, die noch immer als Halbexperimental-System betrachtet werden muß.

Es laufen aber bereits Programme mit dem Ziel einer Kostensenkung bei vielversprechenden und bereits stabilen Systemen wie der NiMH-Batterie, deren Kosten nur deshalb höher liegen als z.B. die der NiCd-Systeme, weil sie in kleineren Stückzahlen hergestellt werden. Angesichts der sinkenden Kosten und der Vorteile des Li-Ion-Systems stellt sich die Frage, ob das NiMH-System noch die Chance auf ein größeres Produktionsniveau erhält.

Die *Abb. 11.3* demonstriert die Belastbarkeit der Systeme unter Vergleich.

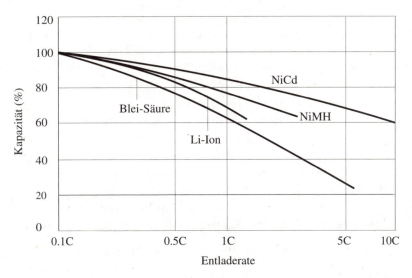

Abb. 11.3 Belastbarkeit der diskutierten Systeme

12 Ladetechniken

12.1 Ladeprozeß

Rein physikalisch bedeutet die Ladung einer Batterie nichts anderes als die Rückführung der bei den Arbeitszyklen entstehenden Zellenreaktionsprodukte in ihre hochenergetischen Zustände durch Energiezufuhr aus einer externen Quelle.

Die Brauchbarkeit und Kapazität einer sekundären Batterie sind weitgehend abhängig von einem effektiven Aufladeprozeß. Es gelten dabei drei generelle Anforderungen für alle Batteriesysteme:

- Die Batterie muß vollständig aufgeladen werden
- Die Überladung soll maximal eingeschränkt werden.

Der Ladeprozeß verläuft unter Phasenumwandlung einzelner Reaktionsteilnehmer und Transport von Masse zwischen den Elektroden. Das Aktivmaterial wird also auf den Elektroden neu formiert, und zwar nicht unbedingt in der gleichen physikalischen Form wie vor der Entladung (Z.B. tendiert in Blei-Säure-Zellen das Elektrodenmaterial, das aus der Lösung zurückgewonnen wird, zur Ausbildung großer Kristalle. Die ganze Kunst der Blei-Batterie-Technologie liegt aber gerade darin, die Kristallgebilde in den Elektroden möglichst klein zu halten!). Bei einem Ladeprozeß müssen also gewisse Regeln befolgt werden, die die physikalischen Prozesse wie Diffusion oder Kristallisation und die Temperatur berücksichtigen. Die Nichteinhaltung dieser Regeln führt im besten Fall zur Verkürzung der Lebensdauer der Batterie, im kritischen Fall kann die Batterie unbrauchbar werden.

In allgemeinen wird der Ladeprozeß durch drei Parameter bestimmt:

- Ladestrom
- Ladespannung
- Temperatur der Zelle.

Alle Lademethoden basieren auf der Variation dieser Parameter.

12.1 Ladeprozeß

Die Effektivität des Ladeprozesses soll an die Effektivität des Batteriesystems angepaßt werden. Diese wird, wie bereits beschrieben, durch den sogenannten Wirkungsgrad gemessen. Man unterscheidet den Strom-Wirkungsgrad, auch als „Ah-Wirkungsgrad" bezeichnet:

η_{Ah} = Entnehmbare Ladung/Zugeführte Ladung (in Ah)

und den energetischen Wirkungsgrad:

η_{Wh} = Entnehmbare Energie/Zugeführte Energie (in Wh).

Der η_{Ah}-Faktor ist z.B. bei der Ausrechnung der Ladezeit und der aufgeladenen Ladung hilfreich. Der energetische Wirkungsgrad ist dagegen einer der Faktoren zur Abschätzung der Qualität des Batteriesystems. Die folgende Tabelle illustriert den Unterschied zwischen den beiden Parametern.

Tabelle 12.1 Vergleich der Wirkungsgradkoeffizienten

System	η_{Ah}	η_{Wh}
gasdichte Pb-Säure	0,8	0,65–0,7
gasdichte NiCd	0,65–0,7	0,55–0,65
NiMH	0,65–0,7	0,55–0,65

Unmittelbar nach Einschalten des Ladestromes steigt die Zellenspannung an. Die Zellenspannung ist allerdings für den Benutzer von außen nur als Klemmenspannung meßbar. Man muß dabei beachten, daß die Klemmenspannung grob gesehen aus zwei Komponenten besteht:

$U_k = U_0 + I_l * R_i$,

wobei U_k die Klemmenspannung bezeichnet; I_l steht für den Ladestrom, R_i für den internen Zellwiderstand, U_0 ist die Leerlaufspannung. Der Spannungsabfall über dem internen Widerstand addiert sich bei der Ladung zur Leerlaufspannung – umgekehrt wie bei der Entladung. Zu U_0 trägt auch die Polarisation bei, die allerdings von der Stromstärke und dem Zustand der Zelle abhängig ist. Man kann also die Klemmenspannung im allgemeinen nicht zur Kontrolle des Ladungszustands verwenden. Es ist aber darauf zu achten, daß die Klemmenspannung den Gasungswert pro Zelle nicht überschreitet.

Während des Fortschreitens des Ladeprozesses stehen auf den Elektroden immer weniger Produkte der Zellenreaktion zur Verfügung; zudem werden sie für die Ionen immer schwerer zugänglich (z.B. weil sie sich in den tieferliegenden Poren der Elektrodenplatten befinden). Die Folge davon ist eine sinkende Energieaufnahmefähigkeit der Zelle, die sich dann als abnehmende Stromakzeptanz bemerkbar macht. Somit gelangt ein immer kleinerer Teil des Stromes ins Innere der Elektroden und baut die Produkte der Entladung innerhalb der Poren ab. Der überflüssige (nicht akzeptierte) Teil des Stromes verursacht eine intensive Wasserelektrolyse auf der Plattenoberfläche, was die Freisetzung von Wasserstoff und Sauerstoff mit sich bringt. Die heftige Gasung hat eine mechanische Beschädigung der Platten zur Folge. In Systemen mit flüssigem Elektrolyt fallen die abgerissenen Teile des aktiven Materials auf den Boden des Gefäßes, wo sie den sogenannten Schlamm bilden, der elektroleitend ist und unter Umständen einen Plattenkurzschluß verursachen kann. Bei offenen Zellen tritt als Zusatzeffekt Wasserverlust auf. In den gasdichten Zellen erwärmt die Gasung das System, was die Gasungsspannung verringert. Falls die Zelle unter konstanter Spannung steht, erhöht dies wiederum den Ladestrom. Die Zelle gerät schließlich aus dem Gleichgewicht. Das bedeutet, daß sie die Wärme schneller erzeugt als sie sie abgeben kann. Nach der Formel von Arrhenius verdoppelt sich die Geschwindigkeit der chemischen Reaktion bei einem Temperaturanstieg um 10K. Es kommt zu einem Lawineneffekt, und die Batterie wird durch den Verlust des Elektrolytwassers zerstört.

Den oben beschriebenen Prozeß nennt man Überladung der Zelle. Er beschleunigt die Korrosion der Komponenten der Zelle, was die Batterielebensdauer beeinträchtigt, auch wenn es nicht zu einem Elektrolytaustritt kommt.

Wenn der Gasaustritt bereits in Gang gekommen ist, ist höchste Vorsicht geboten: Sauerstoff und Wasserstoff bilden ein explosives Gemisch. In den Lithium-Systemen mit flüssigem organischem Elektrolyten kann der austretende Elektrolyt bereits eine Temperatur haben, die über der Zündungstemperatur liegt – was die wohlbekannten Gefahren mit sich bringt.

Die Überladung manifestiert sich nach außen als erhöhte Zellenspannung, die sog. Gasungsspannung, die system-, batteriezustands-, und temperaturabhängig ist. Bei dieser Spannung ist bereits das gesamte Aktivmaterial der Elektrodenoberfläche zerlegt.

Diese Probleme verstärken sich bei einer Batterie mit mehreren seriell zusammengeschalteten Zellen. Die statistischen Abweichungen der Parameter führen dazu, daß sich bei zwangsläufig gemeinsamem Ladestrom die

Zellen in verschiedenen Ladezuständen befinden. Sie weisen unterschiedliche Klemmenspannungen und unterschiedliche Ladestromakzeptanz auf. Es kann leicht vorkommen, daß die Batteriespannung, also die Summe der Spannungen der einzelnen Zellen, die Grenze des Gasungsbereichs überschreitet und die Ladung unterbrochen wird, obwohl eine der Zellen noch ziemlich weit vom Volladezustand entfernt ist. Bei einem Arbeitsmodus, der zyklische Ladung/Entladung fordert, wird diese Zelle immer tiefer entladen, und mindestens eine der übrigen Zellen wird ständig überladen, was ziemlich schnell einen Ausfall verursacht. Die Abweichungen der Zellenparameter verstärken sich auch im Laufe der Zeit. Als Gegenmaßnahme sollte in regelmäßigen Zeitabständen, die von der Batteriearbeitsweise abhängig sind, eine Ausgleichsladung durchgeführt werden. Unter industriellen Bedingungen, wo die Anlagen stark beansprucht werden, geschieht dies in der Regel einmal pro Woche. Für die Benutzer von Kleingerätebatterien ist dies auch aus Kostengründen nicht relevant.

12.2 Ladeverfahren

Zweck eines Ladeverfahrens ist die Aufladung einer Zelle oder Batterie, also das Durchführen eines Ladeprozesses. Man muß dabei die Bedingungen berücksichtigen, unter welchen der Prozeß verlaufen soll. Man unterscheidet also folgende Ladeverfahren, die entweder selbständig funktionieren oder in eine kompliziertere Methode zusammengeschaltet werden:

1. Hauptladung
2. Ergänzungsladung
3. Erhaltungsladung

plus eine Anzahl von speziellen Verfahren wie:

- Pufferladung
- Ausgleichsladung
- Formierungsladung
- Erfrischungsladung

etc., die unter speziellen Umständen anwendbar sind.

Die ersten beiden Verfahren sind als zwei Teile einer einzigen Lademethode anzusehen. Man verwendet sie nämlich in den Schnellademethoden stets zusammen. Der erste Teil liefert der Zelle ca. 75–90% ihrer Kapazität innerhalb weniger Minuten.

Dann wird der hohe Strom abgeschaltet, um eine Überladung zu vermeiden, und durch eine relativ kleine Stromstärke ersetzt. Die zweite Phase heißt dann Ergänzungsladung. Nach Aufladen der gewünschten Energiemenge wird die Stromzufuhr unterbrochen. Unmittelbar darauf startet aber der Selbstentladeprozeß. Um die Batterie in Bereitschaft zu halten, muß wieder Strom zugeführt werden. Die Ladung mit einem Strom, der nur die Selbstentladung ausgleicht, nennt man Erhaltungsladung. In manchen Fällen (z.B. in den Beschreibungen von Ladegeräten) wird in Anlehnung an die englische Bezeichnung stattdessen auch der Begriff Trickle-Ladung verwendet.

Die speziellen Verfahren sind noch stärker systemabhängig und haben außer der Aufladung der Batterie noch weitere Zwecke.

- Die Pufferladung wird für Batterien eingesetzt, die ständig in Bereitschaft bleiben müssen. In diesem Fall hängt die Batterie ständig an einem Ladegerät, gleichzeitig aber an einer Last. Die einzelnen Lösungen sind wiederum abhängig von der Art der Anwendung und werden hier nicht näher beschrieben. Sie haben jedoch eine Gemeinsamkeit: Die Batterie bleibt ständig unter externer Spannung, muß also vor Überladung gesichert werden.

- Die Ausgleichsladung verwendet man für diejenigen Batterien, die mehrere seriell geschaltete Zellen beinhalten und mit den auf Konstantspannung basierenden Methoden geladen werden. Aufgrund der besprochenen Änderungen ihrer Eigenschaften verbleiben einige Zellen immer in nicht vollgeladenem Zustand, die anderen werden dagegen überladen. Um das zu vermeiden, führt man die Ausgleichsladung durch.

- Erfrischungsladung wird bei länger gelagerten Batterien erforderlich. Es handelt sich dabei eigentlich um eine normale Ladung mit entsprechenden systemspezifischen Lademethoden, z.B. wird sie bei manchen Systemen als verkürzte Hauptladung durchgeführt. Die Angaben dazu müssen beim Batteriehersteller angefordert werden. In der Regel ist die Erfrischungsladungsperiode von der Lagertemperatur abhängig und muß nach der vom Hersteller empfohlenen Zeit erfolgen. Die *Abb. 12.1* zeigt ein Beispiel für eine Periode der Erhaltungsladung in Abhängigkeit von der Lagertemperatur für eine gasdichte Pb-Zelle.

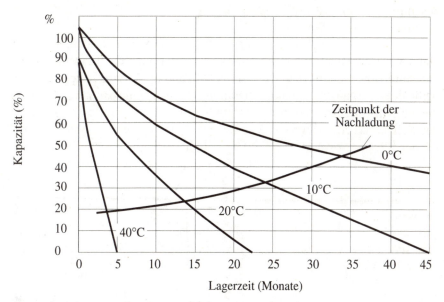

Abb. 12.1 Optimaler Zeitpunkt der Erfrischungsladung

12.3 Lademethoden der Pb-Säure-Zellen

Für das Blei-Säure-System bedeutet die Ladung die Umsetzung des Bleisulfats, das sich in entladenem Zustand in beiden Platten befindet, in metallisches Blei (an der negativen Platte) und Bleioxid (an der positiven Platte).

12.3.1 Konstantspannungs-Methode

Wie bereits beschrieben, arbeiten die gasdichten Zellen meistens mit geliertem oder flüssigem Elektrolyt und verfügen über einen Gasrekombinationsmechanismus, der nur bis zu einer bestimmten Gasemissionsrate funktioniert. Deshalb dürfen manche Varianten der Lademethoden, die bei den offenen Systemen einwandfrei funktionieren, für die geschlossenen Zellen nicht angewendet werden.

Die Methode der Konstantspannung (als Haupt- oder Pufferladung) als Variante mit Strombegrenzung funktioniert optimal bei Spannungen zwischen 2,3 – 2,4 V/Zelle.

12 Ladetechniken

Konstantspannung ohne Strombegrenzung

Hierbei handelt es sich um die am weitesten verbreitete Lademethode für konventionelle Blei-Akkus, sie funktioniert aber auch recht gut in gasdichten Systemen. Sie ermöglicht das schnellste und effektivste Laden von Blei-Akkus. Beispielhafte Charakteristiken der Konstantspannungs-Methode zeigt die *Abb. 12.2*.

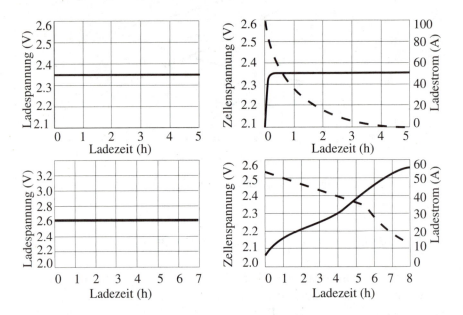

Abb. 12.2 Charakteristiken der Konstantspannungs-Methode

Die einfachste Variante der Methode liegt darin, daß das Ladegerät ausschließlich über eine Spannungsbegrenzung verfügt. Vor der Ladung muß zuerst über die Anfangsgrößen von Strom und Spannung entschieden werden. Zunächst dürfen diese Werte die vom Hersteller angegebenen zulässigen Größen nicht übersteigen. Der Höchstwert des Stromes wird durch die Möglichkeiten des Ladegerätes vorgegeben. Die Spannung an den Klemmen steigt im Laufe der Ladung langsam an, bis der vorgegebene Wert erreicht ist (auf Englisch die „float"-Spannung genannt), der dann bis zum Ende der Ladung konstant bleibt.

Der Strom bleibt in der ersten Phase konstant. Ab einem gewissen Zeitpunkt beginnt er asymptotisch auf einen kleinen, durch das Verhältnis

Ladespannung/Innenwiderstand der Batterie gegebenen, Wert abzusinken, und nach Erreichen des Endwertes wird abgeschaltet.

Konstantspannung mit Strombegrenzung

Die Methode funktioniert wie oben beschrieben, jedoch wird der Höchstwert des Stromes begrenzt. Sie muß z.B. in Batterien eingesetzt werden, die mit einer Stromsicherung ausgestattet sind.

Der Strom bleibt hier viel länger konstant als in der oben beschriebenen Version. Ab einem gewissen Zeitpunkt aber wird er auch asymptotisch auf einen kleinen, durch das Verhältnis Ladespannung/Innenwiderstand der Batterie gegebenen Wert absinken.

Pufferladung

Wie bereits erwähnt, bleibt hier die Batterie ständig sowohl an das Ladegerät als auch an die Last angeschlossen, z.B. in den unterbrechungsfreien Stromversorgungen. Sie befindet sich dadurch in permanenter Überladungsgefahr. Es ist also wichtig, den Pufferladestrom zu minimieren. Man erreicht das im einfachsten Fall durch eine Spannungsstabilisierung auf einem ausgewählten Wert. Im Falle einer Zelle sollte der Wert zwischen 2,30 und 2,35 V liegen. Im Falle einer Batterie (in Serie verbundene Zellen) steht jedoch zu erwarten, daß die Zellen auf unterschiedliche Weise die Ladung akzeptieren werden, das heißt, also auch unterschiedliche Spannungen aufweisen. In der Praxis ist somit eine höhere Spannung zu verwenden.

Zu hohe Spannung, z.B. 2,7 V pro Zelle, führt zu einer starken Überladung und schließlich zur Vernichtung der Zelle innerhalb kurzer Zeit. Zu niedrige Spannung läßt dagegen die Batterie in einem Unterladungszustand verharren. Z.B. erreicht die beschriebene Batterie bei 2,30 V pro Zelle nur ca.75% der Kapazität.

Typischerweise erlauben es eine Spannung von 2,35 V (±2%) und ein Strom von 0,2 C, eine Batterie innerhalb von fünf Stunden bis auf ca. 90% aufzuladen.

Weil die Zellenprozesse bekanntlich von der Temperatur abhängig sind, müssen Maßnahmen zur Kompensierung des Temperatureinflusses getroffen werden.

Im typischen Fall sind zwischen 15–25°C keine Korrekturen notwendig, außerhalb dieses Bereiches sollte die Spannung um -2,5mV/°C korrigiert werden (die niedrigeren Temperaturen verursachen einen Spannungsanstieg, die höheren einen Spannungsabfall). Da die Korrektur nicht linear mit der Temperatur verläuft und dennoch die Spannung auch von der Elektrolytsäurekonzentration abhängig ist, ist es wieder zu empfehlen, die Herstellerangaben zu beachten.

12.3.2 Konstantstromladung

Konstantstromladung als Hauptladung

Die Konstantstromladung ist eine sehr bequeme und billige Methode zur Aufladung einer Batterie. Man muß dabei jedoch unbedingt die Herstellerangaben bezüglich des zulässigen Ladestroms und der Ladezeit berücksichtigen.

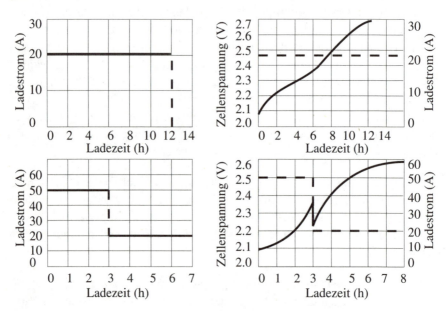

Abb. 12.3 Konstantstromladung: Stromcharakteristik und entsprechende Zellenspannung

Zur Durchführung der Ladung ist ein einfaches Netzgerät mit Strombegrenzung und Zeitmessung ausreichend. Der eingebaute Rekombinationsmechanismus genügt völlig, um den Sauerstoff zu binden, der mit einem Überladungsstrom von bis zu 0,30C erzeugt wird. Die Ladeströme dieser Stärke sind also hierbei unbedenklich. Die Abschaltung muß nach dem Aufladen von 1,2 C erfolgen, was bei der Stromstärke von 0,25C ca. fünf Stunden ausmacht. Auf der *Abb. 12.2* sind der Ladestrom und die resultierende Batteriespannung aufgeführt.

Die Menge der zugeführten Ladung ist aus dem Ladefaktor (λ) sehr einfach auszurechnen: Für Bleiakkus nimmt man für λ typischerweise den Wert von 1,2 an, was bedeutet, daß man eine 1,2 mal größere Ladungsmenge (A*h) zuführen muß, als man erhält. Für eine Batterie mit 10 Ah Kapazität und einem Ladestrom von 0,25 C muß die Ladung nach fünf Stunden unterbrochen werden. Man sollte auch berücksichtigen, daß sich die Kapazität der Zelle im Laufe der Zeit verringert, was wiederum eine Verkürzung der Ladezeit impliziert. Diese Methode ist also zu empfehlen, am besten in einer Variante, die für andere Systeme bekannt ist – nämlich mit einem auf der Ladecharakteristik basierenden Abschaltkriterium: Bei der Überladung steigt die Spannung der Zelle sehr steil an (siehe *Abb. 12.4*), was ein ausreichendes und einfach erfaßbares Kriterium darstellt.

Erhaltungsladung

Die Konstantstrom-Methode kann auch für die Erhaltungsladung eingesetzt werden, wobei die maximale Ladestromstärke hier C/500 bei 25 °C beträgt. Bei einer anderen Temperatur muß der Strom so korrigiert werden, daß die daraus resultierende Spannung innerhalb der zulässigen Grenzen bleibt, wie im Unterkapitel 12.3.1 bereits beschrieben wurde.

12.3.3 Gemischte Methoden

Dreistufen-Strom-Methode

Die Konstantspannungs-Methode wird in mehreren Modifikationen auf breiter Basis eingesetzt. Eine ziemlich aufwendige Variante verwendet die Strom- und Spannungskontrolle und einen Timer zum Ausrechnen des Ladezustandes der Batterie. Falls die Batterie stark entladen ist, spricht die Strombegrenzung an. Zunächst wird die Batterie mit niedrigem Strom langsam aufgeladen, bis ein gewisser Ladezustand überschritten ist, dann kann die Strombegrenzung abgeschaltet werden, und lediglich die Spannungsbegrenzung bleibt wirksam, bis wiederum der nächste vorgegebene Ladezustand erreicht ist. Nun spricht die zweite Strombegrenzung an, und der Strom wird auf einen sehr niedrigen Wert umgeschaltet.

Wenn die Batterie in Bereitschaft (im Puffer-Betrieb) bleiben soll, wird der Strom mit kleinen Werten weiterfließen, um die Selbstentladung zu kompensieren. Wenn aber die Ladung beendet werden soll (z.B. nach Erreichen von 120% der Batteriekapazität), wird der Strom völlig abgeschaltet. Die Temperatur und die Stromakzeptanz können während der Ladung ständig kontrolliert werden.

Der Unterschied zwischen den beiden Varianten liegt darin, daß es die erste von ihnen erlaubt, in relativ kurzer Zeit ca. 90% der Endkapazität zu erreichen, die Aufladung der übrigen 10% aber drei Tage dauern kann. Die Erhöhung der Spannung verkürzt zudem deutlich die Batterielebensdauer. Im zweiten Fall wird die Batterie schnell und völlig elastisch (mit Kompensation der Veränderungen der Temperatur oder des Zellenzustandes) aufgeladen.

W-Ladung

Im Gegensatz zu der oben beschriebenen Methode ist die W-Ladung eine einfache Version der Konstantspannungs-Methode, von manchen Autoren auch zu Konstantstrom-Methoden gezählt. Tatsache ist aber, daß diese Methode weder eine Spannungs- noch eine Stromkontrolle verlangt. Diese beiden Parameter werden jedoch begrenzt.

Man verwendet die billigsten Ladegeräte ohne jegliche Regulierung, mit der Abschaltung per Hand am Ende der Ladung. Der Strom und die Spannung sind durch den Netztrafo begrenzt, und der Strom wird nach dem Gleichrichter nicht geglättet.

Charakteristisch für diese Methode ist, daß der Strom sinkt, wenn die Batteriespannung ansteigt. Der Anfangsstrom ist durch die interne Impedanz des Ladegerätes limitiert, der Endstrom ist von der Ladespannung und der Batterieimpedanz abhängig. Den Verlauf der Ladecharakteristik – die Abhängigkeit des Stromes und der Spannung von der Zeit – veranschaulicht die *Abb. 12.4*. Der englische Name für diese Lademethode wurde von der Form dieser Kurven abgeleitet – die „Taper"-Ladung.

Mit diesem Verfahren erreicht die Batterie die Gasungsspannung (2,39 V pro Zelle bei 25°C) noch vor Erreichen von 100% der Kapazität, und die Temperatur der Zelle steigt an. Da die Endspannung nicht regulierbar ist, bedeutet dies bei neuen Zellen, bei denen die EMK größer ist als die eingestellte Spannung, daß sie keine Volladung erreichen können. Bei älteren Batterien, die eine niedrigere EMK aufweisen und früher abgeschaltet werden müssen, wird eine permanente Überladung erzwungen – verbunden mit dem bekannten Gasungsprozeß, was eine erhöhte Korrosion der Zellenkomponenten und beschleunigten Ausfall der Batterie mit sich bringt. Diese Methode verkürzt also die Batterielebensdauer und wird daher nur in wenigen Fällen eingesetzt, meistens nur für Fahrzeugbatterien (Antriebsbatterien von Industrieelektrofahrzeugen). Für die gasdichten Zellen ist sie nicht geeignet.

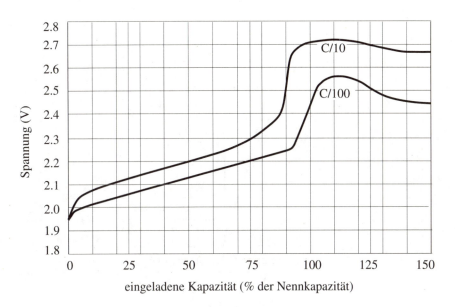

Abb. 12.4 Ladecharakteristik in der W-Lademethode

12.4 Impulsladung

Manche Literaturquellen beschreiben ein Schnelladeverfahren mit Konstantspannung im Bereich von 2,55 bis 2,6 V und einem Strom von ca. 5 C. Nicht alle Batterien halten jedoch solche Ströme aus! Größere Ströme als 0,3 C müssen anhand der Daten des Herstellers überprüft werden. Die Spannung liegt auch weit über dem Gasungbereich, was eine starke Erhitzung der Batterie verursacht und zu Elektrolytwasserverlust führt.

Derartige Angaben kommen wahrscheinlich durch Verwechslung einiger Ladeverfahren zustande: Z.B. ist in folgendem Vorgang der Spannungsanstieg auf 2,6 V zulässig, aber die Batterie ist durch die Strombegrenzung vor Vernichtung gesichert: Eine Konstantstrom-Ladung mit einem Strom von 0,15 C, bis die Batterie die Spannung von 2,35 V erreicht, dann Konstantspannungs-Ladung mit einer Spannung von 2,35 V, bis der Strom ca. 0,015 C erreicht, gefolgt von einer Stromimpulsladung mit einer Impulsamplitude von 0,02 C und verkürzter Impulslänge ohne Spannungsbegrenzung – die Spannungsamplitude erreicht dann im Impuls bis zu 2,6 V. Diese Phase dient als Ausgleichsladung bei kleinem Wasserverlust und kann bis zu 48 Stunden dauern. Dieses Verfahren ist in *Abb. 12.5* dargestellt.

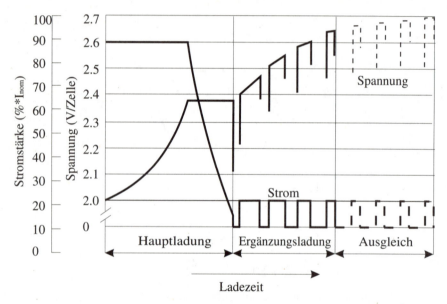

Abb. 12.5 Impulsladung mit erhöhter Spannung

12.5 Lademethoden von geschlossenen NiCd-Batterien

Die Unterschiede zwischen dem Blei-Säure- und dem NiCd-System beim Ladungsvorgang sind sehr groß:

- Die Überladung des NiCd-Systems ist wesentlich unkritischer: Die Gasung und Korrosion der Batteriekomponenten sind in den meisten Fäl-

len zu vernachlässigen; der Gasabsorptionsmechanismus ist viel effektiver als in Blei-Zellen.
- Die Konstantspannungs-Pufferladung (die „float"-Ladung) sollte bei diesen Systemen nicht eingesetzt werden, weil zur Volladung der Ni-Elektrode eine erhöhte Spannung verlangt wird, was ohne Temperaturkontrolle zu einem Ungleichgewicht und der Zerstörung der Zelle führen kann. In der Regel muß bei diesem Verfahren eine Stromeinschränkung auf 0,05 bis 0,03 C eingeführt werden.
- Die Charakteristiken der geschlossenen und verschlossenen Zellen unterscheiden sich in manchen Punkten sehr stark, weshalb die beiden Typen nicht verwechselt werden dürfen. Alle Angaben in diesem Kapitel betreffen ausschließlich die geschlossenen Zellen.

Der Ladungsprozeß der NiCd-Zelle läßt sich anhand der *Abb. 12.6* demonstrieren.

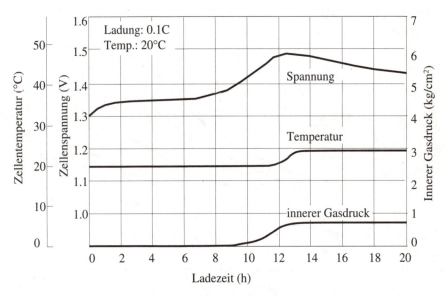

Abb. 12.6 Typische Ladekurve eines NiCd-Akkus bei einem Strom von 0,1 C

Die ersten 60% der Kapazität werden bei relativ niedriger Spannung erreicht, und zwar fast unabhängig vom Ladestrom, was die *Abb. 12.7* deutlich macht. Im weiteren Verlauf der Ladung wird immer mehr Strom für den inneren Sauerstoff-Zyklus benötigt – die Sauerstoffemission verstärkt sich.

Da die Stromakzeptanz der Elektroden sinkt, verursacht ein Teil des Stromes die Sauerstoffemission, und der Druck in der Zelle steigt an. Um diesen Effekt besser zu verstehen, kann man sich vorstellen, daß der akzeptierte Strom asymptotisch auf einen gewissen Wert abfällt, z.B. 0,01C, der zugeführte Strom dagegen konstant bleibt. Der akzeptierte Teil des Stromes wird die Batterie weiter aufladen, der nicht akzeptierte aber wird für den internen Sauerstoff-Zyklus gebraucht – er verursacht die Gasung. Da der akzeptierte Teil stetig kleiner wird, wird sich die Gasung verstärken. Solange sie kleiner ist als die Rekombinationsgeschwindigkeit der Zelle, bleibt der Druck konstant – die Ladung kann zu Ende geführt werden, siehe *Abb. 12.8*.

Die zu hohen Laderaten verursachen eine Gasemissionsrate, die die Rekombinationsgeschwindigkeit der Zelle übersteigt – der innere Zellendruck steigt unkontrollierbar an und führt zur Öffnung des Sicherheitsventils mit nachfolgendem Elektrolytausstoß. Die Abhängigkeit des internen Drucks vom Ladestrom und der Zellentemperatur zeigt das Diagramm in *Abb. 12.9*.

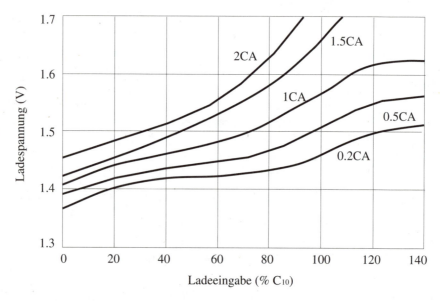

Abb. 12.7 Ladecharakteristiken bei verschiedenen Ladeströmen.

Die Gasrekombinationsgeschwindigkeit ist temperaturabhängig. Die Charakteristik dieser Abhängigkeit wurde in *Abb. 12.10* dargestellt.

12.5 Lademethoden von geschlossenen NiCd-Batterien

Andererseits ist auch die Stromakzeptanz der Batterie temperaturabhängig. Die nachstehende Graphik *(Abb. 12.11)* illustriert diese Abhängigkeit der bei konstanter Temperatur (20 °C) abgegebenen Kapazität für die Ladung bei verschiedenen Temperaturen.

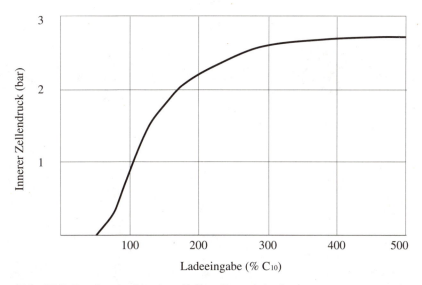

Abb. 12.8 Druckverlauf in einer Zelle während der Ladung

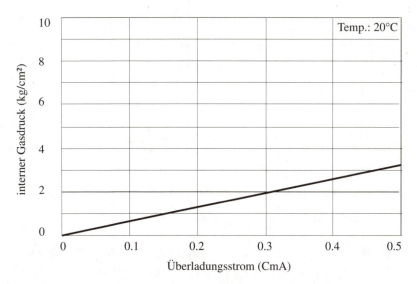

Abb. 12.9 Typische Charakteristik des internen Drucks als Funktion von Ladestrom und der Zellentemperatur

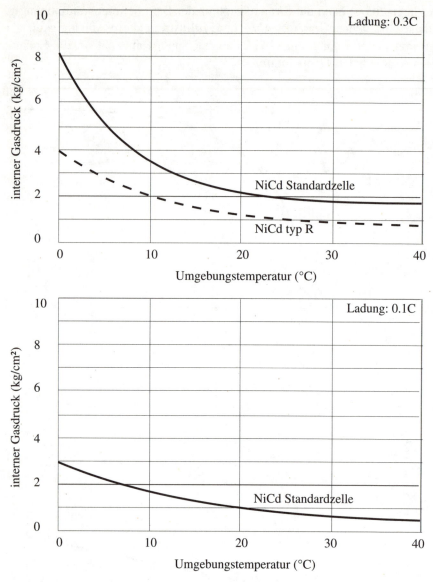

Abb. 12.10 Zellendruck in Abhängigkeit von der Temperatur

Die Abhängigkeit der verfügbaren Kapazität von der Zyklentemperatur (Ladetemperatur und Entladetemperatur bleiben gleich) ist auf dem Diagramm in *Abb. 12.12* dargestellt. Der sichtbare Kapazitätsverlust bei höheren Temperaturen ist auf das Absinken des Sauerstoffemissionspotentials

12.5 Lademethoden von geschlossenen NiCd-Batterien

zurückzuführen. Es handelt sich dabei um einen temporären Effekt, der mit dem Absinken der Temperatur wieder verschwindet.

Bei der Diskussion der Zellenprozesse haben wir immer wieder auf Umstände hingewiesen, die eine Zelle durch Überladung oder zu tiefe Entladung vernichten können. Man könnte daher den Eindruck gewinnen, daß man, weil eine Batterie durch zu große Ströme vernichtet werden kann, vorsichtshalber den Arbeitsstrom so zu wählen hat, daß er nur geringe Werte (in Einheiten von C) annimmt. Dies wäre jedoch ein Fehlschluß: Erstens existiert ein Selbstentladungseffekt, der bei Raumtemperatur ca. 5–25% (je nach System und Typ) der Kapazität pro Monat kostet, und zwar unabhängig davon, ob die Batterie genutzt wurde oder nicht. Zweitens ist die Batterieladung mit sehr kleinem Strom uneffektiver als mit größeren Stromwerten – *Abb. 12.13*.

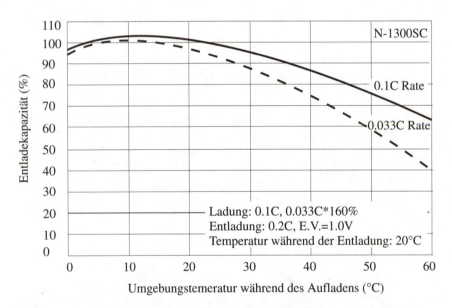

Abb. 12.11 Abhängigkeit der bei konstanter Temperatur (20 °C) abgegebenen Kapazität für die Ladung bei verschiedenen Temperaturen

In allen Herstellerangaben oder auch Batterievergleichen findet man Charakteristiken für die Stromstärke von 0,1 C, als ob dieser Wert eine durch Normen verlangte Stromgröße wäre. Die Gründe dafür sind nach einem Blick auf das vorstehende Bild wohl ziemlich klar: Die Ladeeffektivität ist optimal – eine 10-fache Ladestromvergrößerung verursacht keine

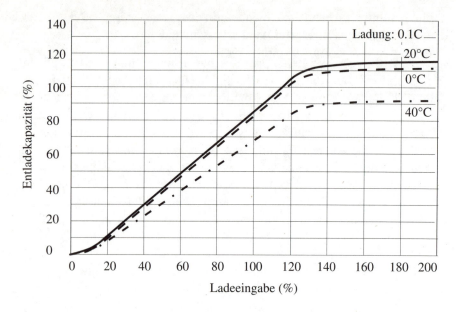

Abb. 12.12 Abhängigkeit der verfügbaren Kapazität von der Zyklentemperatur

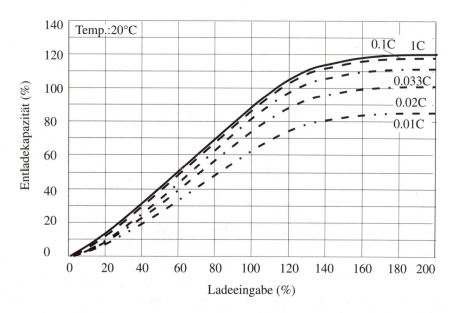

Abb. 12.13 Entnehmbare Kapazität als Funktion der aufgeladenen Energie (in % der Nominalkapazität)

12.5 Lademethoden von geschlossenen NiCd-Batterien

sichtbare Energieersparnis, eine nur dreifache Verkleinerung verbraucht dagegen um ca. 15% Energie mehr und verlängert zusätzlich die Ladezeit. Was eigentlich erstaunlich ist: Bei einem Strom von 0,01 C kann eine NiCd-Batterie nie vollgeladen werden! Deshalb wird diese Stromstärke auch für die Erhaltungsladung empfohlen. Man muß allerdings immer beachten, daß die Herstellerangaben bezüglich des optimalen Ladestroms für jeden genutzten Batterietyp befolgt werden.

12.5.1 Konstantstromladung

Die Konstantstrom-Methode ist die empfohlene Lademethode für die NiCd- und NiMH-Batterien. Der Zellenspannungsverlauf sieht dann wie in *Abb. 12.6* aus.

Was man an die Batterieparameter anpassen muß, ist der Ladestrom. In den meisten Fällen erlaubt ein Strom von 0,1 C das sichere Laden der Batterie innerhalb 14–16 Stunden ohne zusätzliche Kontrolle (z.B. Temperaturkontrolle). Manche Hersteller lassen diese Methode für schnelladefähige Batterien ohne Kontrolle (nur mit dem Timer) bis zu Ladeströmen im Bereich von 1 C zu. Normalerweise ist bei einer Stromstärke von über 0,3 C schon eine Temperaturkontrolle notwendig.

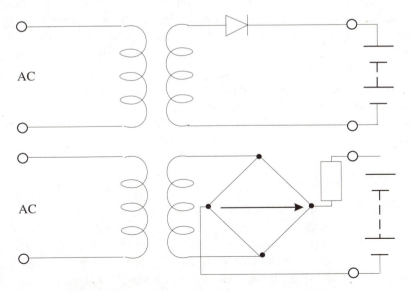

Abb. 12.14 Einfachster Schaltkreis zur Semikonstantstrom-Ladung

Die Tabelle 8.1 beinhaltet auch Angaben zu den zulässigen Ladeströmen. Bei verschiedenen Herstellern können die Ströme noch größer werden.

Semikonstantstrom-Ladung

Hierbei handelt es sich um eine preiswerte Version der Konstantstrom-Methode – anstatt den Strom genau zu stabilisieren, begrenzt man ihn mit einem Widerstand, der seriell mit der Batterie geschaltet wird. Der Resistor muß einen Spannungsabfall von mindestens dem dreifachen Wert der Batteriespannung aufweisen. *Abb. 12.14* veranschaulicht den einfachsten Schaltkreis für diese Methode. Die Ladung muß nach 14 bis 16 Stunden per Hand oder durch eine Schaltuhr unterbrochen werden.

Es wird empfohlen, zum Laden einen niedrigeren Strom als 0,1 C zu verwenden, mit einer Pulsationsamplitude von max. 30%, bei Schwankungen der Eingangsspannung von max. ±10%.

Diese Methode entspricht genau der W-Ladung für die Pb-Akkus, mit dem Unterschied, daß der Strom begrenzt ist.

Erhaltungsladung

Diese Ladungsart ist eine normale Konstantstrom-Ladung mit einem Strom im Bereich von 0,05 bis 0,02 C, der lediglich die Selbstentladung ausgleicht. Manche Ladegeräte verwenden diese Methode nach der Beendigung des normalen Ladevorgangs, z.B. schaltet das Gerät nach 14 Stunden Ladung mit 0,1 C auf 0,02 C um, macht dafür jedoch keine automatische Abschaltung. Man muß aber beachten, daß sich manche Typen von Batterien innerhalb von 16 Stunden Ladezeit bis etwa 115 – 120% der Nennkapazität aufladen lassen und mit dieser Methode nie den Volladezustand erreichen.

Beschleunigtes Laden

Die meisten Batteriehersteller definieren die sogenannte Quickcharge- oder Beschleunigtes-Laden-Methode als eine Konstantstromladung mit einem Strom von 0,25 – 0,3 C ohne zusätzliche Temperaturkontrolle als zulässige, billige Schnelladung von Standardbatterien. Die Batterie benötigt dann 4–6 Stunden Ladezeit, je nach Stromstärke und Ladefaktor. Wie immer gilt: Herstellerangaben beachten.

12.5 Lademethoden von geschlossenen NiCd-Batterien

Schnelladen

Dieses Ladeverfahren ist für die Schnelladebatterien zugelassen. Es ist eine Konstantstromladung mit einer Stromstärke je nach System, die die volle Aufladung einer Batterie innerhalb von einer Stunde erlaubt (dies impliziert einen Ladestrom von 1,5 – 1,6 C). Zu dieser Ladung muß unbedingt ein Ladegerät mit einer Ladekontrolle eingesetzt werden. Da die Kontrollverfahren ähnlich sind wie bei den NiCd- und NiMH-Systemen, besprechen wir sie gemeinsam nach dem nächsten Unterkapitel.

12.5.2 Konstantspannungs-Ladung

Die Methode wurde bereits ausführlich im Abschnitt über die Lademethoden der Blei-Batterien beschrieben. Sie ist für die NiCd-Batterien NICHT ZULÄSSIG. Der Grund dafür ist anhand der Abb. 12.6 einfach zu erklären: Nach dem Erreichen der Überladungsphase steigt die Temperatur an, was ein Absinken der Zellenspannung bewirkt. Bei der Konstantspannungs-Methode würde der Strom dann ansteigen, was die Überladung vergrößern und die Temperatur noch mehr nach oben treiben würde usw. Es entsteht ein Lawineneffekt – die Zelle gerät aus dem Gleichgewicht, und die Ladung wird nach Austritt des Elektrolyten unterbrochen.

12.5.3 Gemischte Methoden

Pufferladung

Die Pufferladung wird dann eingesetzt, wenn der Batteriebetrieb ständige Bereitschaft erfordert, z.B. bei Alarmsystemen oder in unterbrechungsfreien Stromversorgern. Die Batterie liegt dabei parallel zwischen der Stromversorgung und dem zu versorgenden Gerät. Der Ladestrom muß an die Arbeitsbedingungen angepaßt werden: Entscheidend sind der Ladestrom, die Entladefrequenz und die geforderte Aufladegeschwindigkeit. Der Ladestrom wird durch Justierung des Widerstands aus der Blockschaltung in *Abb. 12.15* erreicht.

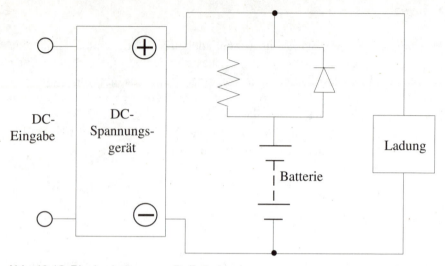

Abb. 12.15 Blockschaltung zur Pufferladung

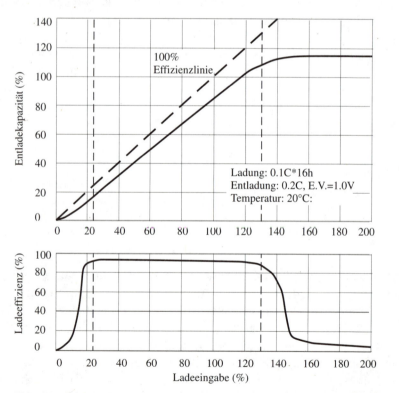

Abb. 12.16 Ladecharakteristik a) und entsprechende Ladeeffizienz b)

Stufenladung

Manche Ladegeräte verwenden die Konstantstrom-Methode so, daß nach der Beendigung des normalen Ladevorgangs, z.B. nach 14 Stunden Ladung mit 0,1 C, das Gerät auf 0,02 C (also eigentlich auf Erhaltungsladung) umschaltet. Man muß dabei wieder beachten, daß sich manche Typen von Batterien innerhalb von 16 Stunden Ladezeit bis auf ca. 115 – 120% der Nennkapazität aufladen lassen und mit dieser Methode nie den Volladezustand erreichen. Eine andere Möglichkeit besteht darin, den Strom bei Beginn der Ladung bei tief entladenen Batterien oder für Testzwecke niedrig zu halten und erst nach Erreichen von ca. 10% der Kapazität auf normalen Ladestrom umzuschalten. Die Gründe dafür werden verständlich, wenn man die nächste Graphik betrachtet. *Abb. 12.16 a)* zeigt den Ladefaktor λ in Abhängigkeit von der zugeführten Energie. Es ist ersichtlich, daß nach ca. 130% der Nominalkapazität der Ladefaktor asymptotisch gegen einen Konstantwert tendiert. Dieser Wert ist ebenso wie die Übergangsgrenze konstruktionsspezifisch und sollte nur als Richtwert betrachtet werden. Äußerst interessant ist die Ableitung der Charakteristik auf Abb. 12.16 b), die zeigt, daß während der ersten 20% des Ladungsprozesses die Aufnahmefähigkeit der Zelle ziemlich niedrig ist. Gleiches gilt für die Endphase. In diesen Bereichen wird die Ladestromstufung eingesetzt.

Manche Ladegeräte verfügen über Systeme zur Batteriezustandsanalyse. In diesem Fall wird der Strom am Anfang für ca. 10 min. niedrig gehalten, das Gerät testet in dieser Zeit das Verhalten der Spannung; falls es irgendwelche Anomalien in der erwarteten Charakteristik feststellt, schaltet es die Ladung ab. Dieses Verfahren erlaubt es, defekte Zellen in Batterien festzustellen.

12.6 Lademethoden von Nickel-Metallhydrid-Batterien

Die Ladegeräte für NiCd-Batterien dürfen in der Regel für die NiMH-Batterien NICHT eingesetzt werden.

Das Nickel-Metallhydrid-System hat Eigenschaften, die denen der NiCd-Systeme sehr ähnlich sind. Beide Systeme haben ähnliche Leerlaufspannungen von 1,25 – 1,35 V, ähnliche Spannungen unter Last –1,2 V – und ähnliche Entladeschlußspannungen –1 V; die elektrochemischen Reaktionen verlaufen ebenfalls sehr ähnlich. Beim Laden gibt es jedoch quantitative Unterschiede, die eine Inkompatibilität zwischen den Ladegeräten mit sich bringen, obwohl die Ladeverfahren gleich bleiben. Der wichtigste Unterschied liegt darin, daß das NiMH-System eine wesentlich geringere Toleranz gegen Überladung aufweist: Es arbeitet mit größerem Druck als das NiCd-System, und schon eine relativ kleine Überladung führt zur Öffnung des Sicherheitsventils und zum Ausstoß des Elektrolyten. Der Ladefaktor liegt zwischen 1,2 und 1,5 und unterscheidet sich von Hersteller zu Hersteller sehr deutlich. Die Systeme mancher Hersteller haben auch eine geringe Toleranz gegen das Erhaltungsladen, so daß also fast jede Lademethode eine Kontrolle des Ladeschlusses verlangt. Andere Hersteller wiederum empfehlen das Erhaltungsladen mit einer Stromstärke von C/300, also ist auch hier wieder das höchste Gebot: Die Herstellerangaben sind unbedingt zu beachten!

Vergleichen wir zuerst die Ladecharakteristiken beider Systeme.

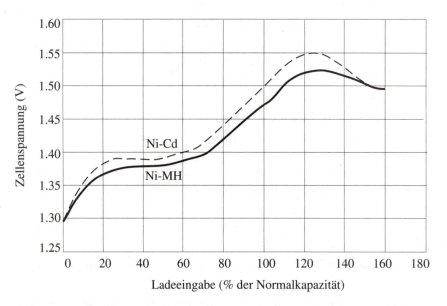

Abb. 12.17 a) Vergleich der Ladekurven der NiCd- und NiMH-Batterien

Die zwei Kurven in *Abb. 17a)* zeigen, wie sich der Spannungsscheitel in den beiden Systemen unterscheidet; die Abszisse gibt nur relative Einheiten an, und die genaue Position des Maximums kann daraus nicht entnommen werden. Genaue Vergleiche müßten typbezogen sein und haben an dieser Stelle keinen Sinn. Der Leser muß die Charakteristiken des von ihm ein-

12.6 Lademethoden von Nickel-Metallhydrid-Batterien

gesetzten Systems auf jeden Fall selbständig genau analysieren. Unser Ziel ist es hier nur, die Aufmerksamkeit darauf zu lenken, was zu beachten ist.

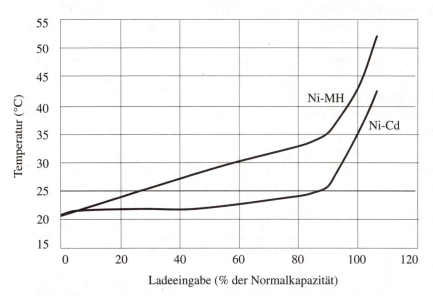

Abb. 12.17 b) Vergleich der internen Temperatur während des Ladens einer NiCd- und einer NiMH-Zelle

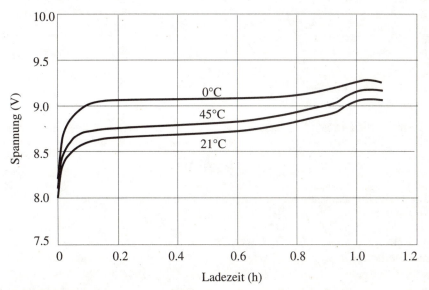

Abb. 12.18 Verlauf der typischen Ladekurven bei verschiedenen Temperaturen und gleichem Ladestrom

Falls der Leser nicht imstande ist, eine selbständige Analyse durchzuführen, sei er an dieser Stelle auf das Ende des Buches verwiesen, wo sich die Anschriften unabhängiger (d.h. nicht mit den Batterieherstellern identischer) Firmen finden, die die entsprechenden Analysen erstellen können.

Der Spannungsabfall nach Beginn der Überladung ist im NiMH-System wesentlich kleiner als im NiCd-System, der Druckanstieg ist jedoch wesentlich stärker.

Die *Abb. 12.18* zeigt den Verlauf der Batteriespannung (6 Zellen) in Abhängigkeit von der zugeführten Energie bei verschiedenen Temperaturen. *Abb. 12.19* zeigt die entnehmbare Kapazität für das Laden bei verschiedenen Temperaturen und verschiedenen Strömen.

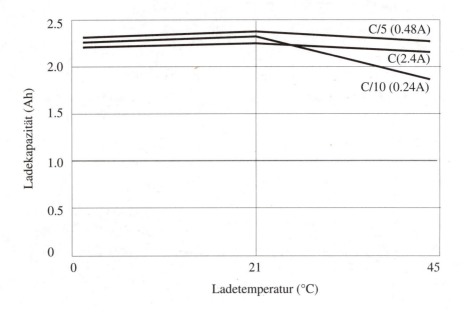

Abb. 12.19 Entnehmbare Kapazität für das Laden bei verschiedenen Temperaturen.

Lademethoden

Für das Laden der NiMH-Batterien verwendet man ausschließlich verschiedene Varianten der Konstantstrom-Methode.

12.6 Lademethoden von Nickel-Metallhydrid-Batterien

Semikonstantstrom

Dies ist dieselbe preiswerte Lademethode wie für das NiCd-System. Der Wert für den Strom bleibt auch gleich -0,1 C. Die Zeitdauer der Ladung muß allerdings aus den entsprechenden Herstellerangaben entnommen werden. Beim NiMH-System liegt sie zwischen 12 und 15 Stunden. Dabei geht man von der Annahme aus, daß die Batterie zu Beginn der Ladung leer ist.

Konstantstrom

Genau wie beim NiCd-System. Ladestrom im Bereich zwischen 0,1 und 0,3 C. Ladeschlußkontrolle notwendig!

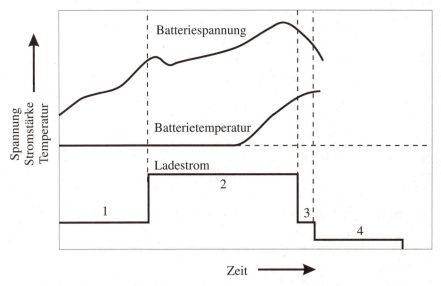

Abb. 12.20 Typische Merkmale einer NiCd-Akku-Ladekurve und das Stromprofil eines Schnelladenverfahrens.

Schnelladen

Diese Methode wird immer nach dem Stufenstrom-Verfahren durchgeführt. Zuerst wird ein kleiner Strom – 0,2 C – angewendet, um den Batteriezustand zu ermitteln, die Batteriespannung wird gemessen. Nach dieser Anfangsphase (ca. 2–10 min) wird die Schnelladung mit einem Strom von 1 C gestartet. Nach Erfüllung einer der Kontrollkriterien (z.B. des Temperaturanstiegs) findet eine ca. 1/2-stündige Ergänzungsladung mit einem Strom von 0,2 – 0,5 C statt. Die Batterie wird dann auf Erhaltungsladung geschaltet, mit einer Stromstärke von C/20 bis C/300. Um diesen Ladevorgang sicher durchzuführen, sind mehrere Sicherheitsvorkehrungen notwendig, weshalb ein mikroprozessorgesteuertes Ladegerät benötigt wird. In *Abb. 12.20* ist das Stromprofil dieses Verfahrens zu sehen und in den *Tabellen 12.2 und 12.3* werden Beispiele für dieses Verfahren beschrieben. Es gibt Ladegeräte auf dem Markt, die nach diesem Prinzip arbeiten. Der Benutzer muß dabei jedoch immer überprüfen, ob die für seine Batterien passenden Stromstärken und Abschaltkriterien einstellbar sind. Besonders die Erhaltungsladungsströme variieren stark zwischen dem NiCd- und NiMH-System.

Tabelle 12.2 Beispiel einer Mehrstufen-Konstantstromladung für NiCd mit entsprechenden Abschaltkriterien

Stufe	Stromstärke	Abschaltkriterium	Temp. [°C]	Spannung [V]	Timer [min]
Test	0,2C	–	0 – 45	<(n-1)*1,7, <m*1,35	2
Schnelladung	1 C	1°C/min	0 – 45		90
Ergänzungsladung	0,2C	1°C/min	0 – 45		30
Erhaltungsladung	0,02C	–	-20 – 50		unbegr.

n,m – bedeutet Anzahl der Zellen. n=1–6; m=7–12

Tabelle 12.3 Beispiel einer Mehrstufen-Konstantstromladung für NiMH mit entsprechenden Abschaltkriterien

Stufe	Stromstärke	Abschaltkriterium	Temp. [°C]	Spannung [V]	Timer [min]
Test	0,2C	–	0 – 45	<(n-1)*1,7, <m*1,35	2
Schnelladung	1 C	1°C/min	0 – 45		90
Ergänzungsladung	0,2C	1°C/min	0 – 45		30
Erhaltungsladung	C/300	–	-20 – 50		unbegr.

n,m – bedeutet Anzahl der Zellen. n=1–6; m=7–12

12.7 Abschaltkriterien

Jedes Ladeverfahren der NiMH-Batterie und das Schnelladen von NiCd-Batterien muß zur Sicherheit über die Abschaltkriterien terminiert werden. Das Beschleunigte Laden von nicht schnelladefähigen NiCd-Batterien muß auch durch mindestens das Temperatur- und das Zeitkriterium terminierbar sein. In der Regel ist jedoch ein Kriterium zu wenig, weil es oft vorkommt, daß bestimmte Kriterien unter bestimmten Bedingungen nicht zutreffend sind; als Beispiel sei eine NiCd-Zelle betrachtet, die man nach dem Spannungsabfall abschalten will. Zwei Störeffekte sind denkbar:

- Die Zelle weist einen Pseudoabfall U_s auf, wie auf der Abb. 12.21.
- Die Zelle weist keinen Spannungsabfall auf. Dieser Effekt tritt oft bei schnelladefähigen Batterien auf, besonders nach längerer Lagerung.

Der erste Effekt tritt oft bei längere Zeit gelagerten NiCd-oder auch NiMH-Batterien auf. Das Laden wird vorzeitig, nach ca. 2–10 min, abgebrochen. Es ist ein reversibler Effekt, der beim nächsten Laden bereits wieder behoben werden kann.

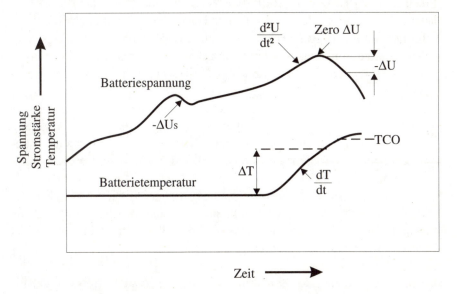

Abb. 12.21 Graphische Darstellung der möglichen Ladeabschaltkriterien des NiCd- und NiMH-Akkus

Die Abschaltkriterien für NiMH- und NiCd-Systeme

- Timer: Das Schaltuhrkriterium funktioniert nach dem Ladungszählerprinzip:

  Ladezeit*Ladestrom = Ladefaktor*Nennkapazität

  Der Ladefaktor variiert je nach Hersteller zwischen 1,2 und 1,5 für NiMH und zwischen 1,4 und 1,6 für NiCd

- Spannungsabfall (-ΔV): Das Spannungsabfallkriterium, das oft bei NiCd-Zellen verwendet wird, kann auch bei NiMH-Batterien verwendet werden. Der Spannungsabfall für NiCd liegt im Bereich von 10 – 20 mV und für NiMH von 5 – 10 mV pro Zelle. Für niedrige Laderaten (unter 0,3 C) kann dieses Kriterium unbrauchbar sein.
- Spannungsplateau (Zero ΔV): Die Spannung wird kontrolliert, und nach Erreichen der Steigung 0 wird das Laden abgebrochen. Dies ist eine sehr unsichere Abschaltmethode, die vor allem einen vorzeitigen Abbruch des Ladens verursachen kann. Angewendet wird sie nur bei Ladung mit 1 C mit nachfolgender Ergänzungsladung.
- d^2U/dt^2- Überwachung der zweiten Ableitung der Temperatur.
- Temperatur: Wenn die Zellentemperatur eine bestimmte Marke übersteigt, ist das Kriterium erfüllt. Für NiCd liegt die Marke bei 45 – 70 °C, bei NiMH dagegen bei 50–55 °C. Die Herstellerangaben überprüfen!
- Temperaturänderung (ΔTCO – ΔT cut off): Wie oben, allerdings wird der Temperaturanstieg von der Anfangstemperatur des Ladens an gemessen. Von manchen Herstellern für NiMH empfohlen mit dem Wert ΔT=15 °C. Für NiCd nicht angewendet.
- Temperaturanstieg (dT/dt): Die Geschwindigkeit des Temperaturanstiegs wird gemessen. Da dieser Parameter sehr empfindlich auf Überladung reagiert, wird diese Methode von Herstellern beim Schnellladen als batterieschonend empfohlen. Die für NiMH und NiCd vorgegebenen Werte liegen bei 1 °C/min.
- Hochspannungstest. Wenn die Spannung höher als die zulässige Leerlaufspannung ist, kann der Kontakt zur Zelle unterbrochen sein, oder die Zelle ist beschädigt und weist einen höheren Widerstand auf. Man testet das durch die Bedingungen:
  n*1,35 bzw. (n-1)*1,7 ,
  wobei n die Anzahl der Zellen in der Batterie bedeutet. Meistens gilt für 1 – 6 Zellen die erste Bedingung und für den Bereich von 6 –12 Zellen die zweite.

12.7 Abschaltkriterien

- Tiefspannungstest. Wenn die Zellenspannung wiederum viel tiefer ist als die zugelassene Entladeschlußspannung, besteht der Verdacht, daß die Zelle kurzgeschlossen ist. Zu niedrige Spannung kann drei Ursachen haben:

    1. Tiefentladung (die Batterie/Zelle darf nicht mit hohem Strom aufgeladen werden)
    2. Beschädigung einer oder mehrerer Zellen
    3. Umpolung einer oder mehrerer Zellen

Dies wird durch die Bedingungen (n*0,9V) für 1 bis 6 Zellen und (n*1,1V) für 6 bis 12 Zellen getestet, manche Hersteller empfehlen (n*1,0V) für 1 bis 7 Zellen und (n*1,1V) für 7 bis 12 Zellen. In der Regel werden in einer Batterie nicht mehr als 15 Zellen zusammengefaßt.

Dieser Test ist also kein richtiges Abschaltkriterium, er muß eher als eine Vorsorgemaßnahme angesehen werden: Die Batterie kann vielleicht geladen werden; aber nicht mit einem großen Strom, sie muß zuerst mit einem kleinen Strom von ca. 0,1 C bis auf eine Spannung von ca. 1 V/Zelle aufgeladen werden.

Die d^2U/dt^2-Methode wird manchmal irrtümlich auch als „Doppelgradient-Methode" bezeichnet – irrtümlich deshalb, weil per Definition der Begriff „Gradient" ausschließlich für eine Ableitung bezüglich der Komponenten des geometrischen Raumes reserviert ist; die erste Ableitung nach der Zeitkomponente wird bereits seit einigen hundert Jahren als Geschwindigkeit bezeichnet und die zweite als Beschleunigung!

So viel zu den Definitionen, jetzt zurück zur Abschaltung: Die Methode muß als eine Verfeinerung der dU/dt-Methode angesehen werden. Sie ermöglicht zusammen mit dem dU/dt-Kriterium die genaue Lokalisierung des Maximums auf der Ladekurve (sofern es eine gibt – was nicht immer der Fall ist). Andererseits würde die d^2U/dt^2-Komponente für sich allein genommen zu einer unvollständigen Auflagung (Unterladen) des Akkus führen.

Wie bereits erwähnt, sollten die Abschaltkriterien nicht einzeln angewendet werden. Die *Tabelle 12.4* listet die Eignungsstufen der drei wichtigsten Abschaltkriterien als Hauptkriterien des Ladens auf, wenn ein bestimmter Effekt erreicht werden soll.

Tabelle 12.4: Eignungsstufen der Abschaltkriterien für bestimmte Funktionen

Verlangter Effekt	Abschaltkriterium		
	dT/dt	-ΔV	zero ΔV
Hohe Ladeströme (max. 1C)	2*	2	2
Schnelladen	3	2	4
Präzise Ladungskontrolle	2	3	4
Minimierung der Aufheizung	3	4	2
Batterieschonung	3	4	2
Als Zusatzkriterium	2	2	4

*Die Benotung erfolgt von 2 bis 4, wobei 2 der beste Wert ist.

12.8 Lithium-Ion-System

Die größten Gefahren, die mit der Anwendung des metallischen Lithiums verbunden waren, sind hier zwar eliminiert, allerdings ist das System weiterhin sehr empfindlich. Da fast alle zur Zeit auf dem Markt verfügbaren Systeme mit flüssigen organischen Elektrolyten arbeiten, kann jede Art von Überhitzung zum Brand führen. Tiefentladung und Überladung sind streng untersagt – beides führt zu erheblicher Verkürzung des Zellenlebens oder sogar zu sofortiger Beschädigung. Einer der Hersteller gibt z.B. die folgenden Spezifikationen an:

Tabelle 12.5 Beispiel der Abhängigkeit der Zyklenfestigkeit einer Li-Ion-Zelle von der Ladespannung

Ladespannung	Kapazität	Lebensdauer
4,1V	1200 mAh	800 Zyklen
4,2V	1300 mAh	400 Zyklen

Dies gibt Hinweise darauf, wie empfindlich das System gegen die Spannung ist. Die Folgen der Überladung haben wir schon früher besprochen.

Hiermit wird nur eine Lademethode festgelegt: die Konstantspannung mit Strombegrenzung. Da die einzelnen Zellen im Laufe der Zeit, wie bei jedem Batteriesystem, ihre Eigenschaften in nur statistisch vorhersagbarer Weise verändern, ist bei den gegebenen strengen Anforderungen das Laden

12.8 Lithium-Ion-System

von einigen zusammengeschlossenen Zellen unmöglich: Bei serieller Verbindung kann die Spannung der einzelnen Zellen nicht überwacht werden, bei paralleler Schaltung dagegen der Strom.

Um Überraschungen zu vermeiden, kümmern sich die Batteriehersteller auch meistens selbst um die Ladung. Die Batterien, die aus mehreren Zellen zusammengesetzt sind, haben eingebaute Kontrollschaltungen, die die Abschaltkriterien für Entladeschluß und Ladespannung überwachen, die Temperatur kontrollieren und eine Stromabsicherung (nicht nur Kurzschlußabsicherung) vornehmen. Zum Laden werden spezielle Ladegeräte eingesetzt, der Benutzer hat hier also eigentlich nichts zu bewirken. Andererseits wird wohl ohnehin kaum jemand mit einer Batterie für ein paar hundert DM experimentieren wollen.

Das Ladeverfahren sieht meistens ähnlich aus wie das nachfolgend beschriebene:

- Lademethode: Konstantspannung mit Strombegrenzung (manchmal auch Konstantspannung/Konstantstrom genannt)
- Temperatur: Begrenzung auf 0 – 40 °C
- Ladespannung: 4,1 V ±0,05 V (systemspezifisch)
- Ladestrom:
  Standard 0,5 C
  Schnelladen 1 – 2 C (systemspezifisch)
- Batteriespannungstest: Spannung außerhalb bestimmter Grenzen – Fehlermeldung. Die Grenzen sind vom Hersteller zu bestimmen, sie liegen meistens außerhalb der zulässigen Arbeitsspannungen, z.B. Spannungsobergrenze +0,02 V und Entladeschlußspannung -0,1 V.
- Wenn die Spannung unter der Entladeschlußspannung aber noch im zulässigen Bereich liegt, wird das Laden mit sehr kleinem Konstantstrom, z.B. 10 mA, für eine bestimmte Zeit durchgeführt. Wenn die Zelle die Entladeschlußspannung nicht übersteigt, dann Ende der Ladung.
- Wenn die Spannung größer oder gleich der Entladeschlußspannung ist, dann Konstantspannungsladen mit Stromkontrolle. Bei einem gewissen Strom, der 90 bis 95% des Aufladewertes entspricht, umschalten auf Ergänzungsladen.
- Timer als Zusatz-Kontrollkriterium eingesetzt
- Pufferladebetrieb und Erhaltungsladen möglich.

12.9 Temperatur der Zelle und Temperatur-Fühler

Noch eine Bemerkung zur Temperatur. In den meisten Katalogen und Büchern, die Zellen/Batterien-Charakteristiken darstellen, ist meistens von der Umgebungstemperatur oder der Zellentemperatur die Rede.

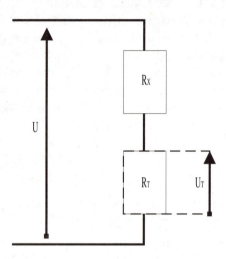

Abb. 12.22 Geeignete Stellen zur Plazierung eines thermischen Fühlers

Im ersten Fall nimmt man aber stillschweigend an, daß sich die Batterie im thermischen Gleichgewicht befindet und die Temperatur an jedem Punkt der Zelle gleich der Umgebungstemperatur ist. Wenn die Zelle anfängt zu arbeiten, gerät sie jedoch aus dem Gleichgewicht und wird dennoch nicht homogen – verschiedene Komponenten erwärmen sich unterschiedlich stark, entweder durch den Jouleschen Effekt oder durch die Reaktionswärme. Die Lage kompliziert sich erheblich, und der Begriff „Zellentemperatur" hat im physikalischen Sinne keine Bedeutung mehr: Die Temperatur ist in verschiedenen Teilen der Zelle unterschiedlich. Die einzig erfaßbare Temperatur ist jetzt nur die Temperatur der Oberfläche des Zellengehäuses, die meistens in einer Kunststoffumhüllung verpackt ist.

Diese Verpackung erschwert die Kühlung der Zelle und die Temperaturmessung. Der Meßfehler wächst deshalb mit steigender Erwärmungsgeschwindigkeit.

Die in den Abschaltkriterien angegebenen Werte betreffen die Zellenoberfläche und können in keinem Fall für die Hartkunststoffgehäuse der Akku-

12.9 Temperatur der Zelle und Temperatur-Fühler

packs verwendet werden, wie sie in portablen Telefonen oder Computern eingesetzt sind. Die Batteriehersteller bzw. die Firmen, die den Zusammenbau durchführen, müssen eine Meßmöglichkeit innerhalb des Gehäuses zur Verfügung stellen oder auf andere Weise die mögliche Batteriebeschädigung aus thermischen Gründen einschränken.

Diesem Zweck dienen die eingebauten thermischen Fühler. Man zählt dazu:

- Den NTC-Thermistor (NTC– negative temperature coefficient) – ein Widerstand mit negativem Temperaturkoeffizienten, der einen kalibrierten Wert hat und durch eine zusätzliche Fläche kontaktierbar ist. Einsetzbar besonders beim dT/dt – Kriterium.

- Den Thermostat – ein Bimetall, das automatisch den Stromkreis unterbricht, wenn die Temperatur einen bestimmten voreingestellten Wert übersteigt – das TCO („thermal cut off")–Kriterium. Nach der Abkühlung schaltet sich der Thermostat selbsttätig zurück.

- Die Thermische Sicherung – eine Absicherung gegen den sogenannten „thermal runaway" – also den thermischen Destabilisierungseffekt, der beim Konstantspannungs-Laden der NiCd/NiMH-Systeme bereits beschrieben wurde. Die Sicherung ist für 91 °C (NiMH, und manche NiCd) oder 95 °C (NiCd) voreingestellt (verschiedene Typen) und kann nicht zurückgesetzt werden.

- Den PTC-Thermistor (PTC–positive thermal coefficient). Er fungiert als eine rücksetzbare Sicherung, die seriell mit den Batteriezellen geschaltet wird. Sie reagiert empfindlich auf zu hohen Strom, aber auch auf Temperaturanstieg. Bei Stromanstieg reagiert sie mit einem steilen Widerstandsanstieg, der zum Ausgangswert zurückkehrt, sobald der Strom wieder unter den vorgeplanten Wert fällt. Wie experimentell festgestellt wurde, steigt die Temperatur der Zelle dann im Falle eines Kurzschlusses um ca. 5°C an und die Zelle wird nicht vernichtet. Im Falle des Temperaturanstiegs reagiert die Sicherung mit einer Unterbrechung des Strompfades – realisiert also das TCO-Kriterium. Eingesetzt wird diese Sicherung meistens nur in NiMH-Batterien.

Die Stelle für die Temperaturmessung ist nicht gleichgültig. Der Fühler muß an einer Stelle plaziert werden, an der der Temperaturanstieg am größten ist; nur dann kann er die Batterie effektiv schützen. In *Abb. 12.22* ist ein Beispiel einer Plazierung des Thermistors im Batteriegehäuse dargestellt.

Tabelle 12.4. Batterie-Schutzeinrichtungen

Fühler	Funktion	Temperatur-bereich	Genauigkeit
Thermistor (NTC)	Temperatur-überwachung	-50 – 100 °C	±5%
Thermostat	Reversible Temperaturbegrenzung	55 – 75 °C	±5%
Thermische Sicherung	Stromunterbrechung, nicht reversibel	90 – 94 °C	±5%
Thermo-/Reversible Sicherung	Stromunterbrechung, Strom ab 2 C	55 – 75 °C	KA
Thermistor (PTC)	Kurzschluß und Überhitzung	55 – 75 °C	KA

12.10 Der Thermistor als Thermometer

Die einfachste Methode, um die Temperatur mit einem NTC-Thermistor zu messen, ist ein Spannungsteiler, siehe Abb. 12.23.

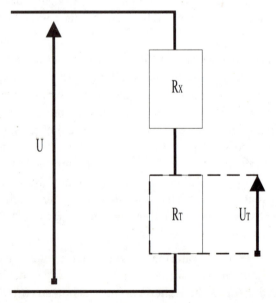

Abb. 12.23 Spannungsteiler, mit NTC-Thermistor – R_T

12.10 Der Thermistor als Thermometer

Ein solcher Spannungsteiler setzt sich aus einem seriell geschalteten Widerstand R_x und einem Thermistor zusammen. Der Widerstand muß dabei so gewählt werden, daß für einen gegebenen Thermistor die Veränderung der Spannung im Meßbereich linear bleibt. Die einfachste Berechnungsmethode führt über die Annahme, daß die zweite Temperaturableitung der Teilerspannung null ist. Ohne die Berechnungen hier im einzelnen vorzuführen, geben wir unten die daraus resultierenden Formeln an:

(1) $R_x = R_{T0}\left(\dfrac{\beta - 2T_0}{\beta + 2T_0}\right)$

(2) $\beta = \left[T\left(\dfrac{T_0}{T_0 - T}\right)\right]\ln\left(\dfrac{R_T}{R_{T0}}\right)$

(3) $\alpha = \dfrac{1}{R_T}\left(\dfrac{dR}{dT}\right)$

(4) $\alpha = \dfrac{-\beta}{T^2}$

R_T ist hierbei der Wert des Thermistorwiderstands bei gegebener Temperatur, R_{T0} bezeichnet den Widerstandswert bei einer Referenztemperatur T_0, R_x den gesuchten Widerstandswert, β eine thermistorspezifische Konstante, α den Temperaturkoeffizienten des Thermistors (in %/°C des R_{T0}). Die Temperaturen sind in Kelvin angegeben. Die meisten Kataloge spezifizieren R_{T0} und R_T/R_{T0} für zwei Temperaturen, α und die Toleranzen von β und R_{T0}. Bei gegebenem R_{T0} ist es also sehr einfach, R_x aus der Gleichung (1) zu berechnen. Der obige Satz von Gleichungen ermöglicht die Berechnung von R_x für jeden gegebenen Satz von Variablen. Für ein numerisches Beispiel nehmen wir den Thermistor Panasonic ERT-D2FHL103S mit folgenden Parametern:

1. $R_T(25\ °C) = R_{T0} = 10k$

2. $\alpha = -4.6\%/°C$ bei 25 °C

3. $R_{25}/R_{50} = 2.9$.

Aus den Gleichungen (1) und (2) erhalten wir $R_x = 7{,}45k$, der nächste Widerstand ist 7,5k. Die Charakteristik dieses Spannungsteilers ist in *Abb. 12.24* dargestellt.

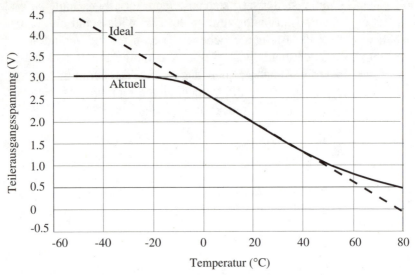

Abb. 12.24 Charakteristik des berechneten Spannungsteilers

Eine clevere Alternative zum Thermistor, obwohl nicht für alle Anwendungsbereiche geeignet, ist ein Baustein, der eine zur Temperatur proportionale Spannung liefert, wie z.B. der LM35 von National Semiconductor. Seine Versorgungsspannung beträgt 5 V, der Ruhestrom 50 µA und die Ausgangsspannung ist linear zu der Temperatur und beträgt 10 mV/°C – was z.B. bei 20 °C 200 mV ergibt.

12.11 Was ist beim Kauf eines Ladegerätes zu beachten?

1. Das Gerät muß zum Einsatz mit dem elektrochemischen System, das wir besitzen, geeignet sein. Das heißt, es muß vom Hersteller eindeutig darauf hingewiesen sein, daß das Gerät z.B. zum Laden von NiMH-Batterien geeignet ist. Steht in der Beschreibung des Gerätes, daß es für mehrere elektrochemische Systeme geeignet ist, so muß dort auch klar beschrieben sein, wie das Gerät auf die verschiedenen Systeme umzuschalten ist.

12.11 Was ist beim Kauf eines Ladegerätes zu beachten?

2. Die Gerätebeschreibung muß auch eindeutig angeben, für wie viele Zellen es angewendet werden kann. Es ist dann unbedingt erforderlich, zu überprüfen, ob die angegebene Zahl für die eigenen Zwecke ausreichend ist.

3. Soll das Gerät das Schnelladeverfahren realisieren, so muß es auch über eine ausreichende Leistung verfügen. Das bedeutet, daß bei einer ausreichenden Anzahl von Zellen noch eine genügend hohe Stromstärke zur Verfügung stehen muß. Zur Berechnung dieses Stromstärkewertes läßt sich die folgende Faustregel anwenden:

Stromstärke = Batteriekapazität*1.5/Ladezeit.

Ein Beispiel:

Einer der namhaften Elektronikhersteller macht Werbung für sein neues Batterie-Management-Gerät. Zuerst wird beschrieben, daß das Gerät 1 bis 12 Zellen aufladen kann, was fast alle Akkupacks abdeckt, die auf dem Markt existieren. Weiterhin wird der Ladestrom angegeben: 100 bis 500 mA. Unser Notebook hat ein Akkupack mit einer Kapazität von 2,5 Ah. Mit diesen Daten ergibt sich aus der obigen Faustregel:

Ladezeit = (Nennkapazität * 1,5)/Ladestrom = 2,5*1,5/0,5 = 7,5 h.

Fazit: Für unsere Notebook-Batterie ist das Gerät als Schnelladegerät nicht geeignet.

4. Vermeidung des Memory-Effekts: Wie bereits erwähnt, ist der Memory-Effekt für den normalen Benutzer ohne Bedeutung – er stellt keine Gefahr dar. Wenn nun ein Gerätehersteller beschreibt, wie man „bei sorgfältiger Ladungsunterbrechung den Memory-Effekt vermeiden kann", so hat er dabei eindeutig den Memory-Effekt mit dem Überladungseffekt verwechselt. Beide Effekte behebt man übrigens durch ENTLADEN der Batterie.

5. Abschaltkriterium. Sehr verbreitet ist das -ΔU-Kriterium, weil in diesem Fall keinerlei Zusatzeinrichtungen benötigt werden. Das dT/dt-Kriterium kann nur eingesetzt werden, wenn unsere Batterie mit einem internen (d.h. im Batterie-Gehäuse eingebauten) Temperatur-Fühler ausgestattet ist.
Es muß zur Sicherheit zusätzlich noch mindestens ein weiteres Abschaltkriterium angegeben werden, am besten ein Timer.

6. Wenn das Ladegerät die Batterie auch entladen soll (was sehr brauchbar ist, wenn man einmal den Überladungs-Effekt beseitigen muß), ist zu beachten, daß eine zu tiefe Entladung zur Umpolung der Zelle führen kann.

13 Schnellade-Techniken

Wer dem Kapitel 12 aufmerksam gefolgt ist, hat sicher bemerkt, daß die dort beschriebenen Lademethoden im günstigsten Fall die Volladung eines Akkus in der Zeit von ca. 1,5 Stunden erlauben, was im Schnelladeverfahren aus der Hauptladung (ca. 1 Std.) und der Ergänzungsladung (0,5 Std.) resultiert. In weniger kritischen Fällen läßt sich das konventionelle, unkontrollierte Beschleunigte-Laden (4 bis 6 Std.) anwenden.

Für mehrere Anwendungen ist dies, wie Markt-Untersuchungen bewiesen haben, durchaus ausreichend, z.B. für die Anwendung in Camcordern. Es existieren jedoch Anwendungsbereiche, für die diese eine Stunde eine zu lange Zeit ist. Die einfachsten Beispiele hierfür sind die akkugetriebenen Werkzeuge oder die tragbaren Telefone. Von dieser Seite gibt es eine große Nachfrage nach Schnelladeverfahren. Wir beschreiben im weiteren einige offengelegte Schnellade-Techniken, die auf dem Markt entweder als Silicon gegossen oder in mikroprozessorgesteuerten Ladegeräten erhältlich sind und als erprobt gelten.

Die Schnellade-Algorithmen haben allerdings auch eine große Zahl von Gegnern, und das oft zu Recht. Manche Schnelladeverfahren verwenden meist aus Kostengründen zu grobe Kontrollmechanismen, die aus den konventionellen Methoden übernommen wurden, wie zum Beispiel die -dV-Methode, was wiederholte Überladung und Batterieerhitzung verursacht. Die weiter fortgeschrittenen Lade-IC's verwenden aber ebenfalls nicht immer unproblematische Lösungen. Zu den häufigsten Fehlern zählt man:

- zu frühe Abschaltung wegen Änderungen der Anfangsspannung des Akkus (U_s in Abb. 12.21)
- zu frühe Abschaltung, wenn die Batterie während der Ladung unter periodischer Last eingeschaltet bleibt – wie bei Blinkdioden
- zu späte Abschaltung wegen externen Rauschens oder zu unempfindlichen Meßmethoden
- Ladeversagen wegen zu niedriger Batteriespannung.

Die aufgeführten Probleme haben natürlich unterschiedliche Gewichte; z.B. macht sich das zu frühe Abschalten des Ladens wegen eines Anfangsspannungsabfalls innerhalb der ersten paar Minuten der Ladung bemerkbar. Die über lange Zeiträume gelagerten NiCd-Zellen weisen oft diesen Effekt auf. Das verursacht keinen Batterieschaden; es ist somit für den Benutzer allenfalls ärgerlich und tritt auch nur ein- bis zweimal auf, wobei es beim nächsten Laden wieder behoben wird. Viel gefährlicher wird es dagegen, wenn ein Verfahren, das nach der -dV-Methode arbeitet, einen Spannungspeak erwartet, die Batterie aber eine fast flache Charakteristik zeigt, was oft bei Hochtemperatur- oder Hochstrom-Batterien der Fall ist, wenn sie z.B. bei höheren Temperaturen aufgeladen werden.

Die folgenden Techniken, basierend auf einem Mikrokontroller, schaffen die Aufgabe in kürzerer Zeit: meistens zwischen einer halben Stunde und 45 Minuten. Die partielle Akkuladung erfolgt sogar in nur ca. zehn Minuten (80% – 90%); aufgrund der sinkenden Stromakzeptanz des Akkus muß der Strom dann reduziert werden, was in den meisten Fällen mit ganz gewöhnlichem Ergänzungsladen endet und natürlich auch entsprechend länger dauert.

13.1 Resistance Free Voltage (Furukawa Battery Co., Ltd)

Anwendung: NiCd, NiMH

Die Bezeichnung Resistance Free Voltage beschreibt keine Lademethode, sondern ein Verfahren zur Ladespannungskontrolle. Das Hauptprinzip liegt darin, daß die Leerlaufspannung der Zelle während der Ladung kontrolliert wird – was ein Eliminieren der Polarisationskomponente der Spannung erlaubt. Auf der anderen Seite ist die Stromakzeptanz der Zelle in entladenem Zustand immer groß und sinkt während des Ladens ab. Durch genaue Kontrolle des Ladezustandes kann der Ladestrom variieren und nur so viel an elektrischer Ladung liefern, wie die Zelle akzeptieren kann; man vermeidet dadurch Überladung und Überhitzung. Es wird ein genauer Vergleich der Zellenspannung mit einer Referenzspannung durchgeführt, und nach Erreichen eines bestimmten Wertes wird der Strom bis zum Erhaltungsladen abgesenkt. *Abb. 13.1* zeigt die Meßmethode: das Erfassen des Spannungswertes in den Pausen zwischen den Impulsen.

13.1 Resistance Free Voltage (Furukawa Battery Co., Ltd)   197

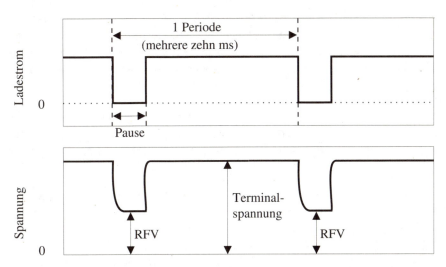

Abb. 13.1 Prinzip der Resistance-Free-Voltage-Methode nach Fa. Furukawa

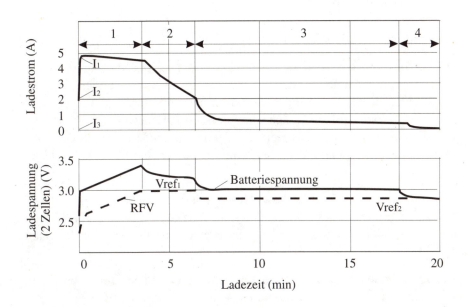

Abb. 13.2 Strom/Zeit- und Spannungs/Zeit-Charakteristiken der Furukawa-Methode

In *Abb. 13.2* sind die Strom/Zeit- und Spannungs/Zeit-Charakteristiken demonstriert. Wie man sieht, verläuft die erste Phase mit einem Strom von 5 C und geht nach ca. 18 Minuten stufenweise in die Erhaltungsladung über. Die Umschaltung erfolgt nach Erreichen der Referenzspannungen U_{ref1} und U_{ref2}.

Während des Stromdurchflusses durch die Zelle entsteht ein Spannungsabfall, der sich aus verschiedenen Komponenten zusammensetzt, darunter auch aus nichtlinearen (nichtohmschen), wie wir bereits im Kapitel 4 über den Zellenwiderstand dargelegt haben.

Eine Batterie bestehend aus zwei Zellen des AA-Typs kann in zehn Minuten 80% der Kapazität erreichen. Das Laden wird nach ca. 20 Minuten auf Erhaltungsladen umgeschaltet.

13.2 Computer Charge System – CCS (BTI, Graz)

Anwendung: NiCd, NiMH, Pb-Säure

Die Methode basiert auf dem Ersatzschaltbild der Zelle, das unten gezeigt ist. Die Ersatzschaltung ist der von uns bereits besprochenen ähnlich. Der Unterschied liegt darin, daß das Warburgmodul hier durch „die eigentliche Batterie" ersetzt wurde. Da sich die einzelnen Parameter (also R_1, R_2, U_0 und C) während des Ladens ziemlich deutlich verändern, kombiniert man sie in einem Kennparameter S, den seine Erfinder nicht offengelegt haben.

Der Kennparameter wird für die Batterie während des Ladens laufend gemessen und überwacht. Für diese Methode ist also nicht wichtig, wie der Anfangsladezustand des Akkus oder seine Charakteristik aussieht. Einzelheiten über den Batterietyp oder seine Parameter müssen nicht bekannt sein.

Die Kenngröße S des Akkus wird am Anfang des Ladens erst berechnet, man benötigt also keine produktions- oder typbedingten Voreinstellungen. Weil das Ladesystemverhalten nach den Veränderungen dieser Größe dynamisch variiert, brauchen Strom und Spannung auf keine konstanten Werte eingestellt zu werden. Das Kontrollsystem reagiert auf die Extremwerte dieser Kenngröße und unterbricht zum richtigen Zeitpunkt die Ladung. Das System ist also selbstlernend und paßt sich dynamisch den Akkuparametern

13.2 Computer Charge System – CCS (BTI, Graz)

an. Nach den Angaben des Herstellers ist ein Schnelladen mit einem Strom von bis zu 3 C für normale Batterien (also nicht schnelladefähigen) zulässig! Man geht dann von einer Ladezeit von 20 Minuten bis auf 100% der Kapazität aus. Da der Ladestrom durch die Batteriekonstruktion begrenzt ist, sollte also für die Schnelladetypen ein noch schnelleres Laden möglich sein, ohne die Batterie zu überladen oder zu überhitzen.

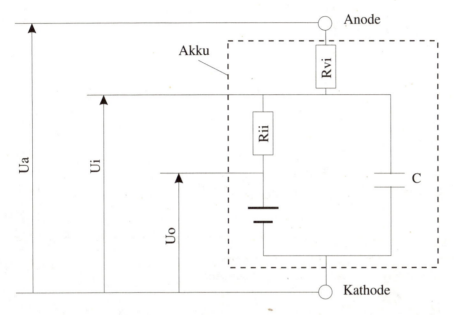

Abb. 13.3 Ersatzschaltbild einer Batterie, nach Fa.BTI, Graz (US Pat. 5,256,957)

Der Ladealgorithmus wird nach der in *Abb. 13.4* dargestellten Block-Schaltung realisiert.

Leider haben wir in keiner Veröffentlichung über diese Methode, die uns zugänglich war, eine genauere Beschreibung der Kenngröße S gefunden. In der Praxis haben wir aber festgestellt, daß die CCS-Geräte, die wir getestet haben, gegenüber dem Spannungsabfall am Anfang der Ladecharakteristik von NiCd-Akkus empfindlich sind, was darauf hindeutet, daß dieses Verfahren auf der dU/dt -Abschaltungsmethode basiert.

Die von uns getestete Volladezeit betrug ca. 43 min für eine 600 mAh-Batterie, bei einem Ladestrom von 1,6C.

Die Vorteile des Systems:

- verschiedene Akkutypen und Systeme möglich
- keine zusätzlichen Sensoren nötig
- keine Abgleiche in der Produktion
- keine Stabilisierung der Stromquelle erforderlich.

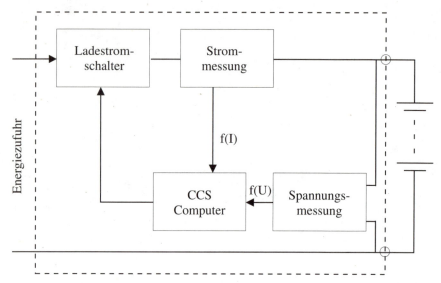

Abb. 13.4 Blockschaltung des CCS-Ladegerätes

13.3 Ultra-Schnell-Lader (Eltex)

Anwendung: NiCd

Der Ladealgorithmus wurde für die militärische Anwendung ins Auge gefaßt und mußte deshalb folgende Kriterien erfüllen:

- automatische Batterie-Kapazitätserkennung im Bereich 0,45 bis 5 Ah
- keine Gasung erlaubt
- Laden im Temperaturbereich -30°C bis +50°C
- möglichst schnelles Laden unter extremen Temperaturen
- automatische Ladeüberwachung
- keine Batterie-Zusatzkontrolle während des Ladens (Temperatur, Druck, etc.).

13.3 Ultra-Schnell-Lader (Eltex)

Es handelt sich um eine Impulslademethode mit modulierter Pulsfrequenz, die auf der Anpassung des Ladestromes an das Batterieaufnahmevermögen basiert, was die Gasung verhindert. Die Parameter des Ladeimpulses werden während des Ladens im Real-Time-Modus berechnet. Die Parameter des nächsten Impulses resultieren immer aus denen des vorangegangenen Impulses. Das Ladeprinzip wird in der nächsten Abbildung erläutert.

Da die Spannung der Impulsbasis als indirektes Überwachungskriterium verwendet wird, basiert die Methode auf dem dU/dt-Prinzip.

Der Ladevorgang wird auf eine Periode von einer Minute Länge aufgeteilt, während der Ladestrom mit einer Frequenz von 1 Hz abwärts gepulst ist. Der Anfangsstrom beträgt 10 A, was dem maximal lieferbaren Strom des Gerätes entspricht.

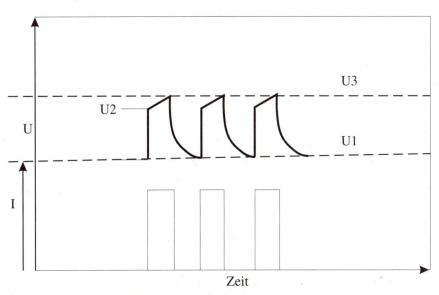

Abb. 13.5 Prinzip des Schnelladealgoritmus der Firma Eltex

Vor Ladebeginn wird die Batterieleerspannung gemessen (U_1 auf der *Abb. 13.5*). Gleich nach Einschalten des Strompulses steigt die Batteriespannung aufgrund der Polarisation ebenfalls an und wird als U_2 gemessen. Nach dem rapiden Polarisationsanstieg steigt die Spannung weiter an, jedoch viel langsamer, was die Änderung des Batterieladeszustandes wiederspiegelt. Der Strom wird am Anfang maximal 1s lang aufrechterhalten oder bis zum Erreichen des Gasungswertes durch die Spannung U_3. Dann wird abgeschaltet, und die Batterie ruht sich aus, bis der Spannungswert auf U_1 absinkt. Die Gasungsspannung wird allerdings von der Pulsbasis aus gemessen, also von U_1 aus. Falls die Gasungsspannung innerhalb einer Sekunde nicht erreicht wird, wird der Impuls auf jeden Fall abgeschaltet. Um die Impulsparameter zu bestimmen, mißt das Ladegerät die Umgebungstemperatur vor dem Laden und korrigiert den Standardwert von 1,52 V (angenommene Gasungsspannung bei 20 °C) entsprechend. Falls die Spannung U_3 innerhalb von 16 ms erreicht wird, wird der Strom abgesenkt und die Impulslänge wieder auf einen neuen, längeren Wert gesetzt. Wenn aber von einer größeren Anzahl der Impulse die Spannung U_3 nicht erreicht wurde, wird die Pulsdauer verlängert, was den mittleren Wert des Stromes erhöht. Nach jeder Minutensequenz erhält die Batterie einen 1s langen Entladeimpuls und anschließend ein paar Minuten Ruhezeit. Nach dieser Sequenz wird die Spannung gemessen und (unter anderem) aufgrund des dV-Kriteriums entschieden, ob die Ladung verlängert werden soll. Nachdem das Impulsladen abgeschlossen ist, startet das Ausgleichsladen mit viel niedrigerem Strom, der stufenweise an das Aufnahmevermögen der noch nicht vollgeladenen Zellen angepaßt wird.

Beispielhafte Ladezeiten betragen, nach den Hersteller-Angaben, etwa 45 Minuten für die 5 Ah-Batterie und 25 bis 30 Minuten für eine 700 mAh-Batterie.

Der Hersteller behauptet, daß diese Methode keinerlei Anforderungen an den Batterietyp (z.B. keine Einschränkung auf nur schnelladefähige Batterien) stellt.

13.4 ReFLEX® (Christie Electronic Corporation)

Anwendung: Prinzipiell alle Systeme

Der Ladealgorithmus, der unter dem Namen ReFLEX patentiert ist, verwendet einen negativen Stromimpuls, um die Stromakzeptanz der Zelle zu reaktivieren. Wie bereits in Kapitel 4 diskutiert, ist der Spannungsabfall der Zelle auf verschiedene thermodynamische und elektrochemische Mechanismen zurückzuführen.

Einer davon ist die Bildung einer Doppelschicht der elektrostatischen Ladung an der Elektroden-/Elektrolytgrenze. Sie entsteht aufgrund der räumlichen Trennung der Ladungen und behindert die Übertragung der Ladungen über die Elektrodengrenze hinaus. Man kann diese Schicht mit einem elektrischen Kondensator vergleichen. Der Effekt verstärkt sich im Laufe des Ladungsprozesses, was eine der Ursachen für die abnehmende Stromakzeptanz der Zelle ist.

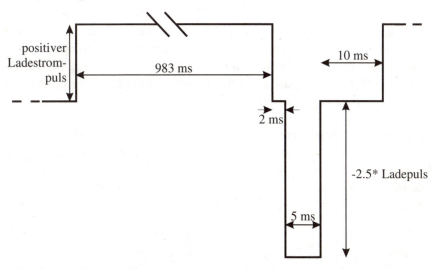

Abb. 13.6 Das Prinzip der ReFLEX-Ladetechnik. Der kurze negative Impuls entlädt die Doppelschicht

Die Technik basiert auf der Idee, daß im Falle eines Abbaus der Schicht eines der Stromhindernisse beseitigt wäre, also die Stromakzeptanz ansteigen würde. Man erreicht dies eben durch Einschalten eines Entladeimpulses. Weil er eine Gegenpolarität hat, „saugt" er gewissermaßen die Schicht ab. Wenn der Impuls darüber hinaus noch entsprechend kurz ist, verursacht er auch keine Batterieentladung – alles spielt sich somit zu Lasten der elektrostatischen Schicht ab. Die *Abb. 13.6* demonstriert den Verlauf dieses Stromimpulses, wie er von der Firma ICS in den Schnelladechips der Serie ICS17xx verwendet wird.

13.5 PWM – Pulsweite-Modulation

Diese Technik findet bei den Ladebausteinen eine sehr umfangreiche Verwendung, da sie sehr einfach und kostengünstig mit digitalen Systemen zu realisieren ist.

Der Name bezieht sich auf die Kontrolltechnik des Ladestromes: Er wird nämlich für unterschiedlich lange Zeiträume periodisch ein und ausgeschaltet. Der Konstantstrom wird hier meistens von einer externen Quelle geliefert und z.B. mittels eines Feldtransistors geschaltet. Die Steuerungseinheit muß über einen Kontrollmechanismus verfügen, um die Einschaltzeiten dem momentanen Ladezustand anzupassen. Die Schaltperiode und die Stromamplitude bleiben aber während des gesamten Ladungsvorgangs konstant. Beim leeren Akku funktioniert dies also ganz analog zu der Methode der Konstantspannung mit Strombegrenzung, weil die Abschaltperioden praktisch unsichtbar bleiben. Die Erhaltungsladung dagegen erfolgt mit dem gleichen Strompegel wie bei der Hauptladung, der nur für einen Bruchteil einer Periode eingeschaltet wird. Dadurch ergibt sich ein Mittelwert über die Periode, der der gewünschten Größe (z.B. 1/100 C) des Ladestromes entspricht. Die *Abb. 13.7* demonstriert schematisch den Unterschied zwischen dem Normalladungs- und dem Erhaltungsladungs-Steuersignal.

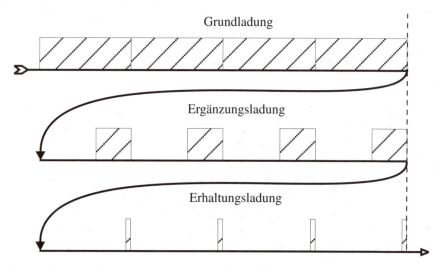

Abb. 13.7 Das Prinzip der PWM-Technik: Bei konstanter Periode ändert sich die Zeit, zu der Strom eingeschaltet wird (die dunklen Bereiche)

Diese Technik wird von den Ladechipherstellern bevorzugt, weil die Steuerung nur über zwei Zustände verfügt und damit billig mit digitalen Methoden zu realisieren ist: Man spart dabei den D/A-Wandler.

14 Ladebausteine

Der Trend bei der gesamten Elektronikentwicklung geht zur Minimierung des Leistungsverbrauches und Verbesserung der Funktionalität bei gleichzeitiger Erhöhung der Komplexität. Dies gilt auch für Ladegeräte. Immer häufiger wird ein Ladegerät aus drei Einheiten zusammengesetzt, siehe *Abb. 14.1*, welche folgende Funktionen haben:

1. Front-End – hier erfolgt die Erfassung der Kontrollparameter: Strom und/oder Spannungsmessung, Temperaturmessung, manchmal haben sie einen integrierten Timer. Dieses Teil kann auch als batterieintegrierbarer Baustein gebaut werden.
2. Steuerungseinheit – hier erfolgen die Erfassung der Kontrollparameter, die Abarbeitung des Ladealgorithmus und die Erzeugung der Steuerungssignale der Leistungseinheit oder sogar Ein- und Abschaltung der Batterieverbindung (der Energiezufuhr) mit dem Grundgerät. In den weiteren Charakteristiken wird dieser Block als Kontroller bezeichnet.
3. Leistungseinheit – Aufbereitung von Strom/Spannung nach dem gewünschten Ladeprinzip (Stabilisierung des Stroms oder der Spannung, Formierung des Impulses etc.). Dieser Teil wird oftmals mit einem Netzadapter zusammengebaut.

Die ersten zwei Module existieren in den alten Ladegeräten noch nicht – statt dessen war die Leistungseinheit für Konstantstrom oder Konstantspannung ausgelegt. Später wurde es mit einem Timer ausgestattet. Heute ist es meistens ein Mikroprozessor bzw. ein dedizierter Baustein mit dem Mikroprozessor-Kern, der außer einem Prozessor auch Speicher und A/D-Wandler integriert. Das Modul ermöglicht häufig die Berechnung der Ladungsmenge unter Berücksichtigung der Temperaturänderungen, es kann sich an den Batterietyp anpassen; einige Typen können sogar den Entladeprozeß realisieren, die Daten speichern und den Batteriezustand signalisieren. Wenn diese Typen zusätzlich noch für den Einbau in das Batteriegehäuse konzipiert sind, landen wir bei dem Konzept der Smart Battery. Unter diesem Aspekt beginnt der Unterschied zwischen einem Ladegerät und einer Batteriekomponente zu verschwimmen.

14 Ladebausteine

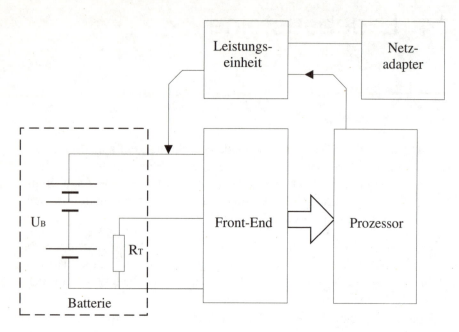

Abb. 14.1 Blockschaltbild eines prozessorgesteuerten Ladegerätes

Die Unterteilung des Kontrollers in ein Front-End (Datenerfassungs- oder Meßeinheit) und ein Datenverarbeitungsmodul (Prozessor) ist sinnvoll, weil es einen flexiblen Einsatz ermöglicht. Das Front-End Modul erledigt die Datenerfassung und -aufbereitung, wenn es als getrennte Einheit realisiert wurde und beinhaltet meistens auch Speicher und Kommunikationsinterface. Eine kleinere Zahl von Zusatzkomponenten wie Widerstände oder Kondensatoren und geringer eigener Stromverbrauch kann den Baustein geeigneter für einen Einsatz im Batterie-Pack oder dem bereits dichtgepackten „Handy" (oder "Funkie" ?) machen. Ein Baustein mit integrierter Batterie kann wiederum den Batteriezustand überwachen – und melden, wenn die verfügbare Ladung zu Ende geht. Diese Bausteine besprechen wir im nächsten Kapitel.

Das zweite Modul übernimmt die Kontrollfunktionen des Ladeprozesses und führt die Datenspeicherung und -auswertung durch. Gewöhnlich werden zu diesen Zwecken die Mikrokontroller eingesetzt, die auch Datenerfassungs- und Steuerungsmöglichkeiten wie z.B. AD-Wandler oder PWM-Ausgänge besitzen. Die reinen Prozessoren müssen dagegen um diese Peripherien ergänzt werden. Beide verbrauchen im Vergleich mit dem Front-End

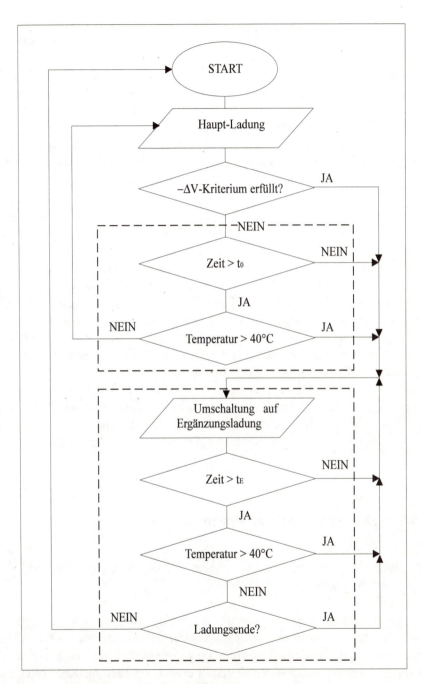

Abb. 14.2 Flußdiagramm eines Ladekontrollvorganges

viel Strom, was in einem netzbetriebenen Gerät (z.B. einem Ladegerät) zu keinem gravierenden Nachteil wird. Zum Einbau ins Batteriegehäuse oder ins Grundgerät sind sie aber meistens erst ab größeren Batteriekapazitäten geeignet – es gilt hier die Regel, daß der Leistungsverbrauch der ins Batteriegehäuse eingebauten Zusatzkomponenten in ihrem Schlafmodus kleiner (besser: vernachlässigbar) sein muß als die Batterieselbstentladung. Im Aktivzustand muß ein solches System wiederum viel weniger Energie verbrauchen als das Grundsystem. Es hätte keinen Sinn, wenn ein Batterieüberwachungsprozessor genau so viel Energie verbrauchte wie der Hauptprozessor des Notebooks, in dem er integriert ist.

Das folgende Kapitel listet die Bausteine auf und faßt kurz deren Eigenschaften zusammen. Wir streben jedoch nicht an, alle existierenden Bausteine zu beschreiben oder wenigstens zu erwähnen: Dieses Marktsegment verspricht für die nächsten Jahre einen ähnlichen Boom wie der Batteriemarkt, jeder Siliziumhersteller versucht also auf seine Weise, ein Stück von diesem Kuchen abzubekommen. Die neuen Entwicklungen verbreiten sich sehr schnell auf dem Markt. Manchmal sind das nur Pseudoladebausteine (z.B. nur Strom- oder Spannungs-Stabilisatoren). Manche Firmen beliefern den europäischen Markt nicht, andere wiederum rüsten die Batterien mit zugekauften Bausteinen auf, die sie unter eigenem Markenzeichen verwenden (sog. OEM). Jede Ausgabe der neuen Produktkataloge bringt Neuerungen, und demzufolge ist anzunehmen, daß zwischen dem Zeitpunkt der Niederschrift dieser Zeilen und dem Erscheinen des Buches bereits wieder einige neue Bausteine auf den Markt gelangt sind.

14.1   Der Ladekontroll-Prozeß

Der durch den Kontroller realisierte Kontrollvorgang ist auf der *Abb. 14.2* in Kurzform dargestellt.

Nach dem Einschalten des Ladestroms wird die Batteriespannung gemessen. Der nächste Schritt überprüft das Ladeabschaltkriterium. Falls es nicht erfüllt ist, wird ein Zusatzkriterium (gegebenenfalls auch mehrere) überprüft. Ist schließlich eines der Kriterien erfüllt, schaltet der Kontroller auf Ergänzungsladung oder direkt auf Erhaltungsladung um.

14.1 Der Ladekontroll-Prozeß

Was aus der *Abb. 14.2* nicht ersichtlich ist, ist die Tatsache, daß jede Überprüfung der Kontrollparameter mit einer Messung entsprechender physikalischer Größen verbunden ist. Diese Messungen werden entweder durch die Peripherien des Kontrollers durchgeführt (A/D-Wandler) oder durch den Front-End-Baustein mitgeteilt. Die Art und Weise, wie diese Messungen realisiert werden, hat auch großen Einfluß auf die Zuverlässigkeit und Qualität des Ladegerätes. Ein nicht ausreichendes Filtrieren des Meßsignals führt zu verfrühter Abschaltung – die Batterie bleibt unterladen. Zu starkes Filtrieren dagegen kann zur Folge haben, daß der Spannungsabfall unbemerkt bleibt.

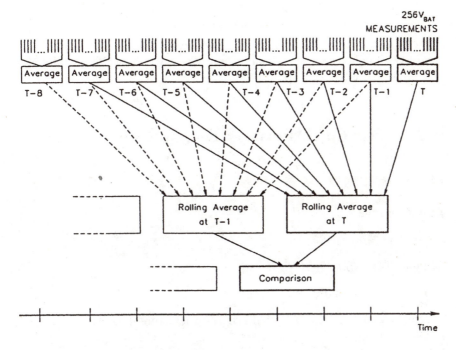

Abb. 14.3 Schema der „rolling average"-Methode.

Eine der verbreiteten Kontrollmethoden ist der sogenannte „rolling average". Wir erklären sie anhand des Kontrollers ST6210 der SGS-Thomson: Innerhalb von ca. 19 ms wird eine Serie von 256 Batteriespannungsmessungen durchgeführt und daraus der Mittelwert M_i ermittelt. Die Messungen werden mit einer Periode von 1 s wiederholt, wobei die weiteren Mittelwerte errechnet werden. Die sequentiell ermittelten letzten acht Werte werden zur Bildung des „rolling average" verwendet:

$$A_{vr} = \frac{\sum_{i=1}^{8} M_i}{8}.$$

Der A_{vr-1}-Wert wird mit dem A_{vr}-Wert verglichen und der resultierende Wert wird gespeichert. Die sich so ergebenden Werte folgen dem Verlauf der Batterieladecharakteristik. Falls sie abzusinken beginnen, ist das -deltaU-Kriterium erfüllt.

Das Einschalten des Ladestroms wird am einfachsten durch Ansteuerung eines binären Schalters realisiert: Kontroller-Ausgang auf LOW-Stromschalter aus; Kontroller-Ausgang auf HIGH-Stromschalter ein. Auf diese Weise läßt sich der Strom lediglich ein- und ausschalten, jedoch nicht regulieren. Wir kennen dies schon unter dem Namen Puls-Weiten-Modulation (PWM), beschrieben in Kapitel 13.

14.2 Kurze Charakteristiken der Bausteine

14.2.1 AS211

Typ: Kontroller

Hersteller: *Sanyo*

Geeignet für: *NiMH und NiCd*

Implementierte Funktionen:

- Schnelladen mit VPD-Abschaltkriterium (Bestimmung des Maximums der Spannung)
- Sicherheitsabschaltung: Timer, Temperatursensor, manuelle Unterbrechung
- Programmierbare Lademodi: NiCd: 15 min. bis 5 Std.
  NiMH: 70 min. – 5 Std.
  Batterietest: Prüfung nach Kurzschluß,Unterbrechung, unformierte Zellen, lang gelagerte Zellen
- Vom Benutzer wählbare Funktionen:
  Erhaltungsladerate,
  Anzahl der Zellen,

14.2 Kurze Charakteristiken der Bausteine

LED-Signalisierung,
Kontrolle des Erhaltungsladens,
Timer - Entladefunktion.

Der Baustein verfügt über umfangreiche Funktionen, die insgesamt den Eindruck eines logisch und konsequent entwickelten Ladegerätes machen. Die Meß-, Steuerungs- und Datenverarbeitungsmodule sind auf einer Chipfläche integriert, zur Einschaltung des Ladestromes bzw. der Steuerung der Entladung wird jedoch eine externe Transistorschaltung benötigt.

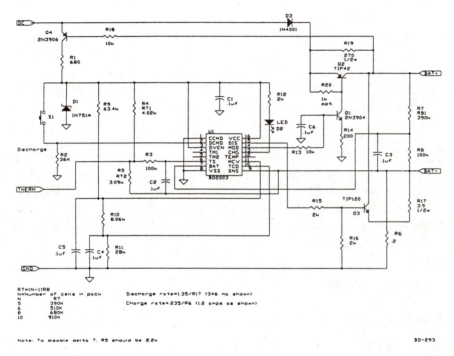

Abb. 14.4 Schnelladegerät mit dem Baustein bq2003

14.2.2 bq2003

Typ: *Kontroller*

Hersteller: *Benchmarq*

Geeignet für: NiCd, NiMH

Der Baustein, in CMOS-Technologie realisiert, ermöglicht das Ein-/Ausschalten des Ladestroms eines Leistungsbausteins. Die implementierten Abschaltkriterien:

dT/dt, PVD, -ΔV, TCO und Zeit

ermöglichen eine zuverlässige Ladeterminierung. Die Temperaturkontrolle wird mittels eines Thermistors durchgeführt, welcher in mehreren Batteriegehäusen eingebaut ist. Der Timer ist für drei Ladeströme ausgelegt:

C/2, 1C, 2C und 4C. Die Ladezeiten betragen dann entsprechend 160, 80, 40 und 23 Minuten.

Nach dem Laden erfolgt die Umschaltung auf Ergänzungsladen und danach auf Erhaltungsladen. Da der Steuerausgang nur über zwei Zustände verfügt, sind die Ströme gepulst. Der mittlere Strom beträgt dann C/64 für die C/2- und 1C-Laderaten und C/32 für die 2C-Rate (was sich als mittlerer Wert aus dem aktiven Ladepuls von 286 µs innerhalb einer Periode von 18,0 ms ergibt).

Zu den weiteren Merkmalen zählen:

- ein LED-Ausgang für die Ladezustandsanzeige
- Ein Ladeunterbrechungs-Pin, der das Anhalten des Timers und das spätere Fortsetzen des Ladens ab dem Unterbrechungspunkt ermöglicht.
- Umschaltungsmöglichkeit zum Low-Power-Zustand mit geringem Stromverbrauch.

14.2.3 CCS9310CB

Typ: Kontroller

Hersteller: *BTI*

Geeignet für: NiCd, NiMH

Der Baustein implementiert den im vorherigen Kapitel beschriebenen CCS-Schnelladealgorithmus.

Implementierte Funktionen:

- Automatische Erhaltungsladung (Verfahren ist nicht näher definiert)
- Ladung verläuft mit Berücksichtigung des Ladezustandes und der Umgebungstemperatur
- Ladestrom-Ein-/Ausschaltung (hier vom Hersteller Watchdog genannt).

14.2 Kurze Charakteristiken der Bausteine

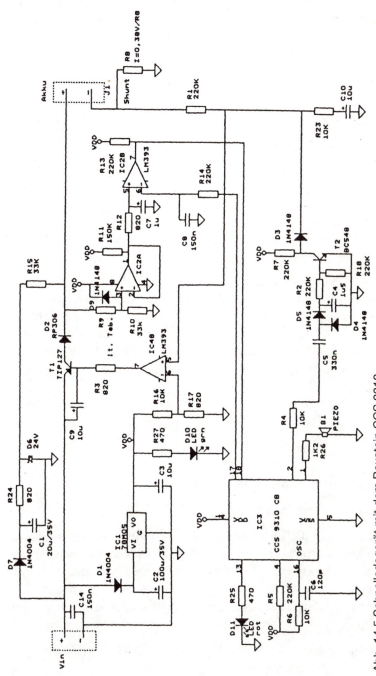

Abb. 14.5 Schnelladegerät mit dem Baustein CCS 9310

Was allerdings ausdrücklich von der Leistungseinheit verlangt wird, ist ein mit der Frequenz von 100 Hz pulsierender Strom – also ein direkter Ausgang eines Vollwellengleichrichters ohne Gleitkondensator. Der Ladestrom sollte ca.1C entsprechen (Toleranz 0,5 – 2C):

$I_{Lade} = U_{Ref} / R_8.$

Tabelle 14.1 Spannungs- und Widerstandswerte zur Abb. 14.5

Akku-Nennspg. [V]	1,2	2,4	3,6	4,8	6	7,2	8,4	9,6	10,8
Zellenanzahl	1	2	3	4	5	6	7	8	9
Widerstand R_9 [kΩ]	1	34	67	100	133	166	199	232	265
V_{in} [V]	9	9	9	10	12	14	16	18	20

Die Beschreibung des Bausteines in den Herstellerunterlagen ist ziemlich allgemein und betrifft mehr die Signalisierung des Zustandes als die vom Baustein durchgeführten Prozesse. Da die Ruheperiode beim Erhaltungsladen nicht explizit genannt ist, kann man erwarten, daß das Abschaltkriterium gleich dem für das Hauptladen bleibt. Der Typ des verwendeten Prozessors wird ebenfalls nicht genannt.

14.2.4 ICS17xx

Typ: Kontroller

Hersteller: *Integrated Circuit Systems*

Geeignet für: NiCd, NiMH

Die Bezeichnung ICS17xx beschreibt eine Familie von vier Bausteinen, die die gleiche Hauptfunktion besitzen (Schnellladekontrolle), sich aber im Umfang der implementierten Funktionen unterscheiden (siehe *Tabelle 14.2*). Bei dem hier verwendeten Algorithmus handelt es sich um den vorher beschriebenen Reflex-Ladealgorithmus (Impulsladen mit kurzen Entladeimpulsen). Außerdem besitzt das System die folgenden Standardeigenschaften:

- Schnellladen von NiCd-Batterien mit 4C-, NiMH - mit 1C-Rate
- Implementierung des Reflex-Algorithmus

14.2 Kurze Charakteristiken der Bausteine

- Abschaltkriterium: mehrere
- Messung mit 13-Bit AD-Wandler
- Ergänzungsladen
- Feststellung des Batteriesystems
- Anzeige des Systemstatus.

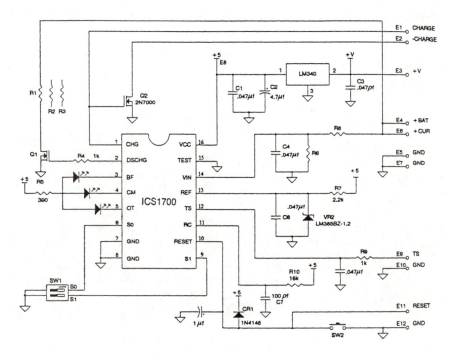

Abb. 14.6 Applikationsschaltung des ICS 1700

Zu Beginn des Ladens werden die üblichen Batterietests durchgeführt. Der Abschaltmechanismus verwendet die Linearregressionsformel zum Ausrechnen der Ableitung der Ladekurve. Die dazu notwendigen Spannungsmessungen erfolgen in den kurzen Ruhepausen (ca. 10 ms) zwischen dem Ende des Ladeimpulses und dem Entladeimpuls.

In *Abb. 14.6* ist die Applikationsschaltung des ICS1700-Bausteines dargestellt. Was auf den ersten Blick auffällt, ist die niedrige Anzahl der Zusatzkomponenten, die notwendig sind.

Tabelle 14.2. Zusätzliche Funktionen der ICS17xxx-Familie

Funktion/	Bausteinbezeichnung			
	ICS1700A	ICS1702	ICS1712	ICS1722
dV/dt und dT/dt	–	+	+	–
Nur dT/dt	–	+	–	–
Tmax	+	+	+	–
Selbsttest	–	+	–	+
Batteriedetektion	–	+	–	+
Ergänzungsladung	+	+	+	–
Entladung vor der Ladung	–	+	–	+
Entladung	–	+	–	–
Erhaltungsladung	+	+	+	+

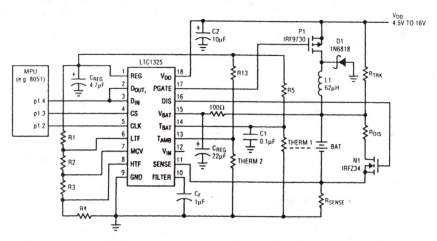

Abb. 14.7 Batterieladegerät für bis zu 8 NiCd- oder NiMH-Zellen, mit LTC1325

14.2.5 LTC1325

Typ: Kontroller

Hersteller: *Linear Technology*

Geeignet für: NiCd, NiMH

14.2 Kurze Charakteristiken der Bausteine

Implementierte Funktionen:

- Programmierbare Puls-Weite-Modulation (PWM, 111 kHz-Clock)
- Ladestromregler mit eingebautem PFET-Treiber
- PFET-Stromgatterung für den Einsatz mit einem externen Ladestromregler oder einem Transformator mit Strombegrenzung – Entlademodus (über einen Widerstand)
- Messung: Batteriespannung, Batterietemperatur, Umgebungstemperatur – mit dem eingebauten 10 Bit-AD-Wandler
- Automatische Überwachung der Limits der o.g. Parameter
- Timer
- Kapazitätsmonitor
- Eingebauter Spannungsregler
- Serielle 4-Ader-Schnittstelle (kein Standard)
- Schlafmodus.

Der Baustein ist als integrierter Batteriekontroller konzipiert, also zum Einbau ins Batteriegehäuse vorgesehen. Er realisiert die Funktionen, die durch die Meß- und Steuerungsperipherien eines Mikrokontrollers darzustellen sind.

Er braucht deshalb einen externen Prozessor, von dem aus er angesteuert wird. Auf diese Weise stehen dem Hauptsystem die Entscheidungen über die Durchführung bestimmter Operationen wie Laden oder kontrolliertes Entladen frei, und die entsprechenden Befehle müssen durch den Systemprozessor (z.B. in einem PC oder einem GSM-Telefon) gegeben werden. Der Systemprozessor muß also sowohl die Datenakquisition als auch die Datenverarbeitung mit der Analyse des Ladevorganges und des Batteriezustandes durchführen. Der Baustein erleichtert dies teilweise durch automatisches Unterbrechen des Prozesses, wenn eines der Grenzkriterien überschritten wurde; der Zustand wird dem Prozessor per entsprechendem Flag-Bit signalisiert.

Die Funktionen lassen sich durch die serielle Schnittstelle vielseitig einsetzen und unterschiedlich konfigurieren. Die Schnittstelle ist als 4-Ader-Bus aufgebaut, läßt sich aber hardwaremäßig 3-adrig umkonfigurieren. Weil sie nicht standardmäßig ist, muß der Host-Prozessor sie über den parallelen Port ansprechen.

Die *Abb. 14.7* zeigt die Applikationsschaltung des Bausteins. Daraus läßt sich entnehmen, daß man mittels nur sehr weniger zusätzlicher Komponenten eine Schaltung realisieren kann, die nicht nur zu Batterieladungszwekken dienen kann, sondern auch zur Durchführung umfangreicher Meß- und Kontrollfunktionen anwendbar ist.

14.2.6 MAX2003

Typ: Kontroller

Hersteller: *Maxim Integrated Products*

Geeignet für: NiCd, NiMH

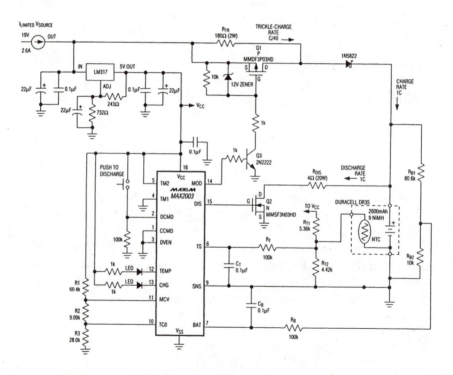

Abb. 14.8 NiMH-Ladegerät mit dT/dt-Abschaltung mit dem MAX2003

Der Baustein ermöglicht verschiedene Arten der Ladestromregelung. Als Ladeabschaltkriterien werden verwendet: dT/dt, -Δ : -ΔU, PVD, TCO und Timer.

Zu den weiteren Funktionen gehört auch die automatische Umschaltung von Schnelladen auf Erhaltungsladung oder optionale Ergänzungsladung. Als weitere Option steht Entladung-von-der-Ladung zur Verfügung.

Die Arbeitsspannung liegt bei 5 ± 0.5 V.

14.2.7 LMC69845

Typ: Prozessor

Hersteller: *National Semiconductor*

Geeignet für: NiCd, NiMH, Li-Ion, Pb/PbO$_2$

Der Baustein basiert auf einer 8-Bit-Architektur in CMOS-Technologie. Die Instruktions-Zyklen-Länge beträgt 1, die Arbeitsspannung liegt bei 2.5–6 V.

Der Baustein wurde als Prozessor des LMC6980 (des Front-End) konzipiert. Seine Aufgabe ist die Auswertung der vom LMC6980 gelieferten Daten sowie das Kommunizieren mit dem Grundgerät. Die Kommunikation mit dem Front-End-Chip verläuft über eine von National Semiconductor entwickelte vieradrige serielle Schnittstelle. Für die Kommunikation zwischen dem Prozessor und dem Grundgerät wird der I^{2}C-Bus eingesetzt, in Übereinstimmung mit der Smart-Battery-Spezifikation (siehe Kapitel 15). Der verfügbare Befehlssatz ist allerdings größer als der in dieser Spezifikation vorgeschlagene.

Der LMC6980 kann auch die Steuerung des Batterieladeprozesses übernehmen und verwendet dazu einen NeuFur (Eigenentwicklung von National Semiconductor).

14.2.8 TEA1102

Typ: Kontroller

Hersteller: *Philips*

Geeignet für: NiCd, NiMH, Li-Ion

14 Ladebausteine

Dieser Baustein stellt das Spitzenprodukt der ganzen Familie der TEA110x-Ladekontroller dar. Er verfügt über folgende Funktionen:

- Abschaltkriterien: ΔU : $-\Delta U$, dT/dt, Umax=4.2 V (für Li-Ion).
- Zusatzkriterien:
- Erkennen eines Kurzschlusses oder Leerlaufs
- Temperaturfenster: Tmin, Tmax
- Timer.
- Realisierte Ladeverfahren: Schnelladung, Erhaltungsladung, Ergänzungsladung
- Entladungsfunktion.

Letztere funktioniert so, daß auf einen Tastendruck die Batterie auf eine Spannung von 1V/Zelle entladen wird; anschließend wird dann eine Schnelladung gestartet. Diese Funktion ist für die Behebung von Überladungseffekten gedacht.

Außerdem kann der TEA1102 mittels der LEDs den Ladestatus anzeigen, den Ladeinhalt signalisieren und den Akku-leer-Alarm auslösen.

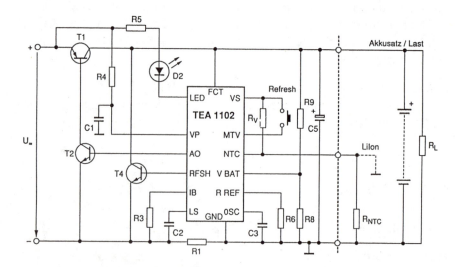

Abb. 14.9 Schnelladegerät mit dem TEA1102

14.3 Leistungseinheiten mit Schaltregler

14.3.1 LT1510

Typ: Leistungseinheit

Hersteller: *Linear Technology*

Entwicklungsbasis: Schaltregler (basiert auf der Serie LT1372/ 1373/ 1376/ 1377)

Dieser Baustein ist ein Schaltregler, der hauptsächlich zum Reduzieren der Eingangsspannung von 11 – 25 V auf die Konstantspannung von 2 – 20 V dient. Durch eingebaute Stabilisierungsmaßnahmen erzielt man bei der Strombegrenzung eine Genauigkeit von 5% und eine Spannungsstabilität von

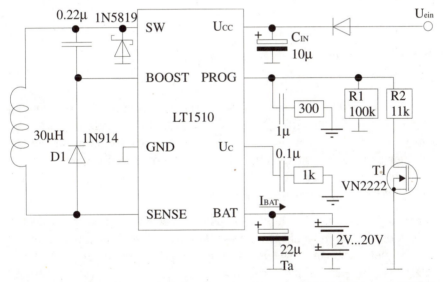

Abb. 14.10 Leistungseinheit, geeignet für die NiCd- und NiMH-Akkus, mit LT1510

1%. Um das zu erreichen, werden allerdings zwei Widerstände mit 0,25% Toleranz benötigt. Die Schaltfrequenz beträgt 200 kHz. Der maximale Ladestrom von 1,5A (Mittelwert, bei 2A Spitzenwert) ist für die Schnellladung der meisten Kleinakkus (den AA- und AAA-Typen) geeignet. Wie bei jedem Schaltregler wird eine Spule benötigt.

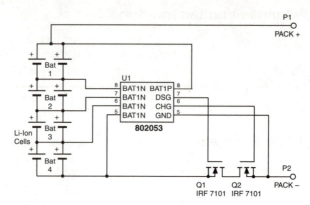

Abb. 14.11 4x2 Zellen-Konfiguration einer Ll-Ion Batterie mit dem bq2053 Überwachungs-Chip

14.3.2 LT1512

Typ: Leistungseinheit

Hersteller: *Linear Technology*

Entwicklungsbasis: Schaltregler Serie LT1510

Die Charakteristiken entsprechen denen für den LT1510; der Hauptunterschied betrifft die Schaltfrequenz (500 kHz) und den Ladestrom (Mittelwert von 0,75 A, Spitzenwert von 1,5 A). Bei Einsatz von zwei Spulen läßt sich hier eine Aufwärts/Abwärts-Wandler-Schaltung realisieren, die es erlaubt, die Ausgangsparameter (Ladestrom und Spannung) aus Quellen mit verschiedenen Spannungen zu erreichen.

Das charakteristische Merkmal der Schaltregler ist ihr nicdriger Energieverlust, der Baustein ist also für Anwendungen zu empfehlen, bei denen die Energiequelle sparsam verwendet werden muß (was selten der Fall ist) oder zu große Wärmeerzeugung vermieden werden muß.

Bemerkung:

Der Hersteller behauptet, daß diese Bausteine speziell zum Laden von Lithium-Akkus entwickelt wurden. In der Beschreibung kann man die Applikationsschaltungen für das Laden von zwei seriell geschalteten Lithium-Akkus finden. Vorsicht! Es ist nur für Batterien mit interner Zellenüberwachungselektronik geeignet, wie z.B. dem Baustein bq2053.

14.4 Statt eines Vergleichs

Man kann davon ausgehen, daß sich die Ladebausteine (und demzufolge auch die Ladegeräte) in der Qualität unterscheiden und nicht alle Ladeverfahren so gut sind, wie ihre Hersteller behaupten. Die großen Konzerne führen diesbezügliche Untersuchungen in eigenen Labors durch, die kleineren Firmen beauftragen hierzu meistens spezialisierte Unternehmen (siehe Liste im Anhang). Es gibt Bereiche, in denen dieses Problem besonders wichtig ist – wo es sich z.B. um teuere Batterien oder sehr teuere Experimente handelt (beispielsweise Experimente im Rahmen der Weltraumfahrt).

Die Ergebnisse solcher Tests werden aber meistens streng vertraulich behandelt, weil es sich hier um wichtiges Firmen-Know-How handelt, das direkten Einfluß auf den Markterfolg haben kann. Otto Normalverbraucher hat dagegen fast keine Chance, entsprechende Tests selbst durchzuführen: Um korrekte Ergebnisse zu erhalten, muß eine größere Anzahl von Zellen getestet werden, und die Resultate müssen anschließend statistisch verarbeitet werden. Ein Meßergebnis auf der Basis von einer oder zwei Zellen hat keinerlei Bedeutung.

In letzter Zeit wurde aber hierzu ein interessanter Testbericht der NASA veröffentlicht. Darin wurden drei von uns vorgestellte Ladebausteine direkt verglichen, nämlich der ICS1702, der bq2003 und der MAX712.

Die Untersuchungen wurden auf Stichprobenbasis mit Batterien verschiedener Hersteller durchgeführt und statistisch ausgewertet. Es wurden dabei sowohl die Eigenschaften der Batterien als auch der Chips erfaßt. Die Ergebnisse lassen sich in den folgenden Punkten kurz zusammenfassen:

1. Die Chips zeigen verschiedene Effektivitäten bei verschiedenen Batterien, was darauf hindeutet, daß die Ergebnisse in jedem Fall von Nuancen abhängig sind.
2. Statistische Datenverarbeitung legt jedoch eine Qualitätsreihenfolge nahe: Als bester Baustein ist der ICS1702 anzusehen, dann folgen der bq2003 und der MAX712.
3. Die Einflußanalyse zeigt aber eindeutig, daß der Chip selbst die geringste Bedeutung für das Ergebnis des Experiments hat. Das Wechseln des Ladebausteins beeinflußt das Experiment viel weniger als jeder andere Parameter, wie z.B. die Temperatur.

4. Eindeutig der wichtigste Parameter ist die Batterie-Herstellungstechnologie. Die Batterien von verschiedenen Herstellern und verschiedenen Systemen (z.B. die NiMH des Typs AB_2 oder AB_5) weisen sehr große Unterschiede auf.

Als Kommentar muß man jedoch hinzufügen, daß die getesteten Bausteine von Benchmarq und Maxim nicht die modernsten waren und jeder dieser Hersteller inzwischen mindestens eine neue Generation von Chips auf den Markt gebracht hat. Man kann also auch davon ausgehen, daß die heutigen Chips wesentlich verbessert sind und sich bei der Auswahl mehr auf die Zusatzfunktionen konzentrieren.

14.5 Batterietest mit dem PC

Nach allem, was wir über die Abschaltkriterien und Kontrollalgorithmen bereits geschrieben haben, bietet es sich an, eine Batterie-Steuerungs- und -Testanlage für die Anwendung mit einem gewöhnlichen PC aufzubauen[1]. Zur Entwicklung des Lade- und Testalgorithmus ist die Übersicht über Spannung, Temperatur und Ladezustand des Akkus notwendig. Die Umsetzung der PC-Lösung hat den Vorteil, daß der Programmablauf detailliert kontrolliert werden kann. Außerdem bietet sich bei der PC-Lösung die Möglichkeit, die Hard- und Softwarekomponenten weitgehend modular aufzubauen und zudem je nach Bedarf leicht zu variieren.

In den weiteren Teilen dieses Kapitels wird eine Lösung beschrieben, die auf selbstgebauter Hardware aufbaut. Um ein Testsystem zu realisieren, kann man durchaus auch die im Handel erhältlichen Bausätze oder fertigen Karten verwenden. Das Kernstück der Testapparatur ist die A/D-Wandler-Karte, die zudem die Ladeschaltung trägt. Außerdem gehören zum System das Netzgerät und die Konstantstromsenke. Man benötigt dafür die folgenden Komponenten:

1. Eine Relay-Schaltkarte,
2. Eine A/D-Wandler-Karte (mit zwei Wandlern),
3. Ein Netzgerät mit symmetrischem Ausgang und den den Karten entsprechenden Spannungsbereichen.

---

1. F.A.Eder, Diplomarbeit, Georg-Simon-Ohm-Fachhochschule Nürnberg,1996

14.5 Batterietest mit dem PC

Anstatt der A/D-Wandler kann man zur Meßwerterfassung auch Multifunktions-Meßgeräte verwenden, die mit seriellen Schnittstellen ausgestattet sind.

Mit diesen Komponenten kann man auf recht einfache Weise einen Tester/Ladekontroller nachbauen.

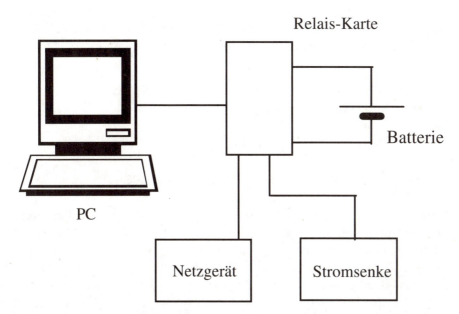

Abb. 14.12 Ein PC als Batterie-Tester

Dieser Kontroller ermöglicht auch die Überwachung der Funktion von käuflichen Batterieladegeräten oder Ladechips. Es kommt hier die Überlegenheit der diskreten Bauweise zum Tragen, falls eine höhere Genauigkeit oder Geschwindigkeit erforderlich wäre, den A/D-Wandler oder Oszillator ziemlich einfach auswechseln oder umbauen zu können.

14.5.1 Die Schnittstellen

Die zur Regelung des Ladevorgangs notwendige Datenerfassung kann am PC über serielle und/oder parallele Schnittstellen erfolgen. Die Nutzung der parallelen ist der der seriellen wegen der schnelleren Datenübertragung und leichteren Handhabung vorzuziehen.

Als parallele Schnittstellen kommen die unidirektionale[1] oder die bidirektionale in Frage. Die billigeren PCs haben nur eine unidirektionale Schnittstelle, d.h. eine Schnittstelle, die nur Datenübermittlung vom PC zum Drucker erlaubt. Diese wird vornehmlich dazu verwendet, um Daten zu einem Drucker zu senden (daher auch der Schnittstellenname Lineprinter Lpt oder Centronics-Schnittstelle). Für die hier zur Meßwerterfassung notwendige Datenübergabe zum PC ist eine bidirektionale Schnittstelle notwendig. Eine Schnittstellenkarte der Firma EPSON kann hier beispielsweise Verwendung finden. Diese ist über Bit 5 des Steuerregisters von Lpt2 als bidirektional zu definieren.

Die vorhandene unidirektionale Parallelschnittstelle wird dann für die Datenausgabe vorgesehen (was die Möglichkeit zur Lade-/Entladestromsteuerung bietet).

14.5.2 Die Register einer Parallelschnittstelle

Eine Parallelschnittstelle besteht aus drei jeweils 8-Bit breiten Registern: dem Datenregister, dem Statusregister und dem Steuerregister. *Abb. 14.13* zeigt die einzelnen Register und die Bezeichnungen der Leitungen (Diese Leitungsbezeichnungen orientieren sich an der am meisten verbreiteten Anwendung als Druckerschnittstelle, wie z. B. die Bezeichnung für Pin 12: Paper Empty), wobei die Leitungen des Datenregisters als bidirektional dargestellt sind.

Bei einem PC kann es insgesamt bis zu vier Parallelschnittstellen geben, wobei das Betriebssystem DOS nur Lpt1 bis Lpt3 verwalten kann; diese müssen jedoch zuerst korrekt adressiert werden. Die Adressen sind hexadezimal in aufsteigender Reihenfolge angegeben, z. B. 0378h für das Datenregister von Lpt1 und 0278h als Adresse für das Datenregister von Lpt2.

14.5.3 Meßkarte mit Lade-/Entladeschaltung

Die Meßkarte liefert die Meßdaten für Spannung und Temperatur der Zelle und beinhaltet zudem die Lade- und Entladeschaltung für die Zelle. Auf ihr befinden sich zwei A/D-Wandler, einer zur Spannungs- und einer zur Tem-

---

1. W.Link, MSR über die Parallel-Schnittstelle des PC, Franzis Verlag, 1994

peraturmessung. Zur Anpassung der Meßgrößen an den A/D-Wandler dienen insgesamt drei Operationsverstärker des Typs LM258. Ein Baustein beinhaltet jeweils zwei Operationsverstärker. Die Meßdaten werden über die Parallelschnittstelle Lpt2 an den PC zur Weiterverarbeitung durch ein C-Programm geliefert.

Als Lade-/Entlade-Schaltung dient eine Relaisschaltung mit je einem Standard-Relais zur Ladung und Entladung.

14.5.4 Der A/D-Wandler

Als A/D-Wandler wurde ein ZN 427 von Plessey Semiconductors mit 8-Bit-Auflösung verwendet. Er umfaßt einen Spannungsbereich von 0 V bis 2,55 V. Ein Bit entspricht somit einer Spannung von 10 mV (2,55 V / 255 Stufen). Die acht Datenausgänge werden direkt über acht Datenleitungen (Bit 1 bis Bit 8) parallel zum PC übertragen (direkte Kompatibilität zur parallelen Schnittstelle, ohne Notwendigkeit einer Zwischenspeicherung). Der AD-Wandler arbeitet nach dem Prinzip der sukzessiven Approximation und benötigt zur Umsetzung eine Taktfrequenz zwischen 900 kHz und 1 Mhz. Somit ergibt sich eine Umwandlungszeit von 9 µs bei 1 Mhz. Das Wandlungsende kann somit abgewartet werden oder einfacher über den Ausgang (END OF CONVERSION) abgefragt werden. Die Umwandlung bei sukzessiver Approximation benötigt maximal eine Taktzeit mehr als die für die geforderte Auflösung notwendige Taktanzahl. Acht Umwandlungsschritte und ein zusätzlicher Takt ergeben hier 9 Takte zu je 1 µs (f_{Takt} =1 MHz).

Der Ausgang wird über den Eingang (OUTPUT ENABLE) im Tristate-Modus geschaltet. Dadurch können mehrere A/D-Wandler ohne zusätzliche Beschaltung direkt parallel auf den Datenbus der Parallelschnittstelle geschaltet werden. Dies ist notwendig, da sowohl die Spannungs- als auch die Temperaturmessung über dieselben Datenleitungen ablaufen.

Der A/D-Wandler wird von einem Taktgenerator mit dem Schmitt-Trigger-Standardtyp 74132 (Hersteller z. B. TEXAS INSTRUMENTS) über den CLOCK-Eingang getaktet, dessen Taktfrequenz durch je ein R-C-Glied (R4-C3 der Spannungsmessungsschaltung bzw. R18-C9 der Temperaturmessungsschaltung) auf 990 kHz festlegt wurde. Die ungefähren Angaben zur Dimensionierung des Taktgenerators sind dem Datenblatt des ZN427 zu entnehmen. Der Wert für C3 mußte aber experimentell bestimmt wer-

14 Ladebausteine

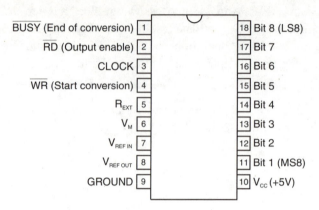

Abb. 14.13 Pinbelegung des A/D-Umsetzers ZN427

den, da sich nach der im Datenblatt angegebenen Formel eine Taktfrequenz einstellte, die nicht im zulässigen Frequenzbereich zwischen 900 kHz und 1000 kHz lag und so zu Fehlern bei der A/D-Umsetzung führte.

Der Eingang Pin 4 (START CONVERSION) ist low-aktiv und wurde deshalb mit R3 bzw. R17 im inaktiven Zustand auf High-Potential gelegt. Die Werte für R1, R2 und C2 in Abb. 14.14 und R15, R16 und C8 in *Abb. 14.15* sind dem Datenblatt des ZN427 für den vorliegenden Betriebsfall entnommen. Da die an Pin 8 abgreifbare, intern erzeugte Referenzspannung von 2,56 V für die A/D-Umsetzung verwendet wird, ist Pin 8 des Bausteins mit PIN 7 zu verbinden. C1 bzw. C7 dient zur Siebung hochfrequenter Betriebsspannungseinflüsse.

14.5.5 Spannungsmeßschaltung

Das Kernstück der Spannungsmessung ist der A/D-Wandler. Um eine höhere Auflösung im für NiCd-Zellen interessanten Bereich zu erhalten, wurde der Eingang des A/D-Wandlers mit einer Operationsverstärker-Subtrahiererschaltung mit einstellbarer Verstärkung beschaltet[1]. Die beiden Operationverstärker sind in Abb. 14.14 als OP1 und OP2 bezeichnet.

---

1. Tietze, U., Schenk, Ch.: Halbleiter-Schaltungstechnik, 10.Auflage, Springer-Verlag, Berlin 1993

14.5 Batterietest mit dem PC

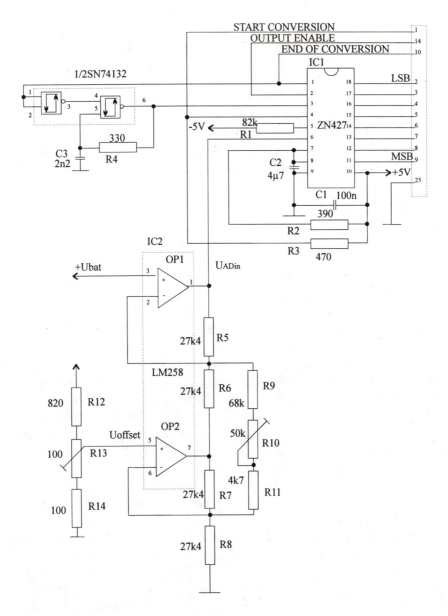

Abb. 14.14 Spannungsmeßschaltung

Die Eingangsbeschaltung wurde so ausgelegt, daß sich im Bereich von 0,80 V bis 1,80 V eine Auflösung von 3,92 mV ergibt (1,00V/255). Somit wurde die Verstärkung mit R10 auf 2,55 eingestellt.

$$U_{ADin} = 2 \cdot \left(1 + \frac{R_9 + R_{10} + R_{11}}{R_5}\right) \cdot (U_{Bat+} - U_{Offset})$$

Die Widerstande R5 bis R8 müssen denselben Wert haben (27,4 k) und wurden deshalb aus der E48-Reihe entnommen und zusätzlich einzeln auf den Widerstandswert selektiert, sodaß sich eine maximale Abweichung von 0,5% (137) ergibt. Der Spannungsteiler wurde mit R12 bis R14 so dimensioniert, daß die Offsetspannung UOffset in engen Grenzen eingestellt werden kann. Sie wurde auf 0,80 V festgelegt.

14.5.6 Temperaturmeßschaltung

Wie bereits beschrieben, werden Standard-Akku-Packs meistens mit NTC-Widerständen versehen. Sie dienen aber meist nur zur ungefähren Temperaturbestimmung und veranlassen ein Abschalten des Ladestroms bei einer Maximaltemperatur. Für die einzelnen Zellen ist also ein eigener Temperatursensor erforderlich. Es wurde für diesen Zweck der LM335 von National Semiconductor eingesetzt. Dieser Baustein ist in einem TO-92-Gehäuse untergebracht. Er hat gegenüber anderen Temperatursensoren, z.B. dem NTC-Widerstand, den Vorteil einer linearen Kennlinie: Diese Integrierte Schaltung kann vereinfacht als Zener-Diode mit einer temperaturabhängigen Zenerspannung betrachtet werden, was auch seinem Schaltbild entspricht. Die Sensitivität entspricht 10 mV/°C. Der Baustein liefert bei einer Temperatur von Null Kelvin eine theoretische Ausgangsspannung von 0 mV. Mit einem Offset mittels Referenzdiode LM285Z-2.5 von 2,500 V und einer hochohmigen Verstärkerstufe (auch hier mit LM258) wurde der meßbare Temperaturbereich auf -23 °C bis +77 °C festgelegt. Der Offset der Schaltung (vgl. Abb. 14.14) wurde mit dem Justieranschluß ADJ des LM335 über den Widerstand R23 kalibriert. Bei Heimversuchen empfehlen wir allerdings keine Kalibrierung, die Beschaltung des Bausteines nach Katalogdaten ergibt eine ausreichende Genauigkeit. Durch diesen Abgleich ändert sich an der Linearität des Bausteins nichts. Die zur Temperatur proportionale Eingangsspannung von OP3 Utemp (0 mV entspricht -23 °C bis 1,000 V, d.h. +77 °C) wird mit den Widerständen R19 bis R21, gemäß untenstehender Formel, um das 2,55-fache verstärkt (Verstärkung einstellbar zwischen 2,0 und 3,0). Somit ist der ganze Meßbereich des A/D-Umsetzers von 0 bis 2,55 V ausgenutzt, und es ergibt sich von Seiten des A/D-Wandlers eine maximale Temperaturauflösung von 0,39K (100K/255 Schritte).

$$U_{ADin} = \left(1 + \frac{R_{19} + R_{20}}{R_{21}}\right) \cdot U_{Temp}$$

Der Maximalstrom durch LM335 beträgt 15 mA. Um aber die Eigenerwärmung des Temperatursensors so gering wie möglich zu halten, wird der Strom mit dem Widerstand R22 auf einem kleinen Wert zwischen 1,0 mA (bei +77 °C) und 1,3 mA (bei -23 °C) gehalten.

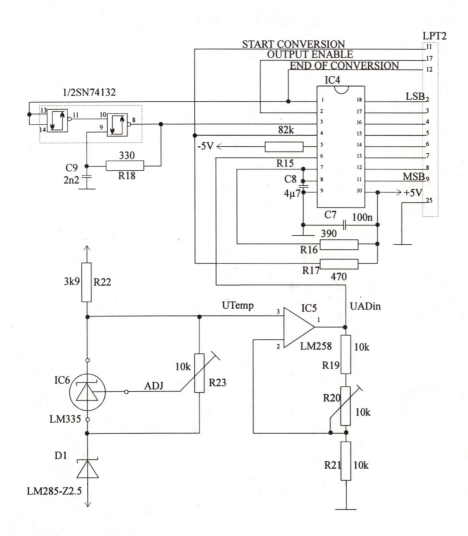

Abb. 14.15 Temperaturmeßschaltung

14 Ladebausteine

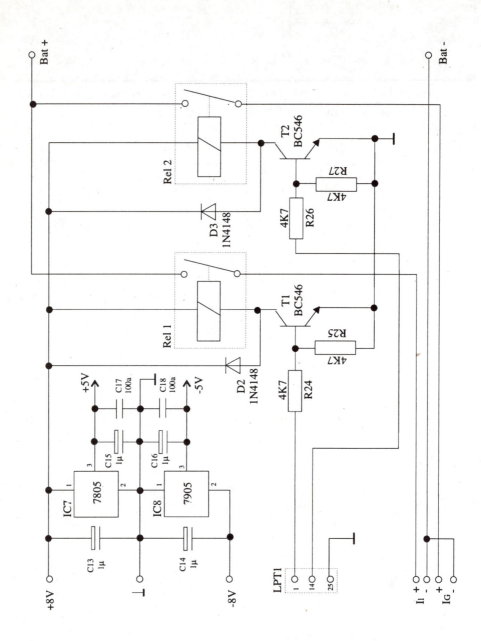

Abb. 14.16 Lade-/Entladeschaltung und Spannungsversorgung

14.5.7 Lade-/Entladeschaltung

Die Lade-/Entladeschaltung ist in Abb. 14.15 dargestellt.

Als Schaltglied dient je ein Relais vom Typ GBR 12.5-33.006 der Firma MS Mikrosysteme. Hierbei handelt es sich um einen monostabilen Typ mit einem Schließer. Das Relais benötigt eine Nennschaltspannung von 6 V und kann bis zu 16 A (evtl. für Hochstrommessungen nötig) schalten. Um Schäden durch beim Ausschalten fließende Induktionsströme zu verhindern, wurde dem Relais je eine schnellschaltende Freilaufdiode parallelgeschaltet. Diese sind in Abb. 14.15 mit D2 und D3 bezeichnet.

Die Relais werden über eine Transistorschaltung mit npn-Transistoren des Standard-Typs BC546B über je eine Steuerleitung der Parallelschnittstelle Lpt1 geschaltet.

14.5.8 Spannungsversorgung der Platinenbauteile

Der Schmitt-Trigger-Baustein SN74132 benötigt eine Versorgungsspannung von +5 V. Die A/D-Umsetzer benötigen zudem eine negative Referenz von -5 V. Die Operationsverstärker sind zwar mit nur einer positiven Versorgung betriebsfähig, sie zeigen aber bei unsymmetrischem Betrieb eine starke Nichtlinearität im Bereich um 0 V. Deshalb wurden die Operationsverstärker ebenfalls mit -5 V versorgt.

Die positive Betriebsspannung wird über einen Festspannungsregler vom Typ 7805 mit 1 A Maximalstrom erzeugt. Die negative Betriebsspannung stellt der korrespondierende Negativ-Festspannungsregler-Typ 7905 bereit. Als Eingangsspannungen dienen +8 V und -8 V. Die positive Eingangsspannung wird gleichzeitig zum Relaisbetrieb verwendet. Um auftretende Spannungsspitzen des Netzgeräts (50 Hz) zu glätten, müssen die Spannungsregler mit je einem Elektrolytkondensator mit 1 nd nach der Regelung ausgestattet werden. Zusätzlich sind für hochfrequente Anteile, bedingt durch das Schalten der Relais, die Versorgungsspannungen an den Festspannungsreglern sowie an jedem weiteren, mit Betriebsspannung versorgten IC durch einen Keramikkondensator mit 100 nF zu sieben.

14.5.9 Netzgerät

Die Funktion des Netzgerätes ist die Spannungsversorgung für die A/D-Wandler-Karte und die Konstantstromsenke. Die folgenden Spannungen sind dafür notwendig:

- +8 V (positive Versorgungsspannung, Relais und AD-Wandler)
- -8 V (negative Versorgungsspannung, AD-Wandler)
- +12 V (Versorgungsspannung der Konstantstromsenke).

Zudem wird noch eine Konstantstromquelle zur Ladung der Zelle benötigt.

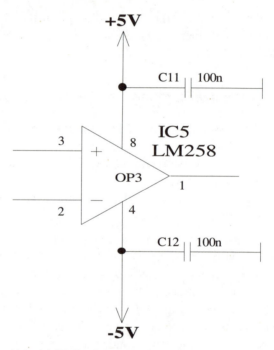

Abb. 14.17 Betriebsspannungsglättung an einem OP-Baustein

14.5.10 Konstantstromsenke

Zur Batterieentladung wird eine Konstantstromsenke verwendet. Darunter versteht man eine Konstantstromquelle, die dazu dient, einem Bauteil einen gewissen Strom zu entnehmen. In professionellen Versuchen verwendet man meistens computergesteuerte Stromquellen mit Doppelpolarität, die imstande sind, sowohl positive als auch negative Ströme zu liefern und somit sowohl für das Laden als auch für das Entladen verwendet werden können. Da diese Geräte sehr teuer sind, empfiehlt sich entweder eine billige Stromsenke, wie sie in Bastelartikel-Geschäften zu bekommen sind, oder eine selbst nachgebaute Lösung, die auf dem Prinzip aus *Abb. 14.18* basieren kann. Je nach Vorgabe der Entlade-Stromstärke ist eine Modifikation des Widerstandes R_1 notwendig.

Nach Abb. 14.18 gilt:

$$I_2 = \frac{R_1}{R_2} \cdot I_1$$

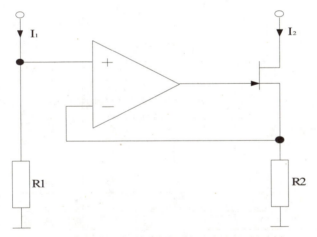

Abb. 14.18 Prinzipschaltbild der Konstantstromsenke

14.6 Verzeichnis der Batterie-Management-ICs

Tabelle 14.3. Batterie-Management-ICs.

Hersteller/Typ	System				Abschaltkriterium						Funktion
	NiCd	Ni-MH	Li-Ion	Pb/PbO$_2$	$\Delta^2 U$	$-\Delta U$	dT/dt	VPD	TCO	timer	
Benchmarq											
bq2002	x	x				x		x	x	x	K
bq2002T	x	x					x		x	x	K
bq2003	x	x				x	x		x	x	K
bq2004	x	x				x	x	x	x	x	P
bq2005	x	x				x	x	x	x	x	K
bq2007	x	x				x		x	x	x	K, L
bq2010	x	x									L,LE
bq2011	x	x									L,LE
bq2012	x	x									L,LE
bq2014	x	x									L,F
bq2031			x		x			x		x	K
bq2032			x								L,LE
bq2040	x	x	x								L,LE,S
bq2050			x								L,LE
bq2054			x					x	x		K,LE
BTI											
CCS9310	x	x		x							*K
EXAR											
XR8101	x	x				x	x	x	x		L,K
XR8105			x				x				
XR8115	x	x				x	x	x	x		L,K
Linear Technology											
LTC1325	x	x	x	x		x	x	x	x	x	L,K
Maxim											
MAX712	x							x	x	x	K
MAX713	x	x				x			x	x	K
MAX2003	x	x		x		x	x	x	x	x	K

14.6 Verzeichnis der Batterie-Management-ICs

Hersteller/ Typ	System				Abschaltkriterium						Funktion
	NiCd	Ni-MH	Li-Ion	Pb/PbO$_2$	Δ^2U	-ΔU	dT/dt	VPD	TCO	timer	
Microchip Technology											
MTA11200	x	x		x		x	x	x	x	x	L,K
National Semiconductor											
LMC6980	x	x	x	x							F
LMC6984											*P,S
SGS Thomson											
ST6210	x	x	x		x						K
Philips Semiconduct.											
SAA1500	x	x									L,LE
SAA1501	x	x							x	x	L,LE
TEA1088	x					x				x	L,LE
TEA1090	x	x				x					L,LE
TEA1100	x					x		x	x	x	L,F
TEA1101	x	x				x		x	x	x	L,F
TEA1102	x	x	x		x	x	x	x	x	x	L,F
Temic											
U2400B	x								x		K
U2401B	x										K
U2402B/C	x	x			x	x			x	x	K
U2403B	x									x	K

Erläuterungen: K–Kontroller, P–Prozessor, L–Ladezustandsanzeige, LE – mit LED-Treiber, F–Front-End Baustein, S–konform mit Smart Battery Standard, * – Eigene Ladeverfahren

15 Ladezustand

15.1 Zustand der Batterie

Die Überprüfung des Batteriezustandes hat drei Aspekte.

1. Als ersten erwähnen wir den anwenderorientierten Aspekt, nämlich die Antwort auf folgende Fragen:

    a) Ist die Batterie in Ordnung? Wie ist der generelle Batteriezustand?

    b) Wie ist der momentane Ladezustand?

    c) Wie ist die Lebenserwartung (der Kapazitätszustand)?

2. Der zweite Aspekt ist die Bestimmung der Batteriequalität; er hat große Bedeutung für die Gerätehersteller, die ihre Produkte mit bestimmten Batterien verkaufen wollen; ein Beispiel hierfür sind die Notebook-Hersteller. Zu den Vergleichsparametern solcher Produkte gehört u.a. auch die Arbeitszeit des Gerätes, die natürlich vom Stromverbrauch, aber auch vom Batterieverhalten abhängig ist. Man muß also die Batterien der einzelnen Produzenten sorgfältig bezüglich Ladefaktor und Lebensdauer unter bestimmten Arbeitsbedingungen vergleichen, und zwar oftmals für bestimmte verschiedene Ladealgorithmen (z.B.Werkzeugbatterien).

3. Daraus resultiert der dritte Aspekt, der die Ladealgorithmen betrifft: Man will überprüfen, ob der Ladealgorithmus optimal ist, d.h. ob er die Batterie schnell genug auflädt und ob die zugeführte Energiemenge optimal ist. Manche Algorithmenentwickler führen auch Zyklenuntersuchungen durch, um festzustellen, ob der angewendete Algorithmus einen Einfluß auf die Batterielebensdauer hat.

Während sich der erste Aspekt auf die individuelle Batterie bezieht, gelten die beiden folgenden für die gesamten Herstellungstechnologien und eventuell auch für die Produktionsserien.

Diskutieren wir kurz die aufgelisteten Problemkreise.

Die erste Frage ist für jeden Anwender interessant, in manchen Applikationen ist sie jedoch von kritischer Bedeutung, z.B. bei den Puffer-Batterien

15.1 Zustand der Batterie

für Rechenzentren oder Telefonzentralen, die ständig und zuverlässig in Bereitschaft stehen müssen. Man will auch wissen, wie lange eine Batterie noch Strom liefern kann. In Kommunikationsanwendungen wie bei Fahrzeugen oder Flugzeugen will man wissen, ob man bereits mit einem Ausfall rechnen muß und ob die Batterie noch genug Energie für den Start in kritischen Fällen – wie z.B. bei niedrigen Temperaturen – liefern kann.

Ob die Batterie noch in Ordnung ist, kann teilweise durch Widerstandsmessungen beantwortet werden. Eine einfache Widerstandsmessung zeigt einen Kurzschluß oder eine Unterbrechung der Zelle an. Mehr Aufwand kostet dagegen die Feststellung des Korrosionszustandes. Da hierbei die Abweichungen des Widerstandes relativ geringfügig sind, muß der zeitliche Verlauf seiner Änderungen bekannt sein. Es wird die Dauerkontrolle verlangt, was in industriellen Anlagen durchgeführt werden kann, aber für die Kleinbatterien oder Autobatterien von individuellen Anwendern aus Kostengründen nicht möglich ist. Man bleibt also in Ungewißheit darüber, ob und wann ein Ausfall kommt.

Das Problem der zweiten Frage – nach dem momentanen Ladezustand – liegt darin, daß keine bekannte Testmethode die Antwort liefert. In den offenen Blei-Säure-Systemen liefern sie die Säuredichtemessung mit ausreichender Genauigkeit, in gasdichten Zellen sind sie jedoch nicht durchführbar. Etwas ähnliches wie ein Tankfüllungsanzeiger (engl. fuel gauge) für Batterien existiert leider nicht. Man muß sich darüber im klaren sein, daß die Kapazität eines Akkus eine variable Größe ist – der im Datenblatt angegebene Wert gilt nur für eine ganz bestimmte Kombination von Betriebsbedingungen.

Eine Ladezustandsanzeige erhöht jedoch den Bedienungskomfort zahlreicher Geräte, wodurch der Druck des Marktes immer stärker wird. Es erwies sich deshalb als notwendig, zumindest ungefähre Angaben zu liefern. Einen Lösungsumweg (keine direkte Messung) liefert der Coulomb-Zähler, wenn folgendes bekannt ist:

- die aufgeladene Kapazität
- die zurückliegende Stromentnahme und die gegenwärtige Betriebstemperatur
- der aktuelle Entladestrom und die Temperatur.

In diesem Fall ist es möglich, durch die Auswertung dieser Dateien die noch verbliebene Energiemenge auszurechnen.

Das Batterieleben ist durch den Verlust von 20% der Kapazität begrenzt, was bedeutet, daß der einfachste Zeiger, ohne Temperaturkorrektur, bei Konstantstromanwendungen im besten Fall mit ca.10–15% Genauigkeit arbeiten kann. Das ist schon etwas, für manche Zwecke aber zu wenig; deshalb wurde das Smart-Battery-Konzept entwickelt, das wir im weiteren Verlaufe dieses Kapitels beschreiben werden.

Den aktuellen Kapazitätszustand, im Sinne der Lebenserwartung, kann man durch einige Batteriezyklen unter kontrollierten Bedingungen (wie Temperatur und Entladestromstärke) feststellen – auf diese Weise erfährt man den aktuellen Kapazitätsabfall. Wegen der bereits erwähnten statistischen Abweichungen sollte dieser Test einige Male wiederholt werden. Die Kapazität läßt sich mit der Genauigkeit von ca. 5% auch in einem ziemlich einfachen Bastlerlabor erfassen.

Der Weg zur Untersuchung des zweiten und dritten Aspektes ist sehr ähnlich – man muß die Kapazität messen als Funktion des Ladealgorithmus und der Zeit.

Die in einer Serie gefertigten Batterien gleichen Typs können geringe Abweichungen der Parameter aufweisen, die sich im Laufe der Zeit jedoch verstärken. Darüberhinaus kann die Kapazität einer Zelle von Zyklus zu Zyklus Schwankungen aufweisen, also lassen sich die Meßergebnisse einer Batterie nicht als Qualitätstest verwenden. Man muß zu diesem Zweck Tests mit mehreren Zellen gleichen Typs durchführen und die Ergebnisse statistisch verarbeiten. Mehrere Batterien, sog. Testgruppen, die zu einer Serie gehören, werden hierbei „zu Tode gequält": Man macht Zyklentests (Aufladung und anschließende Entladung unter vordefinierten Kriterien), so lange, bis die Batterie ausfällt – entweder durch die Beschädigung der Zelle oder durch Kapazitätsabfall unter eine bestimmte Marke, typischerweise 80% der Nominalkapazität. Erhöhte Ausfallraten oder z.B. größere Kapazitäten als bei anderen Proben sind mit dieser Methode unproblematisch erfaßbar.

15.2 Messung des Batteriezustandes

15.2.1 Widerstandsmessung

Meistens führen die modernen Ladebausteine den Kurzschluß- und Unterbrechungstest vor dem Laden durch. Bei Batterien, die mit gewöhnlichen

Ladegeräten aufgeladen werden, oder bei Stationäranlagen ist eine Widerstandsmessung erforderlich. Es gibt bereits im Handel erhältliche Testgeräte, die einen Widerstandstest mit einem Wechselstrom in einem Frequenzbereich z.B. zwischen 10 und 200 Hz durchführen[1]. Die Geräte sind heutzutage mit einem PC-Anschluß ausgestattet. Auf diese Weise sind sowohl die Speicherung der Daten und die komplizierte Verarbeitung als auch das Verfolgen der zeitlichen Einflüsse möglich. Keine Methode, vor allem keine preiswerte Methode, erlaubt das Testen des Zustands der internen Verbindungen, also ist es unmöglich, vorherzusehen, ob beim nächsten Anlassen eine korrodierte Verbindung zwischen den Zellen durchbrennt und die Batterie ihren Geist aufgibt!

15.2.2 Kapazitätsmessung

Zur Kapazitätsmessung müssen, wie bereits erwähnt, mehrmalige volle Lade-Entladezyklen durchgeführt werden.

Die Batterie muß normenkonform vollgeladen und dann entladen werden. Das bedeutet z.B. für eine 800 mAh-NiCd-Zelle ein 16-stündiges Konstantstromladen mit 0,1C (80 mA) (bei 20°C), anschließend eine Ruhepause von 30 min bis zu 1h und Entladung mit einem Strom von 0,2C (160 mA) unter Erfassung der Entladezeit, bis zum Erreichen der Entladeschlußspannung von 1,0 V. Das Produkt aus Entladestrom und Zeit ergibt die entnommene Kapazität. Allerdings kann man mittels dieses Vorgangs nur feststellen, ob die Batterie noch im Rahmen der Nominalwerte oder schon außerhalb liegt, nicht mehr und nicht weniger. Man kennt nämlich den Anfangswert nicht, weil er nicht unbedingt mit dem Nennwert identisch ist. Es bietet sich zur genaueren Batterieprüfung also an, diesen Vorgang in gewissen Zeitabständen zu wiederholen, womit die Zeitachse festgelegt ist. Wie bereits erwähnt, kann sich die Batterie in jedem Meßlauf anders verhalten; es ist daher erforderlich, mindestens fünf Zyklen zu fahren, um eine minimale Statistik zu bekommen. Aus fünf Messungen kann man schon den Mittelwert und die Standardabweichung berechnen (unter der Annahme, daß die Statistik der Gaußverteilung entspricht). Entsprechende Funktionen sind in der Standard-Software verfügbar – z.B. beinhaltet MS Excel die Funktion für das Berechnen der Standardabweichung für kleine Stichproben, also für

---

1. Ein Gerät dieses Typs ist z.B. in Battery International, Nummer 8, Juli 1991 beschrieben.

den Fall, der hier vorliegt. Man kann jedoch auch anders verfahren, nämlich nur die einzelnen Punkte im Kapazitäts/Zeit-Diagramm zusammenfassen und mit Standardmethoden (z.B. der Methode der kleinsten Quadrate) die Charakteristik interpolieren. Der Vorteil: Es sind weniger Messungen pro Zeiteinheit erforderlich; der Nachteil: Die Zeitachse muß länger sein, um eine genügende Genauigkeit zu erreichen. Für diesen Fall verfügen viele Standardprogramme ebenfalls über hilfreiche Tools, unter MS Excel kann man z.B. ein Diagramm mit der Option „glätten" wählen.

Was die professionellen Messungen angeht, so verfügen die Laboratorien, die sich auf solche Tests spezialisiert haben (meistens sind das die Labors der Batteriehersteller), über Batterietester, also spezialisierte Geräte, die unter Kontrolle eines PC mehrere Zyklen vollautomatisch in mehreren Kanälen fahren. Pro Kanal verfügt ein Tester über ein stabilisiertes Netzgerät mit regulierbaren Strom- und Spannungsausgängen, eine kalibrierte Stromsenke und ein Voltmeter. Manchmal verwendet man anstatt einer Stromsenke auch bidirektionale Stromquellen mit dem erforderlichen Spannungsausgang, z.B. 0–20 V, und einem Strom von ±10 A. Eine Liste der Hersteller der professionellen Prüfstände dieser Art befindet sich im Anhang.

15.3 Coulomb-Zähler

15.3.1 Prinzip des Coulomb-Zählers

Das Prinzip des Coulomb-Zählers besteht darin, daß man bei bekanntem Entladestrom die Entladezeit kontrolliert:

$\Delta C = C_0 - i*t$,

wobei ΔC die verfügbare Kapazität, C_0- die ursprüngliche Kapazität, i- den Strom und t- die Zeit bedeuten. Man geht davon aus, daß Kapazität und Entladestrom konstant sind. Die Methode ist ebenso einfach wie ungenau. Jede kleine Temperaturänderung verändert auch die verfügbare Kapazität. Ein Anstieg des Entladestromes verursacht den gleichen Fehler. Bei mehrmaligem Einsatz in einem ungünstigen Temperaturbereich signalisiert ein so funktionierendes Gerät einen Leerzustand kurz nach dem Volladen.

15.3.2 Dynamische Entladestromkontrolle

Ein nächster Schritt ist eine dynamische Entladestromkontrolle, was bedeutet, daß der Entladestrom der Batterie gemessen wird. Ein paar Geräte dieser Art beschreiben wir in der Reihenfolge, die dem Entwicklungsfortschritt entspricht.

SAA1500T
Hersteller: Philips Semiconductor
Ein Beispiel dafür war der Baustein SAA1500T von Philips – ein Batteriezustandskontroller, entwickelt wahrscheinlich hauptsächlich für den Einsatz in Elektrorasierern. Der Chip verfügt über einen Zähler und eine Meßschaltung, die die Zählerfrequenz variiert. Der Kontroller unterscheidet vier Zustände:

- Laden
- Entladen
- Standby
- gleichzeitiges Entladen und Laden (Pufferbetrieb).

Das Laden unterteilt sich in die Prozesse Schnelladen und Erhaltungsladen und benötigt ein spezielles Ladegerät, das dem Kontroller die Ladezustände (Laden-Ein/-Aus oder Erhaltungsladen) signalisieren muß. Die Selbstentladung wird durch den Chip auch berücksichtigt.

Der Entladestrom verursacht einen Spannungsabfall auf einem Fühlerwiderstand (70 mΩ). Dieser Spannungsabfall wird in Strom umgewandelt, mit dem ein Kondensator des RC-Oszillators aufgeladen wird; dadurch erzeugt man Frequenzänderungen, die zum Entladestrom proportional sind, wie aus *Abb. 15.1* ersichtlich ist.

Der Kondensator C_0 wird im Entladezustand (Schalter auf Variable) mit einem Strom geladen, der zum Entladestrom proportional ist. Dadurch wird die Frequenz des RC-Oszillators (mit einem Flip-Flop) variiert. Im Ladezustand steht der Schalter auf Fixed, was bedeutet, daß beim Laden der Zähler mit Konstantfrequenz läuft. Im internen Speicher des Chips werden Zählerwerte gespeichert, die für das Herunter- bzw. Hinaufzählen in bestimmten Zuständen verwendet werden; so verläuft beispielsweise beim Entladen das Zählen ab $8{,}85*10^6$ (Vollgeladen) bis 0 (Leer) mit variabler

Frequenz, beim Schnelladen ab 0 bis 7,37*10^6 mit Konstantfrequenz. Der Ladezustand wird auf einem 6-Panel-LED-Display angezeigt oder mit Leuchtdioden signalisiert.

Die wichtigen Parameter wie Ladestrom und Temperatur waren nicht kontrollierbar, was die Einführung von weiteren Chipverbesserungen in kürzerer Zeit (Nachfolger SAA1501) möglich machte. Man muß sich aber darüber im klaren sein, daß jede Zusatzfunktion Energie kostet. Die ganz ausgeklügelten Überwachungsbausteine können durch ihren erhöhten Leistungsverbrauch nicht für jede Batterie sinnvoll eingesetzt werden.

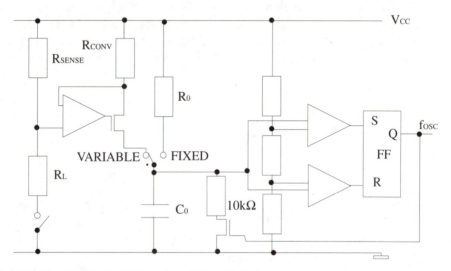

Abb. 15.1 Coulomb-Zähler mit variabler Zählerfrequenz

Auf jeden Fall wird bei der von den SAA1500 verwendeten Prozedur der Zustand des Akkus nicht berücksichtigt. Ob alt oder frisch, der Zähler läuft stets zwischen 0 und dem immer gleichen Endwert. Es gibt somit einfach keinen Parameter, der eine neue von einer alten Zelle schnell und eindeutig unterscheiden kann. Da der Baustein eigentlich zum Einbauen in das Batteriegehäuse geeignet sein soll, war der nächste logische Schritt, den Zähler mit der Batterieinformation auszustatten und den Chip ins Batteriegehäuse zu integrieren – auf diese Weise kann die Batterie eine Identität bekommen. Es entstehen natürlich sofort weitere Probleme: Die Information muß aus der Batterie herausgeführt werden, also ist ein Kontakt nötig. Aber von welcher Art? Analoge Signale, bei digitaler Schaltung? Also digitales Interface; vielleicht RS232 oder I^{2}C, was ist dann mit dem Protokoll? Diese Lösung

15.3 Coulomb-Zähler

verschärft zunächst das Kommunikationsproblem – die Batterie muß sich mit dem betriebenen Gerät und möglicherweise auch mit dem Ladegerät verständigen.

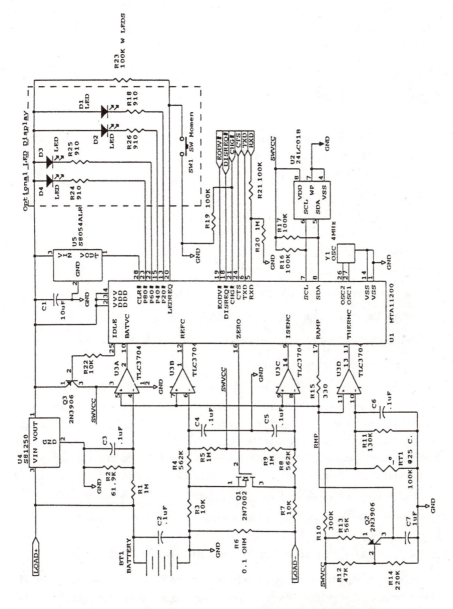

Abb. 15.2 Applikationsschaltbild des Bausteines MTA11200 (Fa.Microchip)

MTA11200
Hersteller: Microchip

Das Problem hat die Firma Microchip auf eigene Faust gelöst – ein Ladezustandsmonitor dieses Typs mit der Bezeichnung MTA11200 wurde von dieser Firma entwickelt. Der Baustein ist für alle gängigen Batteriesysteme geeignet, und seine Funktionalität ist imponierend.

Implementierte Funktionen:

- Kontrolle des Lade- /Entladestromes (Coulomb-Zähler)
- Kontrollierte Parameter:
  Ladezustand in % der Kapazität
  Absoluter Ladezustand in mAh
  Batteriespannung
  Momentaner Strom
- Steuerung der Schnelladung mit folgenden Abschaltkriterien:
  $-\Delta V$
  dT/dt
  max. Spannung
- Als Sicherung vor Überladung: Timer, min. und max. Temperatur
- Automatische Korrektur der Batteriekapazität
- Automatische Zyklung der Batterie (Laden und Vollentladen)
- Serielle Schnittstelle (RS232)

Der Baustein ist ein hoch entwickelter Coulomb-Zähler. Außer den bereits erwähnten Funktionen lassen sich mit ihm auch externe LEDs ansteuern, und er verfügt über zwei Arbeitsmodi: Aktiv und Schlaf. Im Aktivmodus beträgt der maximale Stromverbrauch 3,3 mA (bei 3,0 bis 5,5 V), im Schlafmodus maximal 18 µA. Im Schlafmodus führt er die Messungen der Spannung und der Temperatur durch und aktualisiert den Ladezustand für die Selbstentladungsrate, die der gemessenen Temperatur entspricht.

Im aktiven Modus werden die Messungen im Abstand von 1.75 Sekunden durchgeführt, und die Ergebnisse werden im internen E^2PROM gespeichert, der durch die serielle Schnittstelle abgefragt werden kann.

Der niedrige Stromverbrauch des Bausteins steht im Vordergrund und die Daten sehen sehr interessant aus, allerdings beinhaltet der vom Hersteller beigefügte Applikationsschaltplan, siehe *Abb. 15.2*, sehr viele externe Elemente (u.a. Spannungsregler und Operationsverstärker), was den Gedanken nahelegt, daß der gesamte Leistungsverbrauch des Schaltkreises die Selbstentladung sogar einer größeren Batterie weit überschreiten kann. Außerdem muß man sich vor dem Einsatz überlegen, ob die geplante Anwendung nicht schneller wechselnde Ströme als die Überwachungsperiode von 1,75 Sekunden benötigt.

15.3.3 bq2011

Hersteller: Benchmarq

Der Baustein wurde zur Überwachung des Batteriezustandes konzipiert und ist zum Einbau in das Batteriegehäuse bestimmt. Er überwacht den Ladezustand gemäß dem bereits beschriebenen Coulomb-Zähler-Prinzip: Der Spannungsabfall über einem externen Widerstand R_s (Abb. 15.3) wird als Maß des Ladens/Entladens verwendet. Der Widerstand muß gemäß der Batteriekapazität und der Anwendung ausgewählt werden. Bei Impulsanwendungen sollte allerdings zwischen dem Meßeingang und dem Widerstand ein Filter eingebaut werden. Die Arbeitsspannung wird direkt aus der überwachenden Batterie bezogen und liegt bei 4,8 V. Für größere Spannungen muß ein optionaler Adapter eingebaut werden.

Der Baustein verfügt über Kommunikationsmöglichkeiten mit einem externen Computer mittels eines einadrigen seriellen Kommunikationsbus. Ladezustand, Temperatur, Kapazität, Batterie-Identifizierungsnummer und Batteriestatus lassen sich auf diese Weise abfragen.

Der Baustein berücksichtigt die Selbstentladung der Batterie und den Temperatureinfluß auf die Kapazität. Der Ladezustand kann in einem relativen und einem absoluten Modus abgeschätzt werden. Der relative Modus bezieht sich auf den zuletzt durchgeführten Entladevorgang als „Batterie-Voll" Referenz, der absolute Modus macht von dem vorprogrammierten Kapazitätswert Gebrauch. Auf einen Tastendruck kann der Baustein auch einen 5-Segment-LED-Display ansteuern, um den momentanen Ladezustand anzuzeigen.

Der typische Eigenstrom beträgt im Schlaf-Zustand (während nur die Batterieselbstentladung berücksichtigt wird) 100 µA.

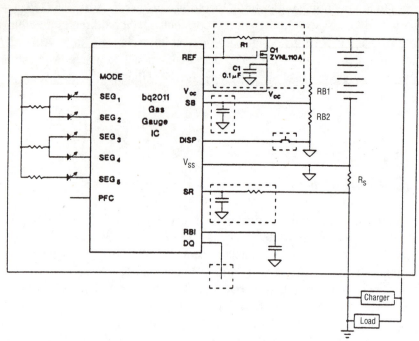

Abb. 15.3 Applikationsschaltbild bq2011 (Fa.Benchmarq)

Die mit der Strichlinie gekennzeichneten Bereiche bezeichnen die optionalen Blöcke. Die durch DQ bezeichnete Verbindung ist eine serielle Einader-Komunikationsschnittstelle.

15.4 Die Smart Battery

Der wachsende Trend zur wachsenden Batterie-Überwachung mit Hilfe von Chips und damit verbundene Kommunikationsprobleme wurde in beiden Branchen (Halbleiter- und Batteriebranche) rechtzeitig erkannt, weshalb eine Standardisierung vorgeschlagen wurde. Duracel und Intel haben gemeinsam eine Spezifikation der Kommunikationsschnittstellen unter dem Marketingnamen „Smart Battery" eingeführt (Smart Battery Data Specification, Rev.0.954 vom 21. April 1994).

Der Begriff „Smart Battery" wird übrigens in mehreren deutschsprachigen Literaturquellen als „Intelligente Batterie" übersetzt, was andeuten könnte, daß die Autoren irgendwelche Probleme mit der Unterscheidung zwischen „intelligent" und „schlau" hatten. Wir bleiben also bei der schlauen Batterie.

Der Schwerpunkt dieser Spezifikation liegt auf der Kommunikation, also dem Bus. Zwei Probleme sind hier von kritischer Bedeutung:

- Der Leistungsverbrauch: Der Bus darf selbst, während das Gerät abgeschaltet ist oder wenn die Batterie sich außerhalb des Gerätes befindet, keine Leistung abzweigen. Er darf nur eine sehr geringe Leistung im Standby-Modus benötigen und muß unempfindlich gegen EMV-Störungen sein.
- Die Busmaster-Rolle: Jeder der Busbenutzer, sowohl das Host-Gerät (das wir weiter Grundgerät nennen werden) als auch das Ladegerät, müssen die Rolle des Busmaster in bestimmten Situationen übernehmen. Im Low-Charge-Zustand muß die Batterie allerdings Alarm schlagen und möglicherweise das Grundgerät aus dem Schlaf reißen (z.B. beim Mobiltelefon), sie übernimmt also die Master-Rolle.

Nach der Analyse der verschiedenen vorhandenen Standards hat man sich für den I^2C-Bus mit Ergänzungsprotokoll entschieden. Dieses Derivat wurde System-Management-Bus (SMBus) genannt.

Die Software-Funktionalität der Smart Battery wurde so ausgelegt, daß sie sowohl dem System als auch dem Anwender die gewünschten Daten der Batterie liefert. Die Daten, die eine Smart Battery melden muß, lassen sich in mehrere allgemeine Kategorien einteilen:

- Alarm – Die Batterie ist fast leer
- Steuerung/Status/Fehler – Steuert die Betriebsart der Batterie
- Vorhersage-Meldungen – Wie lange kann die Batterie bei einer bestimmten Belastung Strom liefern?
- Gemessene Daten – Wieviel Strom liefert die Batterie?
- Ladezustand der Batterie – Die Füllstandsanzeige der Batterie
- Informationen über das Aufladen – Wie kann die Batterie richtig aufgeladen werden?
- Batterie-Eigenschaften – Kapazität, chemische Zusammensetzung der Zellen
- Herstellerdaten – Name des Herstellers und Seriennummer.

15.4.1 Die Smart-Ladeeinheit

Die Smart-Ladeeinheit ist ein programmierbarer Laderegler mit implementierter Funktionalität, die die Funktionalität der Smart Battery ergänzt. Mit Hilfe einer programmierbaren Ladeeinheit kann die Smart Battery die Ladung wirksam regeln und für ein System sorgen, das echt unabhängig von der chemischen Zusammensetzung und der Konstruktion der Zellen ist. Die Funktionalität der Ladeeinheit kann in folgende Kategorien unterteilt werden:

- Aufladen – Ladespannung, Ladestrom
- Alarm – Verarbeiten von Alarmmeldungen, Ignorieren, Beenden des Aufladens oder erneutes Beginnen, je nach Bedarf

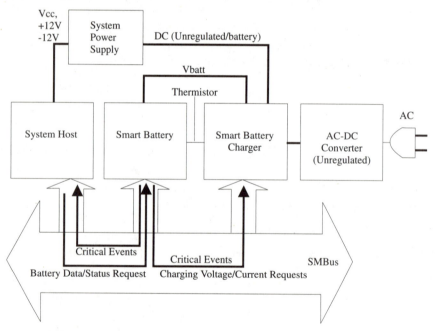

Abb. 15.4 Smart Battery-Konzept

Abb. 15.4 beschreibt ein System, das durch eine Smart Battery mit angeschlossener Smart-Ladeeinheit mit Strom versorgt wird. Der Host holt sich die Daten von der Batterie, die anschließend vom SMBus BIOS, dem Betriebssystem oder einer Applikation verwendet werden. Die Batterie kontrolliert autonom ihr eigenes Aufladen, indem sie regelmäßig Mitteilungen über Ladespannung und Ladestrom an die Smart-Ladeeinheit schickt. Wenn die Batterie einen Alarm oder einen kritischen Zustand entdeckt, sendet sie außerdem eine Alarmmeldung an den Host und die Ladeeinheit.

Eine Smart-Ladeeinheit ist im allgemeinen eine SMBus-Slave-Einheit, die nur auf Mitteilungen vom Host oder von der Batterie reagiert.

15.4.2 Batterie-Funktionalität

Auf der Host-Seite sind es drei Softwareeinheiten, die die von der Batterie gelieferten Daten aufnehmen. Erstens nimmt das APM-BIOS den Alarm „Low Capacity" als Zeichen dafür auf, daß ein kritischer Energie-Zustand eingetreten ist, die Applikationen erhalten die Meldung der Füllstandsanzeige. Zweitens kann das Betriebssystem über Smart Battery-Treiber regelmäßig die von der Batterie erzeugten Alarmmeldungen vom SMBus-BIOS abfragen und anschließend verarbeiten. Dieser Treiber kann Teil eines Power-Management-Systems sein, z.B. desjenigen, das in der Spezifikation des PMC (Power Management Coordinator) von Intel definiert ist. Der PMC verwendet die Informationen der Batterie als Daten für seinen „Power Budgeter" (eine Softwareeinheit, die den Strom aufgrund von Anfragen von den Komponenten vergibt) und für den „Power Policy Manager" (mit der Taktik „Policy" wird z.B. entschieden, wann die CPU-Uhr verlangsamt wird, wie lange die Wartezeit vor dem Herunterfahren der Festplatte ist, usw.) oder für einen „Stand Alone"-Treiber. Schließlich können die Applikationen anhand der Batteriemeldungen dem Anwender die genaue Leistungsdauer, Aufladedauer und andere Informationen mitteilen. Außerdem sendet die Batterie regelmäßig Auflade-Informationen an die Ladeeinheit.

15.4.3 Meldungen

Alarmmeldungen

Alarm für verbliebene Kapazität (**RemainingCapacityAlarm**), Alarm für verbliebene Zeit (**RemainingTimeAlarm**).

Diese Alarme sind typischerweise gesetzt, die daraus resultierenden Alarmmeldungen zeigen dem APM BIOS, wann die Leistung der Batterie zu Ende geht.

Steuerung, Status und Fehler

Batteriebetriebsart (**BatteryMode**), Batteriestatus (**BatteryStatus**). Mit Hilfe der Batteriebetriebsart stellt das BIOS die Ausgabe der Batterie so ein, wie es für das System am besten ist (z.B. Melden der Batteriekapazität in mAh oder mWh). Der Batteriestatus enthält einen „Snapshot" des Batteriezustands und des zuletzt gemeldeten Fehlers.

Vorhersage-Meldungen

Bei Belastung (**AtRate**), Bei Belastung Zeit zum Auffüllen (**AtRate-TimeToFull**), Bei Belastung Zeit zum Leeren (**AtRateTimeToEmpty**), Bei Belastung OK (**AtRateOK**).

Über die „AtRateOK"-Funktion kann das APM BIOS und der „Power Budgeter" sehen, ob die Batterie genügend zusätzliche Energie bereitstellen kann, um eine Komponente mit großem Stromverbrauch (z.B. Hintergrundbeleuchtung, Festplatte) einzuschalten. Die „AtRate Time"-Funktionen sind die „Kristallkugel", mit deren Hilfe eine Applikation dem Anwender signalisieren kann, wieviel Zeit noch nötig ist, um die Batterie vollständig aufzuladen, oder wie lange das System läuft, wenn die „Power Policy" geändert wird.

15.4.4 Gemessene Daten

Temperatur (**Temperature**), Spannung (**Voltage**), Strom (**Current**), Durchschnittsstrom (**AverageCurrent**).

Die gemessenen Daten werden von speziellen Applikationen verwendet, um den Strombedarf der Komponenten auf anspruchsvollere Power-Management-Schemata, z.B. das PMC, zu eichen. Die Temperaturwerte können von einem Wärmeverwalter („Thermal Budgeter") oder einem speziellen Niedertemperatur-Aufladeschema weiterverarbeitet werden.

Ladezustand der Batterie

Maximaler Fehler (**MaxError**), Relativer Ladezustand (**RelativeStateOfCharge**), Absoluter Ladezustand (**AbsoluteStateOfCharge**), Verbleibende Kapazität (**RemainingCapacity**), Kapazität bei vollständiger Aufladung (**FullChargeCapacity**), Betriebsdauer bis die Batterie leer ist (**RunTimeToEmpty**), Durchschnittliche Zeit zum Leeren (**AverageTimeToEmpty**). Die Informationen über den Ladezustand werden von den Applikationen dazu verwendet, dem Anwender eine Füllstandsanzeige und eine Meldung über das Ende der Batterielebensdauer zu geben. „MaxError" zeigt die Genauigkeit der anderen Werte an.

Auflade-Informationen

Durchschnittliche Zeit zum Auffüllen (**AverageTimeToFull**), Ladestrom (**ChargingCurrent**), Ladespannung (**ChargingVoltage**). Das Host-System kann die Ladespannung und den Ladestrom ablesen. Eine Applikation kann die geschätzte verbleibende Aufladezeit anzeigen.

Batterie-Eigenschaften

(**SpecificationInfo, DesignCapacity, DesignVoltage, DeviceChemistry**)

Diese Information ist für Applikationen verfügbar, die dem Anwender die Batterie-Eigenschaften anzeigen, oder dafür, um bei bestimmten Batterietypen spezielle Einstellungen zu ermöglichen.

Herstellerdaten

Zykluszahl (**CycleCount**), Herstellungsdatum (**ManufactureDate**), Seriennummer (**SerialNumber**), Name des Herstellers (**ManufacturerName**), Komponentenbezeichnung (**DeviceName**), Zugang zum Hersteller (**ManufacturerAcces**), Herstellerdaten (**ManufacturerData**)

Diese Informationen können dem Anwender angezeigt werden, außerdem sind sie für batteriespezifische Diagnostikprogramme verfügbar.

15.4.5 Von der Batterie erzeugte Meldungen

Ladestrom (**ChargingCurrent**), Ladespannung (**ChargingVoltage**), Alarmmeldung (**AlarmWarning**)

Mit den Meldungen über Ladespannung und Ladestrom kann die Batterie den eigenen Ladevorgang regeln (Default-Bedingung). Die Alarmmeldungen werden, falls nötig, sowohl zur Ladeeinheit als auch zum Host gesendet. Die Ladeeinheit unterbricht bei Alarm sofort das Aufladen.

15.4.6 GIFT (LMC6980) – eine Smart Applikation

Hersteller: National Semiconductor

Das gleiche Konzept eines Coulomb-Zählers für einen Batteriezustandscontroler, das von Philips, Microchip oder Benchmarq verwendet wird, verfolgt auch National Semiconductor mit dem GIFT-Chip. GIFT steht dabei für Gauge for Intelligent Fuel Tracking. Der Chip besitzt sogar prinzipiell die gleichen Funktionen wie die entsprechenden Produkte der anderen Firmen: Auch hier mißt der Baustein die Spannung der Batterie, sowie den bei Ladung und Entladung fließenden Strom, berücksichtigt die Selbstentladung und speichert diese Daten im internen Speicher. Die Messungen erfolgen mit zwei 16 Bit AD-Wandlern, was den in den anderen Bausteinen verwendeten Verfahren deutlich überlegen erscheint. Die Sampling-Periode wurde jedoch nicht veröffentlicht, so daß man nicht beurteilen kann, ob dieser Baustein für bestimmte Impuls-Stromanwendungen geeignet ist. Aufgrund der vom Hersteller angegebenen Information, daß die Funktion „Average Current" einen Ein-Minuten-Mittelwert des Stromes liefert, der auf mindestens 60 Samples beruht, läßt sich jedoch vermuten, daß die Samplingperiode bei einer Sekunde liegt.

Der LMC6980 wurde ausgelegt für die Zusammenarbeit mit einem Kontroller. Der wurde auch gleich von National Semiconductor zu Verfügung gestellt – der LMC6984, der auf einem 8-bit Prozessorkern basiert. Zu seinen Aufgaben gehört: Auswertung der vom Front-End gelieferten Daten über Strom, Spannung, Temperatur und die Kommunikation mit dem Grundgerät, aber auch die Steuerung des Ladeprozesses.

Die Kommunikation zwischen den beiden Bausteinen verläuft über einen fünfadrigen Bus namens Microwire™, der ebenfalls von National Semiconductor entwickelt wurde. Der Kontroller kommuniziert über den Smart Bus nach außen, verfügt dabei aber über eine größere Anzahl der Befehle als in der Smart Battery-Spezifikation festgelegt.

Der Front-End-Baustein ist zum Einbau in das Batteriegehäuse bestimmt, wer allerdings den Kontroller im Grundgerät einbauen will, hat wegen der fünf Drähte des Microwire™ sehr schlechte Karten. Der Kontroller gehört also leider auch zum Batteriegehäuse.

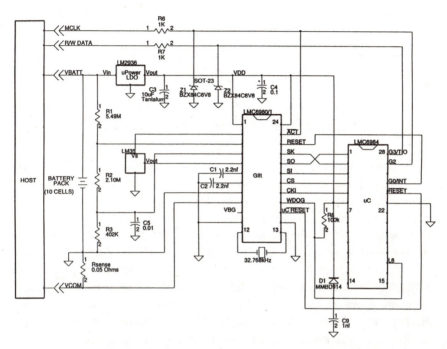

Abb. 15.5 Applikationsschaltbild des GIFT-Chipsatzes (National Semiconductor)

Ein Applikationsschaltbild des GIFT-Chipsatzes von National Semiconductor zeigt die *Abb. 15.5*. Dabei sind deutlich die Kommunikationsverbindungen des Microwire™ Busses zwischen dem LMC6980 und dem LMC6984 zu sehen. Die weiteren Bausteine sind der Spannungsregler (LM2936) und der Temperaturfühler (LM35).

16 Vielleicht lieber einen Kondensator?

16.1 Allgemeiner Vergleich einer elektrochemischen Zelle und eines Kondensators

Aus unserer Übersicht über die Geschichte der Batterieentwicklung ist ersichtlich, daß die Leidener Flasche schon ziemlich lange Zeit vor dem Beginn der Elektrochemie bekannt war. Seit dieser Zeit wurden Kondensatoren für kurzfristige Energiespeicherung verwendet. Die damals gebräuchlichen Materialien hatten jedoch zu große elektrische Leitfähigkeiten, was ihre Verwendung zur Energiespeicherung über längere Zeiträume unmöglich machte. Der technologische Fortschritt ermöglichte aber auch auf diesem Gebiet neue Entwicklungen. Seit Anfang der 70er Jahre experimentieren mehrere Labors mit sogenannten Superkondensatoren, die Kapazitäten von mehreren Farad aufweisen. Unter den Pionieren war die Firma Panasonic, von deren Produkten aus dem Niedrigenergie-Bereich einige schon seit ein paar Jahren erhältlich sind – wie der Power-Cap oder Gold-Cap, die als Speicherbackup-Batterien einsetzbar sind.

Der Hauptunterschied zwischen einem Kondensator und einer elektrochemischen Zelle liegt im Energiespeichermechanismus. Der Kondensator speichert die Ladung auf rein elektrostatische Weise, ohne sie umzuwandeln. Wenn wir die in beiden Systemen gespeicherten Energiemengen vergleichen, ergibt sich folgendes Bild:

- Die in der Zelle gespeicherte Energie beträgt

$$E_{bat} = U \cdot I \cdot t$$

- die im Kondensator gespeicherte Energie dagegen nur:

$$E_{kon} = \frac{1}{2} Q \cdot U$$

16.1 Allgemeiner Vergleich einer elektrochemischen Zelle

Um das zu demonstrieren, verwendet man eine graphische Darstellung wie in der *Abb. 16.1* ersichtlich. Die gespeicherte Energie wird aus der Formel

$$E = \int U\,dq$$

berechnet. Wie aus der *Abb. 16.1* ersichtlich ist, kann der Kondensator nur halb soviel Energie aufnehmen wie die Batterie. Der abgebildete Fall ist zwar idealisiert, gibt jedoch die Realität ziemlich gut wieder.

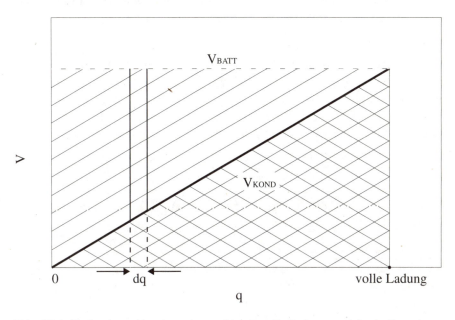

Abb. 16.1 Die in einem Kondensator und in einer Batterie gespeicherte Energie

Was aber nun die gewöhnlichen Kondensatoren von den Superkondensatoren neben der Kapazität unterscheidet, wird durch die folgenden Punkte wiedergegeben:

- der verwendete Speicherungsmechanismus,
- der Widerstand.

Die Superkondensatoren weisen einen sehr niedrigen Widerstand auf, was im Gegensatz zu den klassischen Kondensatoren Hochrate-Anwendungen erlaubt.

16.2 Ein paar Worte zur Technologie

Technologisch gesehen sind folgende Typen von Kondensatoren bekannt:

1. dielektrischer Kondensator,
2. dielektrischer Oxid-Dünnschicht-Kondensator,
3. Doppelschicht-Kondensator, basierend auf Kohle-Materialien und wässrigen oder nicht wässrigen Elektrolyten
4. Redox-Kondensatoren, die elektrochemische Pseudokapazität verwenden
5. Monoschicht-UPD-Systeme, die eine Pseudokapazität aufweisen.

Allerdings sind nur der dritte und vierte Typ für die Anwendungen mit größeren Kapazitätsdichten im Bereich von Farad pro g oder Farad pro cm^3 geeignet. Diese Kondensatoren sind unter den Namen double-layer-Kondensator, Ultrakondensator oder Superkondensator bekannt. Besonders ab Anfang der neunziger Jahre wurden die double-layer- (Doppelschicht-) Kondensatoren, die auf Kohlenelektroden und verschiedenen Elektrolyten basieren, immer attraktiver.

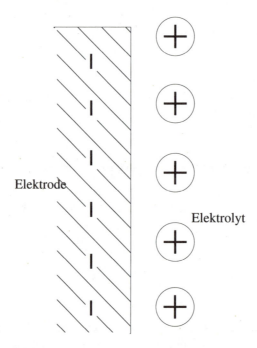

Abb. 16.2 Prinzip der Doppel-Schicht

16.2 Ein paar Worte zur Technologie

Wir werden hier nicht die Prinzipien der einzelnen Methoden beschreiben, das würde den Rahmen dieses Buches sprengen. Der interessierte Leser sei hierzu auf den Übersichtsartikel von Prof.B.E.Conway[1] verwiesen, wo auch weitere Literaturangaben zu finden sind.

Wir erklären hier nur kurz das Prinzip des Doppelschichtkondensators. Er basiert auf der klassischen Idee der Doppelschicht von Helmholtz, die in der Abb. 16.2 veranschaulicht wird. Sie besagt, daß sich entlang einer elektrisierten Fläche eine Doppelschicht von separierten Ladungen ausbildet.

Dieses Phänomen ist auf jeder polarisierten Elektrodenoberfläche realisiert und bildet eine der bereits besprochenen Polarisationskomponenten der elektrochemischen Zelle. Das Produkt aus der konzentrierten Ladung und dem Polarisationspotential ergibt die elektrische Kapazität:

$$C_s = \frac{dq}{dV},$$

was einfach als Impedanz mit einem Wechselstrom meßbar ist. Die Kapazität beträgt (sehr vereinfacht gesagt) z.B. für die Grenzschicht Hg/Wasser ca. 20 µFarad/cm^{-2}, was allerdings von der Elektrolytkonzentration und dem Elektrolyttyp abhängig ist. Die maximale Ladungsdichte für die Grenze Hg/Wasser beträgt ca. 20 µCcm^{-2} und entspricht ca. 0,18 Elektronen pro Metallatom der Elektrodenfläche.

Vergleichen wir dies nun mit einer Kohlenfläche, die im Idealfall über eine spezifische Oberfläche von ca. 2000 m^{2}g^{-1} verfügt. Eine einfache Rechnung führt auf

$$2000 \cdot 100^2 cm^2 g^{-1} \cdot 20 \mu F cm^{-2} = 4 \cdot 10^8 \mu F g^{-1} = 400 F g^{-1}.$$

In der Praxis ist die erreichbare Kapazität zehnmal kleiner, weil die spezifizierte Fläche kleiner und nicht zu 100% zugänglich ist. In jedem Fall sind die erreichbaren Kapazitäten sehr groß im Vergleich mit dem elektrolytischen Kondensator. Die theoretische Energiedichte beträgt in diesem Fall

$$\frac{1}{2} C_s U^2 = \frac{1}{2} \cdot 400 \cdot (2,4)^2 = 1,2 \cdot 10^3 J g^{-1}$$

für einen Kondensator, der mit 2,4 V arbeitet. In der Praxis ist sie, wie üblich, viel kleiner – man muß das Gewicht des Elektrolyten berücksichtigen, dazu Verpackung, Konstruktionselemente etc.

---

1. Power Sources 15, Ed. Attewell & T.Keily, Int.Power Source Symp.Comittee, 1995

Die Kapazität ist hier, wie gesagt, rein elektrostatischer Natur. In den Redoxkondensatoren dagegen laufen die den Oxidations- /Reduktions-Reaktionen der elektrochemischen Zelle vergleichbaren Vorgänge ab, die die sogenannte Pseudokapazität verursachen. Ohne uns hier in die Elektrochemie zu vertiefen, merken wir nur an, daß die Pseudokapazität keine echte Kapazität im elektrostatischen Sinne ist; sie resultiert lediglich aus den umkehrbaren elektrochemischen Reaktionen. Aus der Analyse des Prozesses läßt sich folgern, daß die mit dieser Methode erreichbare Kapazität das Zehnfache der Kapazität eines Doppelschichtkondensators beträgt.

16.3 Ein Anwendungsbeispiel – *Power-Kondensator* (Matsushita)

Der Gold-Kondensator (Power-Kondensator) wurde 1978 von Panasonic auf dem Markt eingeführt. 1992 wurde er durch den Gold-Kondensator/Al ersetzt. Er wurde hier zum Vergleich mit einem konventionellen Kondensator herangezogen.

Um Mißverständnisse zu vermeiden, merken wir hier an, daß weder der Begriff Gold-Kondensator noch der Begriff Power-Kondensator als Bezeichnungen von Kondensatortypen anzunehmen sind. Es handelt sich dabei nur um die Marketingnamen zweier Produkte der Firma Matsushita.

16.3.1 Eigenschaften

- Technologie   Doppelschicht
- Betriebsspannung   2,3 V
- Elektroden   Aktivierter Kohlenstoff auf Aluminiumfolie (Stromkollektor)
- Elektrolyt   organisch
- Kapazität   100 F bis 470 F
- Bauform   zylindrisch
- Lebensdauer   >20000 Zyklen
- Lade-/Entladestrom   µA bis mA

16.3 Ein Anwendungsbeispiel – Power-Kondensator

- Betriebstemperaturbereich   -25°C bis +70°C
- Ladetemperaturbereich   -25°C bis +70°C
- Lagerfähigkeit   unbegrenzt
- Dichtigkeit   hermetisch mit Sicherheitsventil
- Die Abmessungen (für die 470F-Version):
  Durchmesser: 50 mm,
  Höhe: 125 mm.

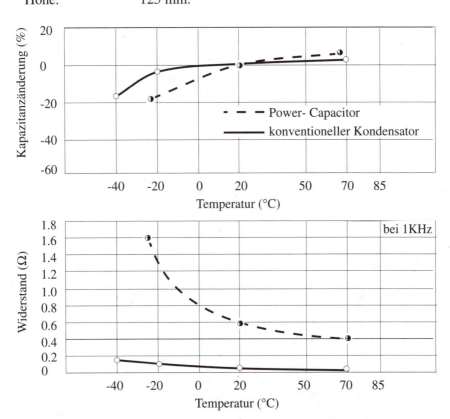

Abb. 16.3 Temperaturabhängigkeiten der Kapazität und des Widerstandes eines konventionellen Kondensators und des Power-caps.

16.3.2 Konstruktion

Der Kondensator wird sehr ähnlich wie eine Rundzelle gefertigt: Die zwei Elektroden aus beidseitig mit dem aktivierten Kohlenstoff beschichteter

Aluminiumfolie werden durch einen Polypropylen-Separator getrennt und zusammen zu einer Rolle gewickelt.

Die Aluminium-Stäbchen-Elektroden werden zugeschweißt und die Rolle wird in ein Gehäuse eingebracht. Dann wird der Elektrolyt hinzugefügt. Das Gehäuse wird aus Aluminium gefertigt, der Deckel aus einem organischen Harz.

16.3.3 Elektrische Charakteristiken

Abb. 16.4 zeigt den Vergleich der Entladecharakteristik eines 10F/2,5V Gold-Kondensators/Al für die Entladeströme 100 mA, 500 mA und 1 A mit der für einen konventionellen Kondensator mit einer Kapazität von 10F bei 2,3 V Spannung. Die Entladeschlußspannung beträgt 0,5 V.

Wie man in der *Abb. 16.3* sieht, verfügt der Gold-Kondensator über sehr gute Temperaturstabilität der Parameter und einen wesentlich niedrigeren Widerstand als der konventionelle Kondensator.

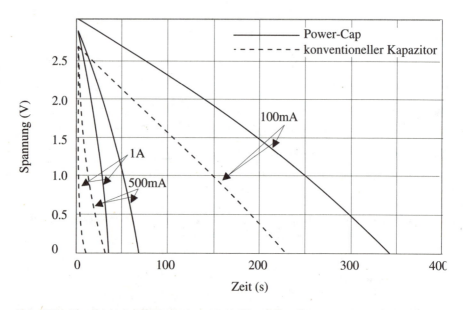

Abb. 16.4 Vergleich der Entladecharakteristiken eines Power-caps und eines gewöhnlichen Kondensators bei verschiedenen Entladeströmen

16.4 Schlußbemerkungen

Die Superkondensatoren befinden sich in einer intensiven Entwicklungsphase. Produkte wie die der Firma Matsushita entstehen in mehreren verschiedenen Laboratorien. Die treibende Kraft hierzu geht von der Automobilindustrie aus: Energiequellen dieses Typs werden in Hybrid-Fahrzeugen gebraucht, als wirksame Methode zur Energieeinsparung und Umweltentlastung.

Der andere Antrieb kommt aus dem Konsumgüterbereich – die schon früher genannten „3C". Allerdings scheint hier der praktische Einsatz noch weit entfernt zu sein: Der Power-Kondensator mit 470F hat eine volumetrische Energie von ca.1Wh/l, was ungefähr 100 mal weniger ist als bei einer gewöhnlichen NiCd-Zelle. Der Grund dafür, daß die Kondensatoren für die Autoindustrie von Interesse sind, läßt sich anhand der *Abb. 16.5* – verstehen, die einen Vergleich der Leistungsdichten der verschiedenen Systeme bietet. Die Kondensatoren verfügen nämlich über viel größere Leistungsdichten als die elektrochemischen Energiequellen. Dies macht einerseits für die Leistungsentnahme Stromstärken von mehreren hundert Ampere möglich und erlaubt darüber hinaus das Aufladen der Kondensatoren mit ähnlich hohen Strömen innerhalb nur weniger Sekunden.

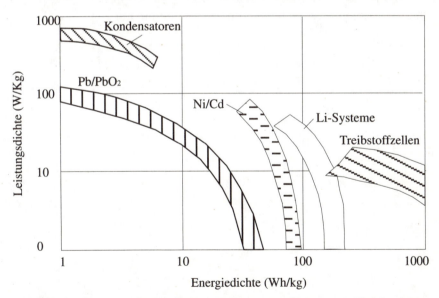

Abb. 16.5 Vergleich der Energiedichten und Leistungsdichten von Kondensatoren und verschiedenen elektrochemischen Zellen

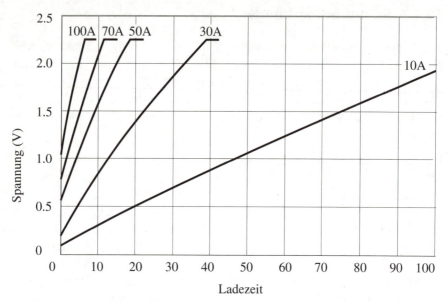

Abb. 16.6 Ladecharakteristik des Power-caps bei verschiedenen Ladeströmen

Die Ladecharakteristik des 470 F/2,3V-Power-Kondensators ist in der *Abb. 16.6* demonstriert. Das Volladen mit einem Strom von 100 A innerhalb ca. 10 s bleibt wahrscheinlich nur ein Traum in der Batteriewelt.

Literatur

1. Barak M. ed., Electrochemical Power Sources, Primary & Secondary Batteries, Peter Peregrinus Ltd, Stevenage, UK, 1980
2. Berndt D., Maintenance-Free Batteries, Research Studies Press Ltd, Tauton, Somerset, England, John Wiley & Sons Inc., England
3. Datenblätter der im Text beschriebenen Ladechips
4. Elektronik Plus, 4/1994, Franzis, Intelligent Laden
5. Elektronik Industrie, 10/1994, Spezialreport Batterieladekonzepte
6. Furukawa Battery CO.,LTD. RFV detection charging method
7. Jaksch H-D., Batterie Lexikon, Pflaum Verlag München, 1993
8. Linden David, ed, Handbook of Batteries 2nd.ed, McGraw-Hill Inc. 1995
9. Oldham K.B. and Myland J.C., Fundamentals of Electrochemical Science, Academic Press Inc., 1994
10. Panasonic, NiCd-Batterien, Technisches Handbuch
11. Philips, Battery Management Cook Book
12. Produktkataloge des im Verzeichnis aufgelisteten Batterie-Herstellers
13. Sanyo, Cadnica – Engineering Handbook
14. Tuck C.D.S., ed, Modern Battery Technology, Ellis Horwood Ltd, 1991
15. US Patent Nr. 5,256,957
16. US Patent Nr. 5,291,117
17. Varta, Gasdichte NiCd-Akkumulatoren, Lieferprogramm und Technisches Handbuch

Anhang

Glossar

Aktives Material

Aktive elektrochemische Materialien zur Herstellung der positiven und negativen Elektroden.

Ampere-Stunden

Dieser Begriff definiert die Kapazität der Zelle; Strom in Ampère multipliziert mit der Zeit in Stunden, während welcher der Strom aus der Batterie fließt. Wird auch in mAh angegeben.

Angepaßte Zellen

Zellen mit ähnlichen Anfangskapazitäten zur Zeit der Herstellung.

Anschlußfahne

Die Kontakt- oder Lötfahne zum Anschluß der positiven oder negativen Kontakte einer Zelle oder Batterie.

Anwendungs-Zyklus

Der normale Gebrauch einer Batterie während ihrer Anwendung. Dies umfaßt das Laden, Entladen und die restlichen Intervalle.

Batterie

Zwei oder mehr Zellen, miteinander verbunden, normalerweise in Serie. Manchmal wird auch eine Einzelzelle als Batterie bezeichnet, was wir auch in diesem Buch tun, wenn das nicht mißverstanden werden kann.

Bereitschafts-Parallelbetrieb (Pufferbetrieb)

Eine Anwendungsmethode von Sekundär-Batterien, bei der die Batterie konstant geladen wird, sodaß sie immer zum Gebrauch bereitsteht (Laden im Bereitschafts-Parallel-Betrieb).

Beschleunigtes Laden

Aufladen einer Batterie in 4 – 6 Stunden mit Ladeströmen von C/3 bis C/4.

C-Rate
Ein pro Zeiteinheit fließender Lade- oder Entladestrom in Ampère oder mA. Zahlenmäßig der gleiche Wert wie die Nennkapazität einer Zelle in Ah.

Elektrode
Bereich der elektrochemischen Zelle, wo die elektrochemische Reaktion zustande kommt. Im weiteren Sinne wurde der Begriff auf die positive und negative Platte übertragen, welche die in der Reaktion aktiven Materialien in der Zelle tragen.

Elektrolyt
Ermöglicht die Ionenleitung in der Zelle. NiCd-Zellen verwenden einen alkalischen Elektrolyten, normalerweise Kalilauge.

Entladeschlußspannung
Die Endspannung der Zelle oder Batterie, während die Last noch angeschlossen ist.

Entladen
Stromentnahme aus einer Zelle oder Batterie.

Entladespannung
Die Spannung einer Batterie im geschlossenen Stromkreis während des Entladens.

Entladestrom
Wird normalerweise als Bruchteil der Kapazität angegeben und ist das Maß, mit dem der Strom aus der Zelle oder Batterie entnommen wird.

Formfaktor
Zellenanordnung zur Formgebung einer Batterie oder Batterie-Packung.

Hochstromentladung
Ein sehr schnelles Entladen der Batterie. Normalerweise ein Vielfaches von C.

Innendruck
Der Druck in einer dichten und wartungsfreien Batterie. Am Ende des Ladevorganges wird an der positiven Platte Sauerstoff erzeugt, wodurch der Innendruck ansteigt.

Innenimpedanz

Der Widerstand einer Zelle gegenüber Wechselstrom, angegeben in Ohm. Der Wert wird normalerweise bei zwischen 100 und 1000 Hz und voller Aufladung gemessen.

Kapazität

Die in einer Zelle oder Batterie zur Verfügung stehende elektrische Energie in Ah. Sie bezieht sich auf die Entladung mit konstantem Strom während einer bestimmten Zeit, auf eine festgelegte Entladeschlußspannung (normalerweise 1V/Zelle), bei einer festgelegten Temperatur.

Kapazitätsentnahme

Wird häufig als Prozentsatz ausgedrückt und ist der Betrag der Kapazität, der während des Entladens einer Zelle oder Batterie entnommen wird.

Laden

Der elektrochemische Energiespeicherungs-Prozeß in einer elektrochemischen Zelle.

Lade-Endspannung

Die Spannung, die von der Zelle oder Batterie am Ende des Ladevorganges erreicht wird, während das Ladegerät noch angeschlossen ist.

Laden im Bereitschafts-Parallelbetrieb (Pufferladung, Pufferbetrieb)

Erhält die volle Kapazität einer Zelle oder Batterie durch kontinuierliches Laden mit kleinem Strom. Dabei ist die Batterie nicht belastet (siehe „Bereitschafts-Parallelbetrieb" bei belasteter Batterie).

Ladestrom

Normalerweise als Bruchteil der C-Rate angegeben; der Strom, mit welchem eine Zelle oder Batterie aufgeladen wird.

Ladezustand

Die verfügbare Kapazität einer Zelle zu einer gegebenen Zeit, angegeben als Prozentsatz von C.

Ladungsaufnahme

Verhältnis der effektiv in einer Batterie gespeicherten elektrischen Ladung zur zugeführten Ladung.

Ladungs-Wirkungsgrad

Das Verhältnis von entnommener zu zugeführter Energie bei 100%iger Entladung und 100% Aufladung einer Zelle.

Laden bei konstanter Spannung

Eine Batterie-Lademethode, bei welcher eine feste Spannung angelegt wird und bei welcher der Strom verändert werden kann. Diese Methode wird normalerweise bei Blei-Akkus angewendet. Wird auch als Laden mit konstantem Potential bezeichnet.

Laden mit konstantem Strom

Eine Batterie-Lademethode, bei welcher mit einem Strom, der nur geringe Änderungen aufweist, geladen wird. Wird normalerweise für wartungsfreie NiCd- und NiMH-Batterien verwendet.

Lagerfähigkeit

Die Lebensdauer einer Zelle, wenn diese in unbenutztem Zustand gelagert wird.

Lebensdauer

Zeitdauer, nach der die Batterie nicht mehr verwendet werden kann, weil sie ihre Kapazität verloren hat. Als Grenzwert gilt meistens der Verlust von 20% der Nennkapazität.

Leerlaufspannung

Die gemessene Spannung einer Zelle oder Batterie ohne Belastung.

Memory- (Speicher-) Effekt

Ein gelegentlich auftretender reversibler Effekt aufgrund wiederholter, zu geringer Entladung.

Nennkapazität

Die vom Hersteller angegebene Kapazität der Zelle. Bei den meisten gasdichten Zellen gilt der Wert für einen Entladestrom von C/5 bei 20 °C (siehe Kapazität).

Nennspannung

Durchschnittliche Zellenspannung während der Entladung. 1,2 V /NiCd- oder NiMH-Zelle, 2 V für Blei-Akkus.

Nicht geregelter Ladestrom

Ein Ladestrom, der kontinuierlich aufrechterhalten werden kann und nicht vom Ladezustand der Zelle abhängt. Er hängt von Größe und Typ der Zelle ab.

Niedertemperatur

Die niedrigste vom Hersteller empfohlene Arbeitstemperatur. Die Entladeleistung nimmt bei niedrigen Temperaturen ab.

Polypropylen-Trennfolie

Trennfolie für Hochtemperatur-NiCd-Zellen vom Typ „H".

Primäre Zelle

Eine Zelle, die nur einmal entladen werden kann. Beispiel: Mangan-Zink-Zellen.

Reversibler Defekt

Ein Zellendefekt mit Kapazitätsverlust, der aber wieder rückgängig gemacht werden kann, nachdem die Zelle 1 – 3 Lade/Entladezyklen durchlaufen hat (siehe z.B. „Memory-Effekt").

Schlußspannung

Endspannung einer Zelle oder Batterie am Ende des Ladens oder Entladens.

Schnell-Laden

Das Wiederaufladen einer Batterie in einer Stunde. Dazu wird normalerweise ein geregeltes Ladegerät benötigt.

Sekundär-Batterie

Eine Batterie, die wiederholt geladen und entladen werden kann. Beispiel: Nickel-Cadium-Batterien, Blei-Akkus.

Selbstentladung

Kapazitätsverlust einer Zelle, während sie gelagert oder nicht benutzt wird. Die Größe der Selbstentladung wird durch die Umgebungstemperatur beeinflußt.

Spannungs-Abschalter

Ein Fühler zur Beendigung des Ladens oder Entladens, wenn die Batteriespannung einen bestimmten Wert erreicht hat.

Spannungstest im geschlossenen Stromkreis

Eine Prüfmethode, bei welcher die Batterie kurzzeitig mit konstantem Strom entladen und anschließend die Spannung gemessen wird.

Standard-Laden

Normales Aufladen einer Zelle in 14 – 16 Stunden. Normalerweise mit der Stromstärke von C/10.

Standard-Zelle

Zellen, bei denen der Standard-Ladestrom C/10 beträgt und bei denen der empfohlene max. Entladestrom 3–5 C beträgt. Standard-Zellen bis zur Größe Sub-C können mit C/4 bis C/3 geladen werden und erlauben somit ein beschleunigtes Laden in 4–6 Stunden.

Stumpfgeschweißte Bauweise

Der innere Aufbau, bei dem die Lötfahnen entlang der Kanten der spiralförmig aufgewickelten Platten verschweißt werden, um den Innenwiderstand der Zelle zu verringern.

Tief-Entladung

Entladen einer Batterie oder Zelle durch Entnahme von 80% bis 100% ihrer Nennkapazität.

Trennfolie

Ein Material zur Trennung z.B. der spiralförmig aufgewickelten Elektroden. Nimmt gleichzeitig den Elektrolyten auf. Normalerweise wird dazu Polyamid, bei Hochtemperatur-Zellen Polypropylen, verwendet.

Überladestrom

Der Ladestrom während des Überladevorgangs. Zellen können kontinuierlich mit den angegebenen Strömen und bei den angegebenen Temperaturen überladen werden.

Überladung

Kontinuierliches Weiterladen einer Zelle, nachdem sie 100% Kapazität erreicht hat.

Unterspannungs-Abschaltung

Ein Fühler, welcher die Entladung abschaltet, um eine Zellenumpolung zu verhindern, wenn die Batteriespannung unter die eingestellte Abschaltspannung fällt.

Verbindungsstreifen

Metallblech zur elektrischen Verbindung der Zellen in einer Batterie. Als Material wird normalerweise Nickel verwendet.

Verfügbare Kapazität

Kapazität einer Batterie bei einem bestimmten Ladezustand, einem bestimmten Entladestrom und einer bestimmten Umgebungstemperatur.

Wartungsfreie Akkus

Sekundärzellen in offener Ausführung erfordern eine regelmäßige Wassernachfüllung. Hermetisch dichte Zellen erfordern keine solche Wartung und werden deshalb als wartungsfrei bezeichnet.

Wiederschließendes Sicherheitsventil

Das in der Zelle eingebaute wiederschließende Sicherheitsventil dient dazu, einen zu hohen Druck abzulassen, um ein Aufplatzen zu verhindern.

Zellen-Umpolung

wird durch zu tiefes Entladen einer Batterie verursacht. Dabei wird die normale Klemmpolarität einer Zelle in einer mehrzelligen Batterie-Anordnung umgepolt. Eine Zellenumpolung ereignet sich am häufigsten beim unvorsichtigen Entladen einer Batterie mit drei oder mehr Zellen in Serie.

Zurückgehaltene Ladung

Während der Lagerung geht Kapazität auf natürliche Weise verloren. Die zurückgehaltene Ladung ist der Prozentsatz der noch verbleibenden Kapazität.

Zyklenfestigkeit

Anzahl der Zyklen einer Zelle oder Batterie bis zu ihrem Versagen.

Zyklische Anwendung

Eine Methode, bei der eine Sekundärbatterie wiederholt geladen und entladen wird.

Zyklus

Ein einzelner Lade- und Entladungsvorgang einer Zelle oder Batterie.

Englisch-Deutsch-Wörterbuch der Batteriebegriffe

A
„A"-battery s / Heizbatterie
„AB"-pack battery / kombinierte Heiz- und Anodenbatterie
abrasion s / Abrieb, Abnutzung, Verschleiß
~**test** / Verschleißprüfung
absorbent / Absorptionsmittel, Absorbens
absorption s / Absorption
abuse / Mißbrauch
abuse testing / Prüfung auf vorschriftswidrige Behandlung
acceptable quality level / Gutgrenze bei Qualitätskontrolle, allgemein auch AQL-Wert
accu / Akkumulator, Sammler
~**box** /~ gefäß, ~gehäuse
~**charge** / ~Ladung
accumulate, to / akkumulieren, **ansammeln**, anreichern, aufspeichern, anlagern
accumulation / Anhäufung, Aufspeicherung, Speicherung, Ladung
~**electrode** / Speicherelektrode
~**of energy** / Energiespeicherung
~**of sludge** / Verschlammung
accumulator, s (Brit.) / Akkumulator m (Sammler m, Sekundärelement n), Stromsammler m
~**with guide channels** / ~rippengefäß
~**acid** / ~ensäure, Füllsäure
~**capacity indicator** / ~enprüfer m
~**case** / ~enkasten m
~**charging** / ~enaufladung f
~**discharge** / ~enentladung f

~**drive** / ~enantrieb m, Sammlerantrieb m
~**end cells** / ~Akkumulator – Ausgleichszellen
~**jar** / ~gefäß n, ~glas n
~**lead plate** / ~-Bleiplatte f
~**plant** / ~enanlage f, ~enstation / ~enfabrik, Sammleranlage f
~**rectifier** / ~engleichrichter m
~**room** / ~enraum m, Batterieraum
~**stand** / ~gestell n
~**station** / ~enanlage f, ~enstation f
~**tank** / Kasten m, Akkumulationsbehälter n
~**terminal** / ~klemme f, Batterieklemme f
~**tester** (instrument) / ~enprüfer m, Batterieprüfer m
~**vehicle** / ~cnwagcn m
~**vessel** / ~engefäß n, Sammlergefäß
~**voltage** / ~spannung f
acetylene black, ~soot / Acetylenruß m
acid / Säure f, adj. sauer
~**fume** / Säuredampf m
~**ification** s / Ansäurung f, Säuerung
~**ify** v/t/ (an) säuern
~**imeter** s / veraltete Bezeichnung für Aräometer, Säuremesser m
~**ity** (ies) / Azidität f, Säuregehalt m
~**less** adj / säurefrei
~**proof**, ~resisting / säurebeständig, säurefest
~**vapo(u)r** / Säuredampf m
acrid adj / scharf

actinic adj /aktinisch, (licht-) chemisch wirksam
activate v/t / aktivieren, beladen
activated adj / aktiviert, geladen
~overvoltage / Aktivierungsüberspannung f
~polarisation / Aktivierungspolarisation f
~treatment / Aktivierungsbehandlung f
active adj / aktiv, wirksam, lebhaft, mobil, regsam
~area /aktiver Bereich
~carbon / Aktivkohle, Adsorptionskohle f
~current / Wirkstrom m
~force / Wirkungskraft f
~material / (elektrochemisch) wirksame (oder aktive) Masse, aktive Substanz
~surface (of an electrode) / wirksame Oberfläche (einer Elektrode)
activity (ies) pl. / Wirksamkeit f, Aktivität f, Bewegung f
~coefficient / Aktivitätskoeffizient
addition s / Anhang m, Anlagerung f, Beimengung f, Zufuhr f, Zugabe f, Zusatz m, Zutat f
~agent / Zusatz m, Zusatzmittel n
~compound / Additionsprodukt n, Zusatzkomponente f
~reaction / Anlagerungsreaktion f
~salt / Badzusatz m
adhydrode s / Adhydrode f (Zusatzelektrode, die den Endpunkt der Ladung anzeigt und die Abschaltung bewirkt)
admix v/t / beimengen, zumischen, zusetzen

adsorb v/t / adsorbieren
adsorbed substance / Adsorbat n
aerate v/t / lüften, durchlüften
aerospace cell / galvan. Zelle für Raumfahrtzwecke (hermetisch abgeschlossene Zelle mit hoher Zuverlässigkeit)
after-oxidation s / Nachoxydation f
ammonia s (NH_3) / Ammoniak m
~cell / Ammoniakzelle f
ammonium s (NH_4) / Ammonium n
amount s / Anteil m, Menge f, Quantität f, Betrag m
~of charge / Ladungsmenge f
amperage s / Stromstärke f
ampere s / Ampere n
~hour / Amperestunde f
~~capacity / Kapazität in Ah, Ah-Kapazität f
~~charge capacity / Amperestundenladekapazität f
~~efficiency /Ah-Ausbeute f
anion s / Anion n
~exchange material / Anionenaustauscher m
anionic active / anionenaktiv
anneal v/t / (aus) tempern
anode s / Anode f, Sauerstoffpol m
~efficiency /anodische Stromausbeute
~layer / anodische Schicht, Anodenschicht f
~mud / Anodenschlamm m
~slime / Anodenschlamm m
sludge / Anodenschlamm m
~waste / Anodenabfall m, ~rest m, ~rückstand m
anodic adj / anodisch
~corrosion / anodische Korrosion

~**passivation** / anodische Passivierung
anodic polarization / anodische Polarisierung f, Anodenpolarisation
~**reaction** / Anodenreaktion f
anolyte s / Anolyt m
aerometer s / Aräometer n, Dichtemesser m, Senkspindel f
argentic... / Verbindung des zweiwertigen Silbers
~**oxide (AgO)** / Silberoxid n, Silber (II)oxid n
argentiferous adj / silberhaltig
ash s / Asche f
asymmetrical cell / asymmetrische Zelle
atmospheric oxygen cell / Luftsauerstoff-Element n
atomize v/t / sich pulverisieren, verstäuben, zerstäuben
attrition s / Verschleiß m, Abnutzung
automatic cutout / automatische Abschaltung
automotive battery / Kraftfahrzeugbatterie f, Startbatterie f, (SLI)
autoxidation s / Aut(o)oxydation f, Selbstoxydation f
average voltage / mittlere Spannung

B

Bacon-Cell s / Baconzelle f
bag-type construction / Wickelbauweise f, gewickelter Beutel
bar anode / Stabanode f
barite (BaSO$_4$) / Bariumsulfat n
basic adj / basisch, alkalisch

basis of rating / Bewertungsgrundlage f
batch s / Charge f, abgeteilte Menge, Partie f
battery / Batterie f, Akku(mulator) m, eine Gleichspannungsquelle, die aus einer oder mehreren Zellen besteht und chemische Energie in elektrische Energie umwandelt
~**of primary cells** / Primärbatterie f
~**of secondary cells** / Akkumulator
~**attendant** / Batteriewärter m
~**booster** / Batteriezusatzmaschine f, Anlaßmagnet m
~**box** / Batteriekasten m, Batteriegehäuse n
~**car** / Akkumulatorfahrzeug n
~**carrier** / Batteriegestell n
~**case** / Batteriegefäß n
~**cell** / Batterieelement n, Zelle f
~**characteristics** / Batteriemerkmale n pl, Batteriecharakteristik f
~**charging** / Laden der Batterie, Batterieladung f
~~**set** / Batterieladesatz m, Akkumulator-Ladeaggregat n
~**clip** / Batterieklemme f
~**commutattor** / Batterieumschalter m
~**compartment** / Batteriefach n
~**container** / Batteriekasten m, Batteriebehälter m
~**cupboard** / Batteriekasten m, Batterieschrank m
~**cutout** / Batteriesicherung f, Batterieselbstunterbrecher m
black s / Ruß m
~**chalk** / Rußkreide f
blistering s / Blasenbildung f

block battery / Blockbatterie f
blow-hole s / Gasblase f
bobbin (US) s / Spulenkörper m
bond s / Bindung f, Haftung f
~(ing)strength / Bindungsstärke f, Verbindungskraft f
boost charge (quick charge) / Schnelladung f
boric acid / Borsäure f
bottom-sheet s / Bodenscheibe f
~washer Bodenstern m
boundary s / Rand m, Grenze f, Begrenzung f
~migration / Wanderung der Grenze (z.B. eines Korns)
braided adj / gesponnen
braze v/t / hartlöten
brazing seam / Lötnaht f
bridge rectifier / Brückengleichrichter m (Grätzschaltung)
brine s / Salzlake f, Lauge f, Seewasser n
Bunsen-cell s / Bunsenelement n
button s / Knopf m (Schaltknopf m)
~cell / Knopfzelle f
by-product s / Abfall m, Abfallprodukt n, Nebenprodukt n
by-reaction s / Nebenreaktion f

C

calibration s / Eichung f
~graph / Eichkurwe f
calomel s (Hg_2Cl_2) / Quecksilber(I)-chlorid n, Kalomel n
~electrode / Kalomelelktrode f
~half-cell / Kalomelhalbzelle f
calorimetric adj / kalorimetrisch

cap- and base-type / Batterietyp mit Kappe und Boden als Kontaktfläche
capacity s / Aufnahmefähigkeit f, Kapazität f
~after storage / Kapazität nach Lagerung
~test / Kapazitätsprüfung f
carbon s (C) / Kohlenstoff m
~combustion cell / Kohlenstoffelement n
~consuming cell / Kohlenstoffelement n
~electrode / Kohlenelektrode f
~-zinc-system s / Kohlenstoff-Zink-System n
carboy s / Ballon m, Säureballon m, Korbflasche f
casing s / Bekleidung f, Hülle f, Kapsel f, Mantel m, Umwicklung f
cast / s Guß m, Abdruck m, v/t vergießen
~zinc electrode / gegossene Zinkelektrode f
catalyse v/t / katalysieren
catalyst s / Katalysator m
cathode s / Kathode f
~efficienncy / kathodische Stromausbeute f
~film / Kathodenfilm m
~layer / kathodische Schicht, Kathodenschicht f
~space / Kathodenraum m
~surface / Kathodenfläche f
cathodic adj / kathodisch
~barrier / kathodische Sperrschicht f
~envelope construction / kathodische Umhüllungskonstruktion

~overvoltage / kathodische Überspannung
~polarization / kathodische Polarisation, Kathodenpolarisation f
~reaction / Kathodenreaktion f
catholyte s / Katholyt m, Kathodenflüssigkeit f
cation s / Kation n
~exchange membrane / Kationaustauschmembran f
~migration / Kationenwanderung f
cationic active / kationaktiv
caustic / adj ätzend, anfressend, beizend, kaustisch, scharf
~alkali / Kalilauge f, Ätzkali n
~potash (KOH) / Ätzkali n, Kaliumhydroxid n
~soda cell / Alkalielement
~soda solution (NaOH) / Natronlauge f
cavity ies / Lunker m, Pore f
„2"-battery ies / Gitterbatterie f
ceiling voltage / Spitzenspannung f
cell s / Element n, (elektrische) Zelle f
~with air depolarizer / Element mit Luft als Depolarisator
~box / Batterieschrank m, Zellengefäß n
~case / Zellenbehälter m
~connector / Steg m, Polbrücke f
~container / Elementbecher m
~-cover s / Zellendeckel m
~failure protection / Zellenausfallschutz m
~line / Zellenkette f
~pack / Batterie n
~pile / Zellenpaket n
~plate / Akkumulatorenplatte f

~potential / Zellspannung f
~rating / Zellenbeanspruchung f
~test / Zustandsmessung f
~voltage / Zellenspannung f
center electrode / Mittelelektrode f
charcoal s / Aktivkohle f, Holzkohle
charge / Charge f, Ladung f, Belastung f
~acceptance / Ladungsaufnahme f
~carrier / Ladungsträger m
~control system / Ladungskontrollsystem n
~controller / Ladungskontrollgerät n
current / Strom m, Stromstärke f
~rate / Ladegeschwindigkeit f, Ladefähigkeit f
~reserve / Ladereserve f
~retention / Ladezustandserhaltung f, Ladungserhaltung f
~test / Ladeprüfung f
charging s / Aufladen n
~circuit / Ladekreis m
~curve / Ladekurve f
~funnel / Einfülltrichter m
~potential / Ladespannung f
~rate / Ladegeschwindigkeit f, Ladestrom m, Ladefähigkeit f
~source / Ladebeginn, Ladequelle f
~time / Ladezeit f, Ladedauer f
chemical passivation / chemische Passivierung
chlorine s (Cl or Cl_2) / Chlor n
closed-circuit voltage (ccv) / Arbeitsspannung f
coarse crystalline / grobkristallin
coil / 1. s Spule f, Wicklung f
/ 2. v/t aufrollen, aufspulen,

cold capacity / Kaltstartkapazität f (ca. -18°C)
~performance battery / Kaltstart-Hochleistungsbatterie f
~test / Kälteprüfung f
~test current / Kälteprüfstrom m
collector s / Kollektor m, Sammler m, Stromwender m
colloidal adj / kolloidal, kolloid, gallertartig
~particle / kolloidales Teilchen
combustible gas / Brenngas n
commutation s / Stromumpolung f
compensate v/t / ausgleichen, kompensieren, ersetzen
compensating current / Ausgleichsstrom m
~device / Ausgleichselement n
complexing agent / Komplexbildner
component s / (chem.) Bestandteil m, Komponente f
composition s / Zusammensetzung f, **Aufbau** m, Gemisch n
compound / 1. s Assoziation f, (chem) Verbindung f, Zusammensetzung f / 2. v/t vermischen, zusammensetzen
concentrate / 1. s Konzentrat n / 2. v/t konzentrieren, verdichten
~overvoltage / konzentrationsbedingte Überspannung
~polarisation / Konzentrationspolarisation f
conductance s / Leitgähigkeit f
conductibility / (el.) Leistungsfähigkeit f

conducting foil / Leitfolie f
conducting period / Stromflußperiode f (bei Gleichrichtern)
conducting salt / Leitsalz n
conductor s / Leiter m
conforming anode / Hilfsanode f
connector s / Verbindung f, (El.) Klemme f
contact s / Berührung f, Kontakt m, Verbindung f
~electrode / Kontaktelektrode f
~potential / Kontaktpotential n
container s / Gefäß n, Behälter m
~-formed adj / im Batteriekasten formiert
contamination s / Verschmutzung f, Verunreinigung f
content s / Inhalt m, Ausfüllung f
continual discharge / kontinuierliche Entladung
continual shorting / ständiger Kurzschluß
continuous repetitive / andauernde Zyklenbelastungsprüfung
cooling s / Kühlung f
~by air / Luftkühlung f
~fin / Kühlrippe f
~liquid / Kühlflüssigkeit f
~period / Abkühlungszeit f
~rate / Abkühlungsgeschwindigkeit f
~surface / Kühlfläche f
~system / Kühlsystem n
copper s (Cu) / Kupfer n
~braid / ~Litze
cordless adj / schnurlos, netzunabhängig, batteriebetrieben
~appilance / schnurloses Gerät
core / Puppe (bei Batterien)

corrode v/t / korrodieren, zerfressen, lösen (besonders bei Anoden)
corrosibility ies / Korrosionsanfälligkeit f
corrosion s / Korrosion f, Löslichkeit f (bei Anoden), Zerfressen n
~resistance / Korrosionsbeständigkeit
corrosive adj / scharf, ätzend
corrugation s / Sicke f
coulombic efficiency / Stromausbeute f, Coulomb'sche Ausbeute
coulometer s / Coulometer n, Voltameter n
counterelectromotive force / gegenelektromotorische Kraft, Gegenspannung f
counterflow s / Gegenstrom m
couple s / Paar n, Plattenpaar n,
cover / 1. s Belag m, Deckel m, Haut f, Hülle f, Verschluß m / 2. v/t belegen, decken, überziehen, umhüllen, umwickeln
~electrode / Deckelelektrode f
crest working voltage / Spitzen-Arbeitsspannung f
crimp v/t/ bördeln, quetschen
critical temperature of batteries / höchstzulässige Batterietemperatur
current s / Strom m, Stromstärke f
~limited cell / strombegrenzte Zelle
~collector / Stromabnehmer m (bei aktiven Massen)
~density / Stromdichte f
~drain / Entladestrom m
~efficiency / Stromausbeute f
~intensity / Stromstärke f
~range / Stromstärkebereich m

~source / Stromquelle f
cut-off voltage / Entladeschlußspannung f, Endspannung f,
cutting out time / Ausschaltzeit f
cycle s / Zyklus, Folge von Arbeitsgängen, Periode f
~control / Zyklisierungskontrolle f
~life / Zyklenlebensdauer f
~test / Zyklenlebensdauertest m
~period / Zyklenperiode f
cycling routine / Zyklisierungsmethode, -art f
cylindrical cell / Stabbatterie f

D

dangler contact / Wackelkontakt m
Daniell's cell / Daniell'sches Element
deacidify v/t / entsäuern
dead load / Eigenbelastung f
dead weight / Eigengewicht n
decay of potential / Potentialabfall m
decomposition s / Abbau m, Umsetzung f, Zerfall m
~potential / Zersetzungspotential n
~voltage / Zersetzungspotential n
degradation s / Abbau m, Verminderung f, Verringerung f
~of particle size / Degradation der Korngröße, Abbau der Teilchengröße
degreeof dryness / Trocknungsgrad
degree (coefficient) of electrolytic dissociation / Dissoziationsgrad m
dehydrate v/t / dehydratisieren, entwässern, Wasser entziehen

deionized water / deionisiertes Wasser
deleterious adj / giftig, schädlich, zersetzend
demineralized water / entsalztes Wasser
demix v/t / entmischen
dendrite s / Dendrit m
dendritic growth / dendritisches Wachstum, Dendritenwachstum n
densimeter s / Aräometer, Dichtigkeitsmesser m, Senkwaage f
density ies / Dichte f, Dichtigkeit f, Festigkeit f, Grädigkeit f
deoxidation s / Desoxydation f, Reduktion f
depolarization s / Depolarisation f
depolarizer s / Depolarisator m
deposition s / Abscheidung f, Ablagerung f, Anlagerung f
~range / Abscheidungsbereich m
depth of discharge / Entladungstiefe
~of penetration / Eindringtiefe f
diffusion s / Diffusion f
~coefficient / Diffusionskoeffizient m
~flow / Diffusionsfluß m
dilatability s / Dehnbarkeit f
diluent / Verdünnungsmittel n
dilute v/t / verdünnen, abschwächen
direct conversion / Direktumwandlung f
direct current / Gleichstrom m
discharge / 1. s Entladung f
/ 2. v/t entladen
~apparatus / Entladegerät n

~resistance / Entladungswiderstand
~test / Entlade-Prüfung f
~time / Entladezeit f
~voltage / Entladespannung f
dissolve v/t / lösen, auflösen, in Lösung bringen, zusammenschmelzen
distilled water / destilliertes Wasser
divalent adj / zweiwertig
divergence s / Abweichung f, Streuung f
dolly (brit.) s / Puppe f, Beutel m
double ~ / Doppel~
 ~layer / Doppelschicht f
~~capacity / Doppelschichtkapazität f
drain s / Entladung f
dry cell / Trockenelement n, Trokkenzelle f
drystorage life / Lagerfähigkeit einer elektrolytfreien Zelle
ductile adj / dehnbar (Met.), zäh (Met.)ziehbar, duktil
duplex electrode / Doppelelektrode f
durability ies / Beständigkeit f, Lebensdauer f,
~test / Beständigkeitsprüfung (von Zellen)
duty cycle / Zyklenbeanspruchung f

E

electric migration / elektrische Ionen- oder Elektronenwanderung
electric torch cell / Stabbatterie f
electrochemical series / Elektrochemische Spannungsreihe f
electrode s / Elektrode f

~**arrangement** / Elektrodenkohle f
~**catalyst** / Elektroden-Katalysator
~**dissipation** / Elektrodenverlustleistung f
~**economizer** / Sparelektrode f
~**holder** / Elektrodenhalter m
~**performance** / Elektrodenleistung f
~**pore** / Elektrodenpore f
~**potential** / Elektrodenpotential n
~**reaction** / Elektrodenreaktion f
~**short circuit** / Elektrodenschluß m
~**spacing** / Elektrodenabstand m
~**surface** / Elektrodenoberfläche f
electrolyte s / Elektrolyt m
~**absorbent** / Elektrolyt-Aufsauger m
~**film** / Elektrolytfilm m
~**layer** / Elektrolytschicht f, Lage f
~**leakage** / Elektrolytdurchlässigkeit f
~**permeable separator** / elektrolytdurchlässiger Separator
~**pump** / Elektrolytpumpe f
electrolytic(al) adj / elektrolytisch
~**dissociation** / elektrolytische Dissoziation
~~**constant** / Dissoziationskonstante f
electromotive force (EMF) /elektromotorische Kraft (EMK)
electron s / Elektron f
~**conductor** / Elektronenleiter m
element s / chemisches Element, Element n, Grundstoff m, Urstoff m
emergency battery / Notbatterie f, Notstrombatterie f
emergency cell / Notbatterie f, Notstrombatterie f

end charge voltage / Ladeendspannung f
end-of-charge control / Ladungsschlußkontrolle f
endothermic adj / endotherm, wärmeaufnehmend
~**reaction** / Endotherme Reaktion
endpoint voltage / Endspannung f, Schlußspannung f
endurance test / Dauerversuch m
energy / Energie f
~**conversion** / Energieumwandlung f
~**density** / Energiedichte f
~**efficiency** / Energieausbeute f, Wirkungsgrad m
~**output** / Energieentnahme f
~**-to-weight ratio** / Energie/Gewichts-Verhältnis n
enhanced overcharge capability/ erhöhte Überladefähigkeit
enthalpy ies / Enthalpie f
~**of formation** / Bildungsenthalpie f
~**of reaction** / Reaktionsenthalpie f
envelope s / Hülle f, Mantel m
equalizing charge / Ausgleichsladung f
equalizing rate / Ausgleichsbetrag m
eutectic s / Eutektikum n
eutectic mixture / Eutektikum n, eutektisches Gemisch
evolution s / Bildung f, Entfaltung f, Entwicklung f
~**of gases** / Gasentwicklung f
of hydrogen / Wasserstoffentwicklung f
excess charge / Überladung f

F

Faradaic efficiency / Faraday'sche Ausbeute
Faraday (unit) s / Faraday n (Einheit der Elektrizitätsmenge, entspricht einem elektrochemischen Äquivalent in Gramm) / 1 Faraday = 96 494 Coulomb
~equivalent / elektrochemisches Äquivalent
~'s law / Faraday'sches Gesetz
farm battery / Feldelement n, Weidezaunbatterie f
fatique test / Ermüdungsversuch m
fence battery / Weidezaunbatterie f
fibre texture / Fasertextur f
field cell / Feldelement n
filaceous adj / faserartig
filler s / Füllkörper m, Mischkomponente f, Mischungszusatz m,
~material / Füllmaterial n
filling machine / Abfüllmaschine f
filling plug / Einfüllstöpsel m
final voltage / Endspannung f
finishing charge rate / Ladungsbetrag bis zur vollständigen Ladung
~rate / Strom bei Ende der Ladung
flash current / Kurzschlußstrom m
~light battery / Blitzlichtbaterrie f
flat anode / Flachanode f
~cell / Flachzelle f, Flachzellenbatterie f
floating s / Puffern n, Pufferbetrieb m (bei Batterien)
~battery / Pufferbatterie f, Notstrombatterie f
~charge / Pufferladung f
~trickle battery / Stromausgleichsbatterie f
fool-proff operation / idiotensichere Arbeitsweise
formation process / Formierungsprozeß
~voltage / Formierspannung f
formed plate / formierte Platte (~Elektrode)
forming s / Formierung f
~tank / Formierbehälter m
forward current / Durchlaßstrom m (eines Gleichrichters)
~direction / Durchlaßrichtung f (eines Gleichrichters)
~resisance / Durchlaßwiderstand m (eines Gleichrichters)
~voltage drop / Durchlaßspannungsabfall m
foul (electrolyte) adj / verbraucht(er) Elektrolyt
frame plate / Rahmenplatte f
~work / Riegelwerk n, Elektrodengerüst n, Gitter n
free from blister / blasenfrei
froth / 1. s Schaum m / 2. v/i schäumen
fuel / Kraftstoff
~cell / Brennstoffzelle f
~~anode / Brennstoffzellenanode f
~~system / Brennstoffzellensystem n
~element / Brennelement n
~gas / Brenngas n
fused electrolyte / Schmelzelektrolyt
~~cell / Hochtemperaturelement n

G

gain s / Ausbeute f, Gewinn m
galvanic adj / galvanisch
~battery / galvanische Batterie
~cell / galvanisches Element
gas black / Gasruß m
~bubble / Gasblase f
~cell / Brennstoffelement n
~conductance layer / Gasleitschicht f
~conduit / Gaskanal m
~diffusion electrode / Gasdiffusionselektrode f
~evolution / Gasentwicklung f
~exit vent / Gasauslaßventil n
~fuel cell / Gasbrennstoffzelle f
~tight separation / gasdichte Trennung f
~tight storage cell / gasdichte Sammlerzelle, gasdichte Akkuzelle
~valve / Gasventil n
~voltage / Gasspannung f
gastight adj / gasdicht
gel s / Gel n
gelatine v/t / gelantinieren, erstarren
gellifying agent / Gelierungsmittel n
generator gas / Generatorgas n
geometric distribution / Raumverteilung f
geometry of cell / Zellengeometrie f
glass electrode / Glaselektrode f
~fibre / Glasgespinst n, Glasfaser f
graphite s / Graphit m, Temperkohle
~anode / Graphitanode f
~bisulphate intercalate / Graphit-Bisulfat-Einlagerungsverbindung f
~oxide / Graphitoxid n
graphitic carbon / Graphit (-Kohlenstoff) m
gravimetric(al) analysis / gravimetrische Analyse
gravity / Gewicht n, Schwere f, Schwerkraft f
gray lead / Bleistaub m
grid s / Gitter n, Akkumulatorplatte f, Netz n
~bar / Gitterstab m
~casting machine / Gittergießmaschine f
~electrode / Gitterelektrode f
~structure / Netz-, Gitterstruktur f
grounding s / Erdung f
group bar / Plattenquerschiene f
group battery / Gruppenbatterie f
group of plates / Plattensatz m

H

half-cell s / Halbzelle f
halide s / Halogenid n, Haloid n, Halid n, (binäre Verbindung eines Halogens, meist mit einem Metall)
handpasting process / Handpastierung f
hard fibre / Hartfaser
hardrubber / Hartgummi n
harmless adj / giftfrei, ungefährlich
head space / oberer Gasungsraum (Raum zwischen Elektrolytspiegel und Gehäusedeckel)
hearing aid / Hörgerät n
~~battery / Batterie für Hörgeräte
heart pacer / Schrittmacher m
hermetically closed, ~sealed / hermetisch abgedichtet, gasdicht

high-current discharge / Hochstromentladung f
high drain rate / Kurzzeitentladung
high-rate charging / Ladung mit hoher Stromstärke, Kurzzeitladung f
high-temperature fuel cell / Hochtemperaturbrennstoffzelle f
high tension / Hochspannung f
~~battery / Hochspannungsbatterie f
honeycombed structure / hellenartige Struktur, Bienenwabenstruktur
husk s / Schale f, Hülse f
hydrogen s (H or H_2) / Wasserstoff
~electrode / Wasserstoffelektrode f
~embrittlement / Wasserstoffsprödigkeit f
hydrometer s / Aräometer n, Beaumè-Spindel f, Densimeter n, Hydrometer n, Senkspindel f
hydrophilic adj / hydrophil
hydrophobic agent / hydrophobierendes Mittel n
hydroxide s / Hydroxid n, Oxidhydrat n
hydroxyl s / Hydroxyl n (-OH)
~ion / Hydroxylion n

I

idle period / Ruhezeit f
idling s / Leerlauf m
ignition s / Zündung f
immobilization s / Fixierung f, Unbeweglichkeit f
~of electrolyte / Elektrolytfestlegung

impedance s / Impedanz f
impervious to air / luftdicht
impregnate v/t / imprägnieren, (durch-)tränken, sättigen, erfüllen
industrial cell / Industriezelle f, Gerätezelle f (bei Akkumulator)
inert adj / edel (Gas), inaktiv, passiv, träge, untätig, inert
~anode / unlösliche Anode
~cell / Lagerelement n, nicht aktivierte Zelle
ingot s / Barren m, (Guß-)Block m
~zinc / Rohzink n
inherent characteristic / eigentümliche, zugehörige Charakteristik
inhibitor s / Inhibitor m, Verzögerungsmittel n
initial capacity / Anfangskapazität f
~concentration / Anfangskonzentration f, Ausgangskonzentration f
~current / Startstrom m
~current drain / anfänglicher Entladestrom
~output test / Frischprüfung f
~strenght / Anfangsstärke f
~test / Ausgangsprüfung f
~voltage / Ausgangsspannung f, Spannung zu Beginn des Betriebes oder der Prüfung einer Zelle
injurious to health / gesundheitsschädlich
insensibility ies / Unempfindlichkeit f
insertion s / Aufnahme f, Einlage f
insulate v/t / isolieren
insulation gasket / Isolationsdichtung

J

jack s / Block m, Gerüst n
jacket / 1. s Gehäuse n, Hülle f
/ 2. v/t ummanteln
Janus-electrode s / Janus-Elektrode f
jar s / Gefäß n, Behälter m, Flasche f, Kolben m
~**container** / Zellengefäß n, Zellenkasten m
jellify v/i /gallertartig werden
jelly ies / Gelee n, Leimgallerte f
jigg / 1. s (Galv.) Gestell n, Vorrichtung f
/ 2. v/t aufstecken
jut out / ausbauchen

K

knurled nut / Rändelmutter f
knurled screw / Rändelschraube f

L

lagging s / Umhüllung f, Verkleidung
laminted structure / Schichtstruktur
lamp black / Ruß m
lantern battery / Laternenbatterie f
lateral insulator / Zwischenisolator
lattice s / Gitter n (Kristall), Netz n
~**collapse** / Gitterumordnung f
~**constant** / Gitterkonstante f
~**dislocation** / Gitterstörung f, Gitterfehler m, Gitterversetzung f
~**water** / Gitterwasser n (aus Elektrodengittern), Kristallwasser n
layer s (film s) / Schicht f
~**cell** / Plattenzelle f, Schichtzelle f
lead s (Pb), lead s / Blei n, Lötblei n

~**accumulator** / Bleiakkumulator m
~**acid cell** / Blei-Säure Zelle f
~**-acid Planté positive type** / Bleiakkumulator mit großoberflächigen positiven Platten
~**anode** / Bleianode f
~**battery charger** / Bleibatterie-Ladegerät n
~**burning** / Löten n
~**deposit** / Bleischlamm m
~**dust** / Bleistaub m
~**foil** / Bleifolie f
~**lamelle** / Blei-Lamelle f
~**lining** / Bleiauskleidung f
~**powder** / Bleistaub m
~**sponge** / Bleischwamm m
~**storage battery** / Bleiakkumulator
lead v/t /plombieren, abführen, leiten
~**through** / durchleiten
leak / 1. s Leck n
/ 2. v/i lecken, sickern
~**-proof** / 1. s Lecksicherheit f (durch konstruktive Maßnahmen erreichter Schutz gegen Elektrolytaustritt)
~-~**battery** / auslaufsichere Batterie
leakage s / Undichtigkeit f, Leck (werden) n, Schwund m
~**current** / Kriechstrom m
lefigate v/t / anschlämmen, schlämmen, zerstoßen
liberated gas / freigesetztes Gas
life s / Lebensdauer f, Haltbarkeit f
~**cycling** / Zyklenlebensdauer (Untersuchung) f

~~test / Zyklenlebensdauer-
prüfung f
light buoy battery / Leuchtbojen-
batterie f, Lichtbojenbatterie f
lighting battery / Beleuchtungs-
batterie f
limited life / beschränkte Lebensdauer
limiting current density / Grenz-
stromdichte f
limiting voltage / Grenzspannung f
line cord / Verbindungsschnur f
line voltage / Netzspannung f
load / 1. s Last f, Kraft f, Belastung
f, Belastbarkeit f, Gewicht n
/ 2. s v/t beladen, belasten
~**sharing circuitry** / Lastkreis m,
Belastungskreis m
~**profile** / Belastungsprofil n
~**(ing) resistance** / Belastungs-
widerstand m
~**voltage** / Belastungsspannung f
~**no-~voltage** / Zellspannung ohne
Belastung
local action / Selbstentladung f
lock / 1. s Verschluß m
/ 2. v/t schließen
long duration test / Dauerprüfung
f, Dauerversuch m
long life / 1. s Langlebensdauer f
/ 2. adj langlebig
long term / langfristig
low-drain rate / Niederstroment-
ladung f
low drift (electronic device) / elek-
tronisches Gerät mit guter Lauf-
zeit-Konstanz
low-level chemical reaction / chemische Reaktion im entladenen
oder tiefentladenen Zustand (in
der Akkutechnik)
low-pressure electrode / Nieder-
druck-Elektrode f
low tension battery („A" battery) /
Heizbatterie f, Niederspannungs-
batterie f
lug s / Elektrodenfahne f
lye s / Lauge f

M

magnesium (Mg) / Magnesium n
~**-air cell** / Luftsauerstoffelement n
~**cell** / ~element n
main(s) / (Strom-) Netz n, Leitung f
~**voltage** / Netzspannung f
maintenance s / Wartung f, Erhaltung
~**cost** / Unterhaltungskosten f
~**free** / wartungsfrei, wartungsarm
mandrel s / Dorn m, Spindel f
manganese (Mn) / Mangan n
~**dioxide** (MnO_2) / Dioxid n,
Braunstein m
~~**cell** / Braunsteinelement n
manifold / 1. s Leitung f,
Verteiler m
/ 2. adj mannigfach,
vielfach
mass transfer / Massenüberfüh-
rung f
metal s / Metall n
~**cap** / Metallkappe f
~**content** / Metallgehalt m
~**cover** / Metallbelag m, Metall-
überzug m
~**distribution** / Metallverteilung f,
Niederschlagsverteilung F

~ratio / Metallverteilungsverhältnis n
methanol/air fuel cell / Methanol/Luft-Brennstoffelement n
mica s / Glimmer m
~**insulator** / Glimmerscheibe f, Glimmerisolator m
microcell s / Mikrozelle f
micropore s / Mikropore f
microporous adj / mikroporös
migration s / Überführung f, Wanderung f, Bewegung f
~**of ions** / Ionenbewegung f, Ionenwanderung f
~**of particles** / Teilchenwanderung f
~**speed** (of an ion) / Wanderungsgeschwindigkeit f (eines Ions)
milk the battery / Batterie kochen lassen
mining lamp battery / Grubenlampenbatterie
mire s / Schlamm m, Dreck m
mobility (of an ion) / (Ionen)Beweglichkeit f
moistening power / Benetzungsfähigkeit f
molar conductance / molare Leitfähigkeit
molarity ies / Molarität f
monolayer s / monomolekularer Film, Monoschicht f
monovalent adj / einwertig
mud s / Schlamm m
multi-cell battery / Batterie f (aus mehreren Zellen bestehende Einheit)
multi-cell strings / Vielzelleneinheit f

multilayer adj / mehrlagig, mehrschichtig
multiple electrode / Mehrfachelektrode f
multivalent adj / mehrwertig

N

natural graphite / Naturgraphit
negative electrode / negative Elektrode
~**plate** / negative Platte
~**terminal** / negativer Pol, Klemme
net depletion / Erschöpfung der nutzbaren Masse
no-load voltage / Leerlaufspannung
nominal capacity / Nennkapazität f
nominal operating voltage / Nenn-Arbeitsspannung f
nominal value / Nennwert m
nominal voltage / Nennspannung f
~~**under load** / Belastungsspannung f
non-conductor / Nichtleiter m
non-lined adj / ungewickelt
~-~**construction** / wickellose Bauweise
nonspillable accumulator / säuredichter Akkumulator
nuclear powered / (mit) Kernenergie getrieben
off-load voltage (brit.) / elektromotorische Kraft, EMK, Leerlaufspannung f

O

Ohm's law / Ohmsches Gesetz
ohmic overvoltage / konzentrationsbedingter Ohmscher Spannungsabfall

ohmic resistance / Ohmscher Widerstand
onload voltage (brit.) / Arbeitsspannung f, Betriebsspannung f (darunter versteht man die Spannung einer belasteten Zelle oder Batterie)
ooze v/i / ausfließen, aussickern
operating attitude / Arbeitslage f, Betriebslage f
operating condition / Arbeitsbedingung f
operating temperature / Arbeitstemperatur f, Betriebstemperatur f
operation s / Arbeitsweise f
operational and environmental test / Betriebs- und Umweltprüfung, Betriebs- und Umwelttest
operational temperature range / Betriebstemperaturbereich m
~polarity / entgegengesetzte Polarität, Gegenpol
outer casing / Außengehäuse n
outgas v/t / entgasen
outgassing s / Gasaustreibung f
outlet s / Ablaß m, Ablauf m, Abzug m, Ableitung f, Auslaß m, Auslauf m, Ausflußöffnung f, / Durchlaß m, Absatzgebiet n, Mündung f
~resistance / innerer Widerstand (an den Anschlußklemmen gemessen)
~voltage / Ausgangsspannung f, Endspannung f
overcharge / 1. s Überlastung f, Überladung f,
/ 2. v/t überlasten, überfüllen
~capability / Überladefähigkeit f

~current / Überladestrom m
~life test / Überlade-Lebensdauerprüfung f
overcurrent protection / Überstromschutz m, Überlastungsschutz m
overflow v/i / überlaufen
overformation s / Überformierung f
overload / 1.s Überlastung f
/ 2. v/t überlasten
overpotential s / Überspannung f
overpressure s / Überdruck
overvoltage s / Überspannung f
oxygen s (O or O_2) / Sauerstoff m
~carrier / Sauerstoffüberträger m
~electrode / Sauerstoffelektrode f

P

paper-paper cell / Papierfutter-Zelle
paper-paper construction / Papierscheiderbauweise f
paraffin s / Paraffin n
parallel adj / gleichlaufend,
passivation s / Passivierung f
passive adj / inaktiv, indifferent,
passiv film / passive Schicht, Passivschicht f
passivity ies / Passivität f
paste s / Paste f, Brei m, Teig m
~shedding / Ausschlammen n
~up / anschlämmen, verkleistern, zukleben
pasted grid / pastiertes Gitter
pasted plate / pastierte Platte
pasting machine / Pastiermaschine f

pasture-ground battery / Weidezaunbatterie f
pasty electrolyte / teigiger Elektrolyt
peak power / Höchstleistung f
pellet s / Teilchen der aktiven Masse, Kügelchen n
penetrate v/t / eindringen, durchdringen, durchschlagen
penlight cell / Taschenlampenbatterie f (schmale Form)
per cent excess charge / Ladefaktor
performance s / Ausführung f, Leistungsfähigkeit f, Verhalten n, Wirkungsweise f
~battery / Leistungsbatterie f
~coefficient / Wirkungskoeffizient m
~limit / Wirksamkeitsgrenze f, Leistungsgrenze f
period of time / Zeitperiode f
permeability ies / Durchlässigkeit f, Undichtigkeit f
permissible limit / Toleranz f
petroleum coke / Petrolkoks m
phase diagram / Phasendiagramm n
phlogiston s / Brennstoff m
photovoltaic cell / Sperrschichtzelle f, Photozelle f
pilot cell / Prüfzelle f
pitch es / Vergußmasse f, Abstand m, Pech n, Steigung f
plant s / Anlage f, Werk n, Betrieb m
Plantè formation / Formierung von Großoberflächenplatten

Plantè plate (plate with a large area) / Großoberflächenplatte f, Plantè-Platte
Plantè type / Plantè-Plattentyp m
plasma-thermoelement / Plasma-Thermoelement n
plastic case / Kunststoffgehäuse n
plastic frame / Kunststoffbügel m, -rahmen m
plate / 1.s Platte f
         / 2.v/t plattieren
~anode / Plattenanode f
~couple / Plattenpaar n
~cutting / Platten trennen
~frame / Plattengitter n
~grid / Plattengitter n
~group / Plattengruppe f
~lug / Plattenfahne f
~support / Plattenhalter m
platinum black / Platinschwarz n, Platinmohr m
~catalized electrode / platinkatalysierte Elektrode
~electrode / Platinelektrode f
plug-in socket / Stecksockel m
~-~battery connector / Batterie-Stecksockel-Verbindungsteil
~-~box / Steckdose f
plumbago s / Graphit m
pocket-type / Taschen(elektroden)-Ausführung f, Taschenelektrode f
~~plate / Taschenelektrodenplatte f
Poggendorf cell / Poggendorf-Element
polarity ies / Polarität f
~reversal / Umpolung f
polarization s / Polarisation f, Überspannung f

polarize v/t / polarisieren
polyelectrode s (multiple electrode) / Mehrfachelektrode f
pore s / Pore f
~damming / Poren schließend
~distribution / Porenverteilung f
~volume / Porenraum m
porosimetry ies / Porosimetrie f
porosity ies / Porigkeit f, Porosität f
porous adj / durchlässig, locker, porös
~pot / poröse Zelle, Tonzelle f
~sintered nickel electrode / poröse Nickelsinterelektrode
~structure / poröse Struktur
Pörschke-cell / Pörschke-Element n
portable / 1.adj tragbar / 2.s auch: Kurzform für tragbares, batteriebetriebenes Gerät
~battery / transportable Batterie
positive electrode / positive Elektrode
positive plate / positive Platte
potential / Potential n
~drop / Spannungssprung m
~form / Potentialprofil n
~gradient / Potentialgradient m
~jump / Potentialsprung m
~plateau / Potentialstufe f
~profile / Potentialprofil n
~shift / Potentialverschiebung f
~-time-curve / Potential (Spannung)-Zeit-Kurve f
potentiostat s / Potentiostat m
powder / 1.s Puder m, Pulver n / 2.v/t anstäuben, bestäuben, bestreuen, pulverisieren
~metal / Pulvermetall n, Sintermetall

powdery adj / pulverartig, pulverförmig, mehlig, sandig
power s / Leistung f
~factor Leistungsfaktor m, (Cos)
~fuel / Treibstoff m
~loss / Leistungsverlust m
~output / Leistungsausbeute f
~source / Energiequelle f
~supply / Stromversorgung f
~voltage / Netzspannung f
~-to-volume ratio / Leistung/Volumen-Verhältnis n
~yield / Energieausbeute f
preactivation s / Voraktivierung f
preferred rated voltage / Nennspannung f
pressure s / Druck m
~build-up / Druckanstieg m
~characteristic / Druckcharakteristik f, Druckverlauf m
primary battery / Primärelement n, Primärbatterie f
primary cell / Primärelement n
primary power source / primäre Energiequelle, Primärelement n
prismatic cell / prismatische Zelle
prolonged cycling / verlängerte Zyklenbelastung
pulse s / Impuls m, Stromstoß m
~current / pulsierender Strom

R

random test / Stichprobe f
rate / 1.s Abgabe f, Anteil m, Berechnung f, Maß n, Rang m, Verhältnis n, Geschwindigkeit f, Takt m, Satz m

/ 2.v/t bewerten, abteilen, schätzen, bemessen, veranschlagen
rated average / geschätzter Mittelwert
rated life / Nennlebensdauer f
rated power / Nennleistung f
rating s / Schätzung f, Bewertung f, Beanspruchung f
~of storage batteries / Festlegung der Nenngrößen von Akkumulatoren, Nennkapazität f, Nennleistung f
~standards / Betriebsdaten-Normen f pl
rechargeable adj / wiederaufladbar
recommended current drain / empfohlener Entladungsstrom
recuperation s / Auffrischung f, Erholung f
Redox-system / Redox-System n
regeneraton of electrolyte / Elektrolytregeneration f
regenerateve cell / Regenerativzelle
reliability test / Zuverlässigkeitsprüfung f
reserve battery, cell / Füllelement n
retention of charge / Ladungserhaltung f
~time / Verweilzeit f
reversal s / Umpolung f
~protection / Umpolschutz m
reversibility ies / Umkehrbarkeit f
reversible asj / umsteuerbar, umkehrbar
~potential / Gleichgewichtspotential
~process / reversibler Vorgang
reversion s / Umpolung f
rill / Sicke
round cell / Rundzelle f
rubber s / Gummi m
~gasket / Gummidichtung f

S

salisferous adj / salzhaltig
sandwiched adj / geschichtet, mehrlagig
sandwich (construction)/Doppelschichtige Bauweise f
saturate v/t/ sättigen, imprägnieren, durchsetzen
screen s/ Schutz m, Bildschirm m
~cloth (US)/ Drahtgewebe n, Netzgewebe n
screw s / Bolzen, Schraube f
~terminal / Schraubklemme f
seal /1. s Verschluß m, Abdichtung f / 2. v / t nachverdichten, abdichten, plombieren
sealedcell / dichtverschlossene Zelle
self-discharge s / Selbstentladung f
~~rate / ~Geschwindigkeit f
~heating / Selbstaufheizung f
~venting construction / selbsttätige Gasabfuhr
semipermeable adj / halbdurchlässig
separator s / Separator m, Scheider
~of regenerated cellulose / Zellwolleseparator m
~paper / Separatorpapier
shallow / 1. adj flach, niedrig, oberflächlich / 2. v / t ausbeulen
~cycling / Zyklisierung mit geringer Entladetiefe

~**depth of discharge** / geringe Entladetiefe
sheet steel anode / Stahlblechanode f
shelf aging / Lagerfähigkeit f *
~**characteristic** / Lagerfähigkeit f *
~**corrosion** / Lagerungskorrosion f
~**depreciation** / Kapazitätsminderung, Lagerung *
~**life** / Lagerlebensdauer f
~**test** / Lagertest m
shock s / Stoß m, Schock m
~**ing test** / Stoßprüfung f
short circuit / Kurzschluß m
~**current** / Kurzschlußstrom m
~~**test** / -Prüfung f
-**duration current** / Kurzzeitstrom
~-**duration power output** / Kurzleistung
sinter v / t / sintern, fritten, rösten, brennen, weichen, aufschmelzen, aussichern, intern
sintered metal / Sintermetall n
sintered plate / Sinterelektrode f,
skin effect / Stromverdrängung f
slit vent / Schlitzventil n
soak v / t / aufquellen, durchfeuchten, durchnässen, einweichen, wässern *
solid / 1. s Festkörper m, fester Körper
/ 2. adj fest, voll, massiv
solubility s / Löslichkeit f
soluble adj / löslich
solution s / Lösung f
solvent s / (organisches) Lösungsmittel n
source of current / Stromquelle f

Spare capacity / Ersatzkapazität f, Reservekapazität f
spare electrode / Vorratselektrode f
sponge s / Schwamm m
~**lead** / Bleischwamm m
~**ness** s / Schwammigkeit f
standard / 1. s Norm f, Typ m, Anforderung f Maß n (-stab)m, Vorschrift f
/ 2. adj normal
~**cell** / Normalelement n
~**electrode potential** / Normalpotential einer Elektrode
~**hydrogen electrode** / Normal-Wasserstoffelektrode f
~**potential** / Normal-Potential n
~**specification** / Normvorschrift f, Norm f
~**type** / Einheitstyp (bei Batterien) m
starter battery / Anlaßbatterie f, Starterbatterie f
~**charge rate** / Ladungsbetrag bis zur beginnenden Gasung (Ladungsbetrag bis zu dem Punkt, bei dem an den ersten Platten eine merkliche Gasung einsetzt)
state of aggregate /Aggregatzustand m
~**of oxidation** / Oxidationszustand m
starting s / Anlauf m, Auslösung f
~**charge rate** / Ladungsbetrag bis zur beginnenden Gasung (Ladungsbetrag bis zu dem Punkt, bei dem an den ersten Platten eine merkliche Gasung einsetzt)
~**current** / Startstrom m

storage s / Aufbewahrung f, Lagerung, Aufspeicherung f, Speicherung f (elektrische Energie)
~life / Lagerfähigkeit f
~tank / Reservebehälter m
steel jacket/ Blechmantel

T

taper charging / W-Ladung
target electrode / Hilfselektrode f *
temperature s / Temperatur f
~coefficient of capacity / Temperaturkoeffizient der Kapazität
~coefficient of electromotive force / Temperaturkoeffizient der EMK
~range / Temperaturbereich m
terminal s / Anschlußklemme f, Kontakt m
~insulator / Anschluß-Isolator
~lug / Kontaktfahne f
~pillar / Polbolzen m
thermal battery / Thermalbatterie f
~ cell / Thermalzelle f
~ decomposition / thermische Zersetzung
thermo~cell s / Thermozelle f
~dynamic potential / thermodynamisches Potential
~electric conversion / thermoelektrischer Stromerzeuger
~electric force / Thermokraft f
~element s / Thermokette f **~El**ement
~ionic adj / thermoionisch
thief s / (galv.) Blende f, Hilfskathode
tray s / Batterietrog f
~cell / Trogelement n

trickle charge / Pufferladung f, Dauerladung f
~current / Dauerladestrom m, Ladungserhaltungsstrom m
two-rate-system of charging / Zweischritt-Ladesystem n
two-stage adj / zweistufig

U

undercoating s / Zwischenschicht f, Untergrund m
undestructible adj / unzerstörbar
unicellular adj / einzellig
uniformity ies / Einheitlichkeit f, Gleichmäßigkeit f, Gleichförmigkeit f
unipolar system / monopolare Schaltung
-area capacitance / Kapazität pro Flächeneinheit
~cell / Einheitszelle f
unsaturated adj / ungesättigt
unwrapped construction / wickellose Bauweise
useful power / Nutzleistung f

V

valence s / Valenz f, Wert m, Wertigkeit f
~band / Valenzband n
valency ies / Wertigkeit f, Ladungszahl f
valuation s / Beurteilung f, Bewertung f, Wertbestimmung f
void s / Leere f, Pore f, Hohlraum m, Fehlstelle f, Lunker m
~content / Porengehalt
~ratio (volume of voids to volume of solids)/ Porenziffer f *
volt efficiency / Nutzspannung f

Volta cell / Voltaelement n
voltage s / Spannung f
~drop / Spannungsabfall m
~indicator / Spannungswächter m
~limiting device / Spannungsbegrenzer m
~output / Ausgangsspannung f, Endspannung f
~ratio / Spannungsverhältnis n
~regulation / Spannungsregulirung
~surge / Spannungsstoß m
~tap / Spannungsabgriff m
voltaic cell / galvanisches Element, Primärelement n

W

watt-hour capacity / Kapazität in Wh
~efficiency / Wh-Wirkungsgrad m, Nutzeffekt m
wax s / Vergußmasse f, Wachs
weld / 1. s Schweißstelle f
 / 2. vt schweißen
~on / anschweißen, aufschweißen
Weston normal cell / Weston-Normalelement
wet adj / feucht, naß
~cell / Naßelement n, Füllelement n
~life / Lebensdauer einer elektrolytgefüllten Zelle
~porous-pot cell / nasse Tonzelle
~proofed electrode / flüssigkeitsabstoßende Elektrode, flüssigkeitsdichte Elektrode
wettability ies / Benetzbarkeit f
wetting agent (surface active agent)/ Netzmittel
wetting film / Benetzungsfilm m

working voltage (US) / Arbeitsspannung f, Betriebsspannung (die Spannung einer belasteten Zelle oder Batterie
wrapper s / Umwicklung f, Wickel m, Umhüllung f
wrapping s / Wickel m, Umwicklung f, Hülle

Y

yield / 1. s Ausbeute f, Ausgiebigkeit f, Ergebnis n, Ergiebigkeit f,
 / 2. v/t ergeben, erzielen

Z

zero voltage / Nullspannung
zinc s (Zn) / Zink n
~container / Zinkbecher m
~cup / Zinkbecher m
~rod / Zinkstab m

Ausgewählte Support-Technologie-Firmen

Art der Dienstleistung	Firma
Expertisen der Ladeverfahren und Ladebausteine	Automatix sp.z o.o. 50550 Wroclaw, Polen fax. +48-71-688-391
Expertisen der Batteriesysteme und Technologien	Catella Generics AB S-164 40 Kista, Sweden fax. +46-8-752-1700
Herstellung der Batteriemeßeinrichtungen	Bitrode Corporation Fenton, Missouri USA 63026 fax. +1-314-343-7473
	Digatron Industrie-Elektronik GmbH 52068 Aachen tel. 0241-168-090
	Mack Elektronik 72764 Reutlingen fax. 07121-163-413
Herstellung der Batteriefertigungslinien	Philipp Scherer GmbH & Co. 56073 Koblenz fax 0261-497-278

Größere Batteriehersteller der gasdichten Zellen

Hersteller	Pb/PbO$_2$	NiCd	NiMH	Li-Systeme
Duracell GmbH 50829 Köln		x	x	
Emmerich, Christoph 60435 Frankfurt/Main		x	x	
Energizer - Ralston Energy Systems Deutschland GmbH 64546 Mörfelden		x	x	

Hersteller	Pb/PbO$_2$	NiCd	NiMH	Li-Systeme
Ever Ready Inc. St. Louis Missouri 63164, USA	x	x		
Japan Storage Battery Co. Ltd. Tokyo, Japan			x	x
Maxel Electronic 40547 Düsseldorf			x	x
Panasonic Deutschland GmbH 22504 Hamburg	x	x	x	x
Rayovac 82008 Unterhaching	x	x		
SAFT GmbH 63814 Mainaschaff		x	x	x
SANYO CADNICA 85540 Haar b.München		x	x	x
Sonnenschein Lithium GmbH 63652 Büdingen	x			x
Toshiba Electronic Europe GmbH 40549 Düsseldorf			x	x
VARTA Batterien AG 73473 Ellwangen		x	x	
Yuasa Battery Co. GmbH 40472 Düsseldorf		x	x	

Im Band genannte Batterie-Management-Chip-Hersteller

Arizona Microchip Technology
81739 München

Benchmarq Microelectronics Inc.
Carrollton, Texas, USA

BTI
8010 Graz, Österreich

Exar
San Jose, California, USA

Integrated Circuit Systems/ Scantec
82152 Planegg

Linear Technology GmbH
85737 Ismaning

Maxim/Spezial-Electronic
31675 Bückeburg

National Semiconductor
82256 Fürstenfeldbruck

Philips Semiconductors
20099 Hamburg

SGS-Thomson Microelectronics
85630 Grasbrunn

Themic Telefunken microelectronic GmbH
74072 Heilbronn

Sachverzeichnis

A
absorbieren 111
Absorption 27, 78, 114
aktive Masse 94, 109
aktives Material 66, 67, 68, 75, 93, 102, 126, 140, 156, 266
Ampere-Stunde 44, 266
Anfangskapazität 100
Anionen 28
Anode 34, 36, 38, 42, 129, 130, 132, 133, 139, 140, 141, 143, 144, 145, 151
Aufladen 91, 250
Aufladung 63, 81, 86, 87, 93, 157, 158, 162, 175, 185, 240
Ausgleichsladen 202
Ausgleichsladung 157, 158, 166
Autobatterie 153

B
Batterieleben 92
beschleunigtes Laden 174, 183, 195, 266
Bleifolie 60
Brennstoffzelle 17, 22, 23

C
Charakteristik 169

D
Dendrite 75, 85, 108, 134
Dendritenbildung 131
Diffusion 38, 48, 73, 81, 92, 137, 154

Doppelschicht 258, 259, 260
Druck 110, 168, 169, 170, 178, 200
Druckanstieg 180

E
Elektroden 20, 21, 31, 32, 34, 36 ff 42, 43, 48, 50, 51, 63, 73, 75, 79, 81, 89, 92, 95, 96, 98, 106, 108, 109, 112, 113, 114, 117, 125, 126, 130, 131, 132, 135, 137 f, 146, 154 f, 168, 260, 261, 262, 267
(Blei-)Elektrode 66
Elektroden (Negative/Positive) 18, 19
Elektroden
– potential 36, 39
– reaktion 34, 49
– reaktionen 32, 37
Elektrolyt 21, 22, 23, 31 ff, 38, 40, 42, 43, 48, 61, 63, 64, 65, 69, 72, 74, 78, 79, 81, 84, 85, 89, 91, 92, 94, 95, 101, 102, 105, 108, 113, 114, 117, 118, 123, 125, 127 ff, 136 ff, 144, 146 ff, 151, 156, 159, 168, 175, 178, 186, 259, 260, 262, 267
elektromotorische Kraft 31
Elektronen 24 ff, 30, 31, 32, 34, 68
elektronisch 34
Emission von Wasserstoff 74
EMK 30, 32, 33, 34, 36, 48, 68, 69, 70, 73, 86, 165
Endspannung 164

Sachverzeichnis

energetischer Wirkungsgrad in Wh 155
Energie 15, 16, 18, 22, 25, 26, 34, 36, 59, 60, 69, 172, 173, 177, 180
Energiedichte 151
Energiequelle 15, 16, 17, 19, 20, 60, 222, 263
Energiespeicher 15, 19, 20
Energiespeicherung 22, 256
Entladen 46, 74, 94, 108, 122, 123, 193, 217, 243, 267
Entladeschlußspannung 44 f, 57, 58, 61, 69, 71, 81, 84, 85, 99, 105, 117, 118, 125, 126, 151, 177, 185, 187, 241, 262, 267
Entlade-
– spannung 68
– tiefe 122, 124, 151
– zeit 44, 57, 71, 87, 89, 241, 242
Entladung 34, 58, 63, 64, 68, 69, 71, 73, 76, 85, 91, 99, 102, 106, 107, 109, 112, 113, 117, 118, 120, 124, 125, 126, 131, 133, 135 f, 154, 156, 176, 203, 211, 216, 227, 240, 241, 254
Entladungstiefe 62, 75, 104, 130
Erfrischungsladung 157, 158, 159
Ergänzung 220
Ergänzungsladen 196, 212, 215
Ergänzungsladung 157, 181, 182, 195, 207, 208, 216, 219
Erhaltung 182
Erhaltungsladen 178, 187, 196, 211, 212, 214, 243
Erhaltungsladung 157, 158, 163, 173, 174, 177, 182, 198, 204, 208, 216, 219, 220
Erholung 69, 84
Ersatzschaltbild einer Batterie 199
Ersatzschaltung 51, 198

F
Fahrzeugbatterien 165

Faraday 22
Faradaysches Gesetz 42
Festkörper 114, 129, 131, 133
Feststellung des Ladeschlusses 124
Formierungsladung 157
Formierungsprozeß 93
freigesetzter Wasserstoff 128
Freisetzung von Wasserstoff 67, 89, 156
Funktionsmechanismus 93

G
galvanisch 21, 36, 113
galvanische Elemente 23, 35
galvanische Zelle 21, 35, 38
gasdicht 23, 160
Gasdichte 77
– Pb-Zelle 158
– Systeme 90
– Zellen 156, 159, 165, 239
Gasung 62, 63, 76, 79, 108, 123, 127, 156, 157, 165, 166, 168, 200, 201
Gasungsspannung 63, 156, 164, 202
geliert 78
Gitter 48, 67, 75, 79, 80
Gleichgewichtspotential 39, 66
Gleichgewichtsspannung 32, 36, 40
Gleichgewichtswerte 38
Gleichstrom 22
Graphitanode 138
Graphit 21, 24, 92, 139, 142
gravim. 151
gravimetrische Energiedichte 43, 61, 139

H
Haupt 159
Hauptladen 214
Hauptladung 157, 162, 204, 207
Herzschrittmacher 128
Hochstromentladung 95, 267
hohem Strom aufgeladen 185

I

Impedanz 46, 49, 50, 52, 164
Impuls 83, 165, 166, 201, 202, 203, 254
Innenwiderstand 46, 48, 76, 118, 161
innerer Widerstand 69, 108, 127
interner Zellenwiderstand 155
interner Widerstand 101
Ionen 25, 28, 30, 48
Ionen bewegen 34

K

Kapazität 14, 17, 20, 42 ff, 52, 53, 57, 58, 60 f, 71 ff, 76 ff, 81, 86, 87, 89, 92, 95, 99, 102 ff, 110, 111, 113, 118 f, 122, 123, 124, 125, 130, 138, 139, 144, 147, 148, 150, 152 f, 158, 159, 163, 164, 165, 167, 169 ff, 177, 178, 180, 186, 198 f, 239, 240 ff, 247, 249, 251, 253, 256, 257, 259 ff, 268
Kathode 34, 36, 39, 129, 130, 132, 133, 139, 141, 143 f, 151
Kationen 28
keine Wartung 90
Klemmen 31, 48, 53, 81, 115, 146, 160
Knopf 115
knopfähnlich 90
knopfförmige Zellen 143
Knopfzelle 23, 96, 97, 116, 130
Kohlenstoff 127, 137, 260, 261
Kontakt 40, 133, 146
Korrosion 37, 48, 51, 64, 75, 156, 165, 166, 239
Kristalle 26, 28, 66, 131, 154
Kunststoff 188
Kunststoffbeutel 146
Kunststoffgehäuse 188
kurzgeschlossen 185
kurzschließen 127
Kurzschluß 20, 85, 105, 108, 131, 134, 142, 156, 187, 189, 210, 220, 239, 240

L

Ladefaktor 59, 62, 163, 174, 177, 178, 184, 238
Ladegerät 62, 158, 160, 164, 174, 175, 177, 178, 182, 187, 192, 195, 205, 206, 208, 209, 223, 241, 243, 245
Laden 92, 94, 122, 123, 133, 160, 217, 243, 268
Ladeschlußkontrolle 181
Ladeschlußspannung 87
Ladeverfahren 127
Ladung 64, 135, 136, 137, 168, 174, 176, 227, 254
Ladungsmenge 42, 163
Lagerfähigkeit 269
Lagerung 75, 79, 86, 103, 120, 121, 183
Lagerungsfähigkeit 130
Lebensdauer 18, 66, 75, 79, 86, 87, 90, 99, 112, 122, 124, 128, 129, 130, 131, 135, 148, 150, 154, 156, 164, 165, 186, 238, 253, 260, 269
Leerlaufspannung 36, 40, 48, 61, 69, 76, 77, 86, 89, 98, 117, 118, 155, 177, 196, 269
Leitern 34
löslich 92

M

mittlere Spannung 148
mittlere Zellenspannung 117, 122

N

negative Elektrode 34, 60, 61, 63, 65, 80, 91, 92, 95, 97, 109, 111, 112 f, 116, 117, 126, 127, 131, 135, 137, 139, 140

negative Plastikelektrode 146
negative Platte 94, 109, 126, 136, 159
Negativplatten 67
Nennkapazität 58, 71, 118, 140 ff, 174, 177, 184, 193, 269
Nennspannung 57, 61, 117, 214, 269
Nullpotential 37

O

Ohmscher Faktor 41
ohmsche Spannungsabfälle 40
Oxidation 31, 36, 67, 75
oxidiert 102, 112
Oxidierung 92
oxydierenden 34

P

Passivierungsschicht 50, 137
Petrolkoks 139, 140, 143
Petrolkoksanode 138
Planté 22, 60, 61, 66
Platte 48, 67, 93, 105, 126
Platten 38, 51, 63, 65, 66, 68, 69, 74, 75, 81, 85, 95, 101, 102, 131, 156, 159
Polarisation 38, 40, 46, 48, 69, 70, 84, 101, 102, 155, 196, 201, 259
polarisieren 30
Polarisierung 31
Polarität 109, 127, 203
Poren 48, 65, 68, 74, 83, 92, 95, 156
Porosität 65
positive Elektrode 32, 34, 61, 65, 66, 80, 91, 92, 93, 95, 97, 110, 113 ff, 120, 127, 131, 135, 139, 140, 143
positive Plastikelektrode 146
positive Platte 63, 94, 159, 136
positive Sinterelektrode 92
Positivplatte 66, 67, 109
Potential 20, 31, 32, 36 f, 137
primäre Zelle 17, 270
primäre Batterien 20

Primärquelle 16, 17, 19
Primärsystem 22
prismatisch 61, 90
prismatische Zelle 78, 80, 97, 98, 116, 117
prismatische Batterien 14
prismatisch 143
prismatischer Form 148
Prismen 115
Pufferladung 87
Puffer-Batterien 238
Puffer-Betrieb 164
Pufferbetrieb 87, 91, 107, 110, 243, 266, 268
Pufferladebetrieb 79, 187
Pufferladung 157, 158, 159, 161, 167, 175, 176

R

Reaktion 36
Redox 32
Redoxkondensatoren 260
Redoxreaktion 31, 33, 138, 145
Reduktion 31, 36, 112
reduzierend 34
reduziert 91
reversibel 110, 120
reversibler Effekt 183
Ruhepause 241
Ruheperiode 214
Ruhezeit 202
Rund 115
rund 90
runde Zelle 80, 86
Rundzellen 98, 115, 117

S

Sandwichform 96, 117
Säure 67, 68, 74, 239
Schicht-Konstruktion 134
Schnelladen 150, 157, 165, 175, 181, 186, 187, 193, 199, 210, 214, 219, 243, 270

Schnellade-Techniken 195
Schnelladung 110, 182, 220, 221
Schrittmacher 17, 18
Sekundärbatterien 20, 270
sekundäre Zelle 17, 18
sekundäre Batterie 57, 154
Sekundärquellen 16, 18, 19
Selbstentladeprozeß 158
Selbstentladung 62, 67, 74, 79, 85, 86, 88, 91, 101 f, 108, 111, 114, 118, 120, 121, 129, 130, 138, 143, 144, 148, 151, 164, 171, 174, 208, 243, 247, 270
Selbstentladungsrate 17, 89, 131, 135, 139, 142
Separator 43, 49, 61, 63, 65, 75, 78, 81, 82, 85, 89, 92 ff, 102, 108, 112, 115, 116, 122, 123, 127, 132, 134, 140, 141, 144, 145
Sinterelektroden 90, 94, 107
Sinterfolien-Elektroden 93
Spannung 162
Spannung der Zelle 163
Spannungsabfall 38, 46, 48, 105, 107, 108, 118, 124, 125, 155, 174, 180, 183, 184, 198, 199, 202, 209, 243, 247
Spannungssack 53, 57, 102
Starterbatterie 23, 72, 75, 90
Stichproben 223, 241
Stromquelle 21, 31, 36, 200, 242
Stromstärke 22, 40, 42, 44, 48, 49, 62, 102, 155, 158, 166, 171, 173 f, 178, 181, 182, 183, 193

T
„Taper"-Ladung 164
Temperatur 179

U
Überdruck 94, 96, 98, 108, 112, 117, 123, 127

Überladestrom 271
Überladung 93, 94, 105, 108, 111, 112, 127, 130, 139, 154, 156, 158, 161, 163, 165, 166, 169, 171, 175, 178, 180, 184, 186, 193, 195, 196, 271
Überladungseffekte 220
umkehrbar 105
umkehrbarer Effekt 73
Umpolung 46, 105, 110, 127, 185, 194, 272
Umpolungseffekt 109

V
Verschlammung 75

W
wartungsfrei 23, 67, 70, 75 ff, 87 f, 272
Wasserstoff erzeugt 109, 126
Wasserstoffemission 110
Widerstand 72
wiederaufladbar 18, 19, 20, 128
Wirkungsgrad 15, 16, 59, 62, 69, 76, 79, 105, 110, 155
W-Lademethode 165
W-Ladung 164, 174

Z
Zelle 23
Zellenspannung 21, 36, 38, 40, 41, 43, 45, 46, 48, 62, 64, 70, 89, 98, 99, 101, 109, 112, 118, 127, 137, 138, 140, 142 f, 147, 150 f, 155, 160, 162, 173, 175, 178, 185, 196
Zellspannung 83, 84, 87, 167
Zyklenfestigkeit 60, 62, 66, 79, 103, 104, 122 f, 143, 147, 148, 151, 272
zylindrisch 14, 61, 143, 260
zylindrische Zelle 61, 78, 83 f, 95, 96, 115

Nutzen Sie Deutschlands kompetente Info-Quelle für Elektronik. ★

* In einer internationalen Leser-Analyse, durchgeführt vom renommierten britischen Marktforschungsinstitut Mountain & Associates, schnitt die „Elektronik" wie folgt ab: Unter insgesamt 25 deutschen Publikationen belegte die „Elektronik" in allen Kriterien den 1. Platz (Durchschnittliche Leseranzahl der letzten Ausgabe, durchschnittliche Leseranzahl, die das gleiche Magazin über einen längeren Zeitraum gelesen hat, bevorzugter Titel bei freier Wahl unter allen)

Die nächsten 2 Monate kostenlos inkl. Mailbox-Service

Coupon ausschneiden und senden an „Elektronik"-Service, Thalhausen 26, 84453 Halsbach oder per Fax: 0 86 23 / 70 91

JA, ich teste die „Elektronik" 4 Ausgaben lang gratis. Wenn ich von „Elektronik" nicht vollständig überzeugt bin, teile ich Ihnen dies eine Woche nach Erhalt der 4. Ausgabe mit. Ansonsten möchte ich die „Elektronik" regelmäßig frei Haus mit ca. 15 % Preisvorteil für nur DM 6,30 pro Heft statt DM 7,40 (Einzelheftpreis). Jahresabopreis DM 164,- (Studentenabopreis DM 134,- nur mit Immatrikulations-Bescheinigung) im Abo beziehen. Im Abonnement enthalten ist der Mailbox-Zugang der „Elektronik" mit persönlichem Passwort. Ich kann das Abonnement jederzeit kündigen (das Passwort wird mir in diesem Fall wieder entzogen). Geld für schon bezahlte, aber noch nicht gelieferte Ausgaben erhalte ich selbstverständlich zurück.

Name/Vorname

Straße/Hausnummer

PLZ/Ort

Datum, 1. Unterschrift

Kontonummer   Bankleitzahl

Geldinstitut

❏ Durch Überweisung nach Erhalt der Rechnung
(26 Hefte DM 164,-/Studentenabopreis DM 134,-)

Widerrufsrecht: Diese Vereinbarung kann ich innerhalb einer Woche beim „Elektronik"-Service, Thalhausen 26, 84553 Halsbach oder per Fax: 0 86 23/70 91 widerrufen. Die Widerrufsfrist beginnt 3 Tage nach Datum des Poststempels meiner Bestellung. Zur Wahrung der Frist genügt die rechtzeitige Absendung des Widerrufs. Ich bestätige dies durch meine 2. Unterschrift.

Ich wünsche folgende Zahlungsweise (wie angekreuzt):

❏ Bequem und bargeldlos durch Bankabbuchung
(26 Hefte DM 164,-/Studentenabopreis DM 134,-)

2. Unterschrift   CFB
Sollte sich meine Adresse ändern, erlaube ich der Deutschen Post AG, meine neue Adresse dem Verlag mitzuteilen.